全国高职高专教育"十二五"规划教材

C语言程序设计

主　编　李如平　　张晓娟
副主编　沈宇杰　　孙丽娜　　吴房胜
　　　　王玲玲

东 南 大 学 出 版 社

·南京·

图书在版编目(CIP)数据

C语言程序设计 / 李如平,张晓娟主编. —南京：
东南大学出版社，2015.3

ISBN 978-7-5641-5352-6

Ⅰ. ①C… Ⅱ. ①李… ②张… Ⅲ. ①C语言－程序设
计 Ⅳ. ①TP312

中国版本图书馆 CIP 数据核字(2014)第 273742 号

C语言程序设计

出版发行：东南大学出版社

社　　址：南京市四牌楼 2 号　邮编：210096

出 版 人：江建中

网　　址：http://www.seupress.com

经　　销：全国各地新华书店

印　　刷：南京玉河印刷厂

开　　本：787mm×1092mm　1/16

印　　张：21

字　　数：488 千字

版　　次：2015 年 3 月第 1 版

印　　次：2015 年 3 月第 1 次印刷

印　　数：1—3000 册

书　　号：ISBN 978-7-5641-5352-6

定　　价：38.00 元

前言

PREFACE

C 语言是目前国内广泛应用的一种程序设计语言,它具有语言功能丰富、表达能力强、使用灵活、应用面广、目标效率高的特点,具有完美的模块程序结构,可移植性强,而且可以直接实现对系统硬件及外部设备接口的控制,具有较强的系统处理能力。它既兼顾了高级语言的特点,也具有低级语言的许多特点。因此,C 语言既可以编写功能较强的应用软件,又可编写系统软件。

目前,C 语言已不仅是计算机专业人员所使用的语言,有越来越多的计算机应用人员和计算机爱好者学习 C 语言。许多大、中专学校不但在计算机专业开设了 C 语言课程,而且在非计算机专业也开设了 C 语言课程,特别是工科专业普遍将 C 语言定为学生学习程序设计的语言。

C 语言是一门非常灵活的程序设计语言,它涉及的概念比较多而且复杂,规则繁多,容易出错,不少初学者感到学习 C 语言入门比较困难,本书就是针对大、中专院校学生和其他初学者编写的。

本书在编写中对目前学校教学中学生普遍对 C 语言学习感觉困难和枯燥的方面进行了适当的改进,采用模块化、任务驱动教学方法进行教材内容的组织,每一个任务都作了一定的总结和拓展,提高学生学习 C 语言的兴趣。

本书的主要特色是:

1. 以任务驱动教学,教材内容通过任务串起来。

2. 内容深入浅出,应用实例多,一般在任务描述对使用到的相关知识进行概念的介绍后,都会通过相应的例题来进行讲解。

3. 本书的内容较浅,但覆盖面比较广泛,使初学者能够了解 C 语言的总体状况。

4. 考虑到目前学校教学、等级考试和应用方面已很少用到 Turbo C,为了适应 C 语言的发展需要,本书的应用环境直接选用了 Visual C++,而没有介绍 Turbo C。

本书是由安徽工商职业学院李如平、张晓娟担任主编,徽商职业学院沈宇杰、大庆职业学院孙丽娜、安徽工商职业学院吴房胜、王玲玲担任副主编。本书第 1、2、11 章由李如平编写、第 3、4 章由吴房胜编写、第 5 章由沈宇杰编写、第 6、7 章由孙丽娜编写、第 8、10 章由张晓娟编写、第 9 章由王玲玲编写,全书由李如平、张晓娟负责统稿。本书在编写过程中得到了省内外高校同行专家们的大力支持,在此表示感谢。

由于编者水平有限,书中难免有不妥之处,希望广大读者对本书提出宝贵意见,以便再版时改正。

编者

2014. 8

CONTENTS

第1章 C语言概述

 **知识导读**

本章从C语言的发展出发,主要介绍C语言的发展历史、C语言的特点和C语言程序的结构和书写规则。同时对程序的灵魂——算法有一个初步的认识,介绍了算法的概念、算法的表示方法及算法的应用。

能力目标

- 了解C语言的发展过程及程序设计语言的分类;
- 理解C程序的基本结构与基本构成;
- 掌握C语言程序的开发过程;
- 掌握 Visual C++ 6.0 集成开发环境下开发C语言程序的方法;
- 了解算法的含义;
- 掌握算法的简单应用。

任务设置

任务1 走进C语言
任务2 算法的描述
实训 Visual C++ 6.0 环境和简单程序的运行

任务1 走进C语言

任务目标

◉ 了解C语言程序的基本结构;
◉ 了解C语言程序的结构特征;
◉ 掌握C语言程序的运行步骤和方法。

任务描述

学会编写一个简单的C语言程序,并掌握C语言程序的运行方法。

任务分析

打开 Visual C++应用软件,编写简单的 C 语言程序,并进行程序的组建、运行、查看输出结果。

1.1　C 语言概况

1.1.1　C 语言的发展过程

计算机程序设计语言的发展经历了从机器语言、汇编语言到高级语言的历程。机器语言是指机器能够识别的指令的集合,是指令系统。机器语言是所有语言中运算效率最高的,是第一代计算机语言。但机器语言依赖计算机的硬件,学习、修改、编辑、维护等都非常不方便,推广应用比较困难。汇编语言被称之为第二代计算机语言。以前的操作系统软件主要是用汇编语言编写的,由于汇编语言依赖于计算机硬件,程序的可读性和可移植性都比较差。高级语言接近于人的自然语言和数学语言,同时又不依赖于计算机硬件,编出的程序能在所有的机器上通用。

C 语言是国际上广泛流行的计算机高级程序设计语言,与其他高级语言相比,C 语言的硬件控制能力和运算表达能力强,可移植性好,效率高(目标程序简洁,运行速度快)。因此应用面非常广,许多大型软件都是使用 C 语言编写和设计的。

C 语言的前身是 ALOGOL 语言,1963 年英国剑桥大学推出了 CPL 语言(Combined Programming Language),此语言在 ALOGOL 语言的基础上增添了硬件处理能力。1963 年剑桥大学的马丁·理查德(Martin Richards)对其简化,提出 BCPL 语言;1970 年美国贝尔实验室的肯·汤普逊(Ken Thompson)进一步简化,提出了 B 语言(取 BCPL 语言的第一个字母),并且他用 B 语言写了第一个 UNIX 操作系统。1972 年,美国贝尔实验室的 D. M. Ritchie 在 B 语言的基础上设计出了 C 语言(取 BCPL 的第二个字母)。最初的 C 语言只是为描述和实现 UNIX 操作系统提供一种工作语言而设计的(而 1969 年,K. Thompson 和 D. M. Ritchie开发成功的 UNIX 操作系统,是用汇编语言写的)。自 1972 年投入使用之后,C 语言成为 UNIX 或 XENIX 操作系统的主要语言,是当今最为广泛使用的程序设计语言之一。1978 年后,C 语言已先后被移植到大、中、小及微型机上。强大的功能使得它成为最受欢迎的高级语言之一。1987 年美国标准化协会制定了 C 语言标准"ANSI C",也就是今天流行的 C 语言。

1.1.2　C 语言的特点

C 语言发展如此迅速,而且成为最受欢迎的语言之一,主要是因为它具有强大的功能。

许多著名的系统软件和应用软件,如 UNIX、LINUX 等都是由 C 语言编写的。归纳起来 C 语言具有下列特点:

1. C 语言是具有低级语言功能的高级语言

C 语言既具有高级语言的功能,又具有低级语言的许多功能。它把高级语言的基本结构和语句与低级语言的实用性结合起来,是处于汇编语言和高级语言之间的一种程序设计语言,也可称其为"中级语言"。

2. 语言简洁紧凑,使用方便且灵活

C 语言一共只有 32 个关键字,9 种控制语句,程序书写形式自由,主要使用小写字母,压缩了一切不必要的成分。

3. 运算符丰富

C 语言的运算符包含的范围很广,共有 34 种运算符。C 语言把括号、赋值、强制类型转换等都作为运算符处理,从而使其运算类型极为丰富,表达式类型多样化。

4. 数据结构丰富,具有现代化语言的各种数据结构

C 语言中的数据类型有整型、实型、字符型、数组类型、指针类型、结构体类型和共用体类型等,能用来实现各种复杂的数据结构,尤其是指针类型数据,使用十分灵活和多样化。

5. 具有结构化的控制语句

用函数作为程序的模块单位,便于实现程序的模块化。C 语言是理想的结构化程序设计语言,符合现代编程风格要求。

6. 允许直接访问物理地址,能进行位操作,可以直接对硬件进行操作

C 语言既具有高级语言的功能,又具有低级语言的许多功能,可用来编写系统软件。有人把 C 语言称为"高级语言中的低级语言"或"中级语言",但一般仍习惯将 C 语言称为高级语言。因为 C 语言程序也要通过编译、连接才能得到可执行的目标程序,这是和其他高级语言相同的。

7. 语法限制不太严格,程序设计自由度大

例如,对数组下标越界不做检查,整型、字符型数据可以通用,不专设逻辑型数据而以整型来代替等。较少的限制给程序员带来较大自由,这就要求程序员在编程时应确实明白自己在做什么,而不要把检查错误的工作仅寄托于编译程序。

8. C 语言程序中,可使用宏定义、编译预处理命令、条件编译预处理命令,为编程提供方便。

9. 可移植性好。与汇编语言相比,C 程序基本上不做修改就可以运行于各种型号的计算机和操作系统。

10. C 语言也存在一些不足之处。例如,运算符及其优先级过多、语法定义不严格等,对于初学者有一定的困难。

由于 C 语言具有上述特点,因此 C 语言得到了迅速推广,成为人们编写大型软件的首选

语言之一。许多原来用汇编语言处理的问题都可以用 C 语言来处理了。

1.2 简单的 C 语言程序

一个完整的 C 语言程序由一个或多个具有相对独立功能的程序模块组成,这样的程序模块称为"函数"。因此,函数是 C 程序的基本单位。

一个 C 语言程序,不管它有多简单,都必须有且只有一个主函数,例如:

```
main()
{
}
```

上面的函数是一个空主函数,程序没有任何意义,它什么都不做。

C 程序具有以下结构特征:

1. 程序由函数构成

一个 C 语言程序至少且仅有一个 main()函数,也可以包含若干个其他函数(函数将在第 7 章介绍)。因此,函数是 C 语言程序的基本单位,使得容易实现程序的模块化。C 程序有三种类型的函数:main()函数、库函数(如输入函数 scanf()和输出函数 printf()等)、自定义函数(用户自己定义的函数)。

需要注意:使用库函数之前,必须使用预编译命令"#include"将以 .h 为后缀名的头文件包含到用户文件中,一般应置于源程序的开始部位,且预处理命令末尾不要分号。如大部分程序都用到的标准输入输出库函数,因此使用了预编译命令:#include<stdio. h>。

2. 函数由函数首部和函数体构成

(1) 函数首部

函数首部是函数的定义部分,即函数的第 1 行,包括函数类型、函数名、函数参数名和参数类型。其中,函数名及其后紧跟的圆括号对"()"是必须的,而其他内容(即"[]"括号对中的内容)为可选项。对于 main 函数的函数首部只有函数名"main"和一对圆括号"()",没有书写函数类型(函数类型的缺省值为 int 型),也没有形式参数。其他函数的内容与格式为:

[函数类型]函数名(形式参数类型 1 形式参数名 1 [,形式参数类型 2…….])

例如:

```
void main()
int k(int x)
int max(int a,int b)
```

(2) 函数体

函数体是函数的主体部分,即函数首部下面由花括号对"{}"括起来的部分。如果函数内有多个嵌套的花括号对,则最外层的一对花括号对为函数体的范围。函数体一般包括两个部分:声明部分和执行部分。声明部分是对函数中新用到的变量(局部变量)的定义和所调用的函数的声明;执行部分则由可执行语句序列组成。

3. 一个 C 程序从 main() 函数开始执行

main() 函数是程序的主控函数,称为主函数,"main()"函数是 C 语言编译系统使用的专用名字,main() 后面由花括号对"{}"括起来的部分是 main 函数的主体。无论 main() 写在程序的什么位置,程序运行时总是从 main() 函数的第一条可执行语句前的左花括号"{"开始,到 main() 函数最外层的右花括号"}"处结束。

4. 语句末尾必须有分号

分号";"是 C 程序中各条语句结束的标志,是语句的必需组成部分。不管语句位于何处,均必须以分号结束,即使是程序中最后一条语句也是如此。

5. 程序书写自由

C 语言源程序的书写十分自由,既可以在一行内写几条语句,也可以将一条语句分写在连续的多行(注意其间不能夹有其他语句)。C 程序中没有行号。

6. 可以且应当对每行书写注释/＊　　＊/

为了增强程序的可读性,可以语句末尾"/＊"和"＊/"符号内就程序的操作内容做注释。注释是计算机文档的重要组成部分,是程序员与读者之间通讯的重要工具,一个好的程序员应当养成及时书写和修正注释的良好习惯。目前 C 语言的编译器种类很多,大多都支持C++风格的注释符号"//",使用起来更方便。

7. 变量先定义后使用

C 语言的变量在使用前必须先定义其数据类型,变量的数据类型定义必须在使用该变量的第 1 条语句之前进行。

1.3　C 语言运行环境

1.3.1　C 语言程序的运行环境安装及使用

C 语言的运行环境比较多,以前的书本大多会介绍 Turbo C 版本,考虑到使用的方便性和目前在教学中普遍使用的版本和计算机等级考试用的版本,在本书中介绍 Visual C++ 6.0 版本。

1. 安装 Visual C++ 6.0

Visual C++ 6.0 是 Microsoft Visual Studio 6.0 软件包的一个组件,只能在 Windows 平台上安装和使用。安装时用鼠标双击 Microsoft Visual Studio 6.0 软件包光盘的根目标下的 SETUP. EXE 文件图标即可启动 Microsoft Visual Studio 6.0 安装向导,然后在安装向导的引导下操作即可完成 Visual C++ 6.0 的安装。

2. 启动 Visual C++ 6.0

单击 Windows 的"开始"按钮,依次选择"程序"→Microsoft Visual Studio 6.0→Microsoft Visual C++ 6.0,进入 Visual C++ 6.0 的工作界面。如图 1.1 所示。

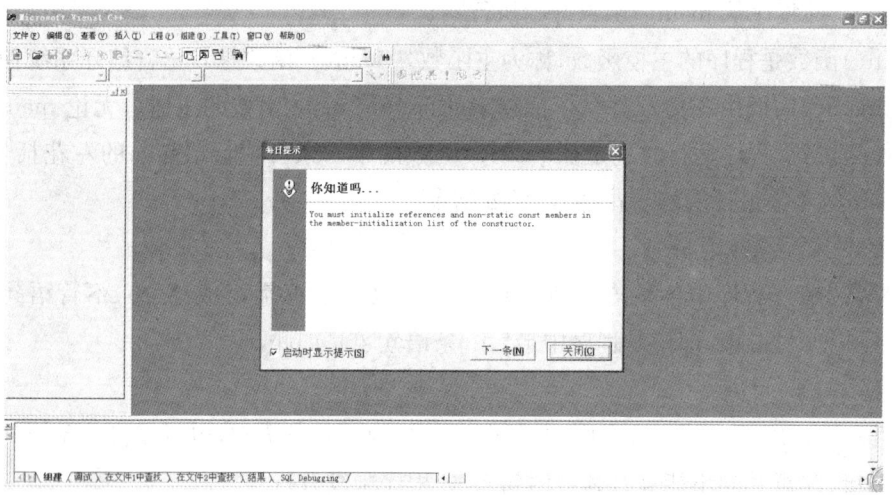

图 1.1　Visual C++ 6.0 的工作界面

3. 新建工程

（1）单击主窗口顶部菜单栏的 File（文件）菜单中的 New（新建）选项，系统弹出 New（新建）对话框窗体（操作步骤中菜单给出了中英文名称）。

（2）单击 New（新建）对话框窗体顶部的 Project（工程）选项，系统弹出 Project（工程）选项页面，在该页面上选择 Win32 Console Application（Win32 控制台应用程序）。在 Project Name（工程名称）输入框中输入一个工程名字如"test1"，在 Location（位置）输入框中输入一个路径（或单击位置框右边的选择按钮，在弹出的 Choose Directory（目录选择）对话窗体中选择一个路径）如"C:\Program Files\Microsoft Visual Studio\MyProjects"，然后按下 OK（确定）按钮。如图 1.2 所示。

图 1.2　Visual C++ 6.0 新建工程

（3）在弹出的 Win32 Console Application-步骤 1 共 1 步对话窗体中选择一个空工程选项，然后单击 Finish（完成）按钮。如图 1.3 所示。

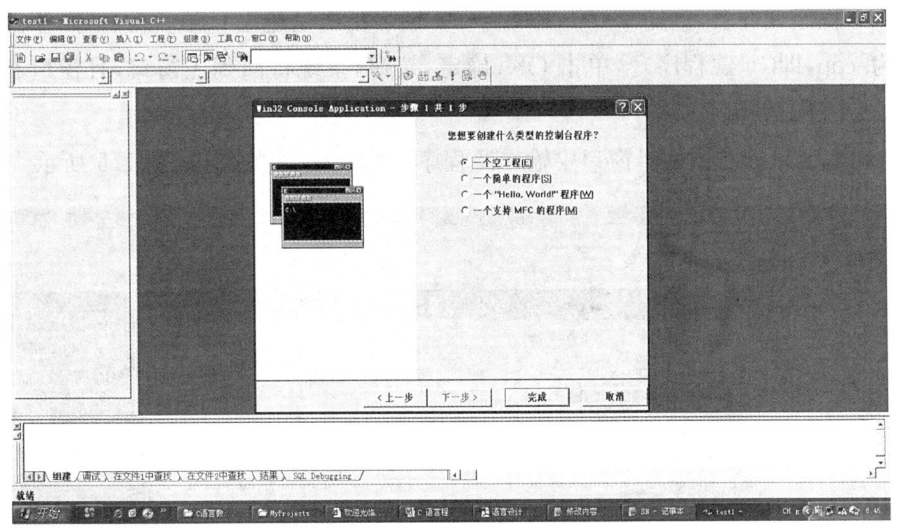

图 1.3　Visual C++ 6.0 新建工程步骤

（4）在弹出的 New Project Information（新建工程信息）对话窗体中单击 Finish（完成）按钮。至此，在"C:\Program Files\Microsoft Visual Studio\MyProjects"目录下建成了一个名为"test1"的空项目。如图 1.4 所示。

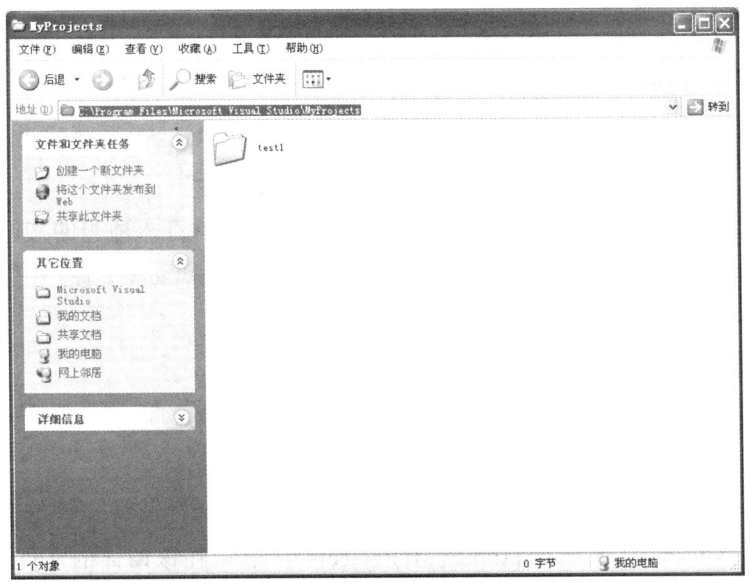

图 1.4　Visual C++ 6.0 新建工程目录位置图

4. 新建源程序文件

方法 1

（1）从主窗口顶部的 Project（工程）选项起，依次选择 Project（工程）→ Add to Project

（添加工程）→New(新建)，弹出 New(新建)对话窗体。

（2）在 New(新建)对话窗体中，选择 File(文件)→C++ Source File，在右边的文件输入框中输入源程序文件名，例如 test1.c(加上.c 扩展名指出是建立 C 语言源程序，不加扩展名就默认为.cpp，即C++源程序)。单击 OK(确定)按钮，系统将回到主窗口，且窗口右边出现了 test1.c 文件的编辑窗口。

（3）在主窗口的右边编辑窗口中输入源程序，并保存这个文件，如图 1.5 所示。

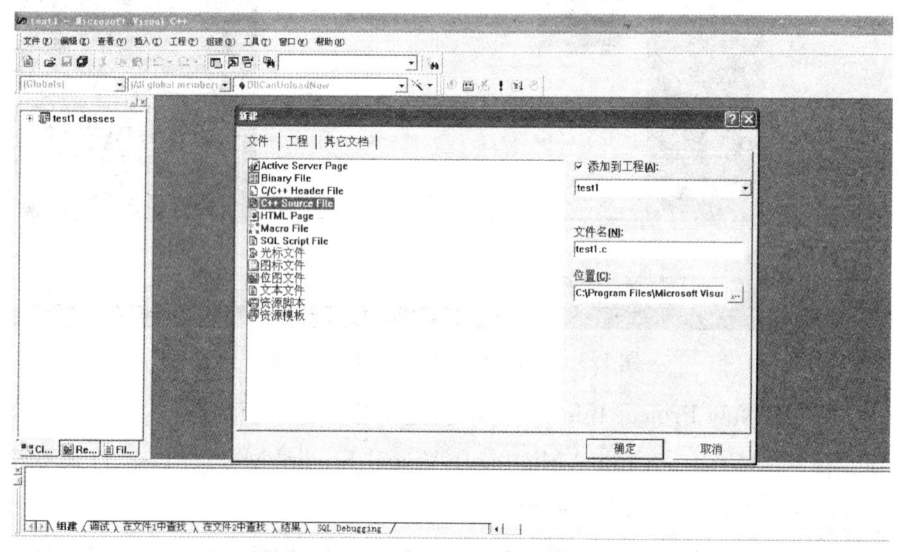

图 1.5　Visual C++ 6.0 新建文件

方法 2

（1）单击主窗口顶部的 File(文件)菜单中的 New(新建)选项，系统弹出 New(新建)对话窗体。

（2）执行方法 1 的第（2）步、第（3）步操作，然后将源文件存入适当的文件夹。

（3）从主窗口顶部的 Project(工程)选项起，依次选择 Project(工程)→Add to Project(添加工程)→Files，将文件添加到一个项目中去。

5．编辑源程序文件

（1）单击主窗口顶部的 File(文件)菜单中的 Open(打开)选项，系统弹出 Open(打开)对话窗体。

（2）使用 Open(打开)对话窗体顶部的文件夹选择框选择存放源文件的文件夹（如 C:\Program Files\Microsoft Visual Studio\MyProjects）。然后在该窗体的文件名输入框内输入源文件名称（或在该窗体中部的文件名列表框内选取源文件），如 test1.c。再打开按钮，系统将回到主窗口，且主窗口右边出现了指定的源文件的编辑窗口。

（3）在主窗口的右边编辑窗口中编辑源程序，并保存这个文件。

Visual C++ 6.0 集成开发环境的主窗口如图 1.6 所示。

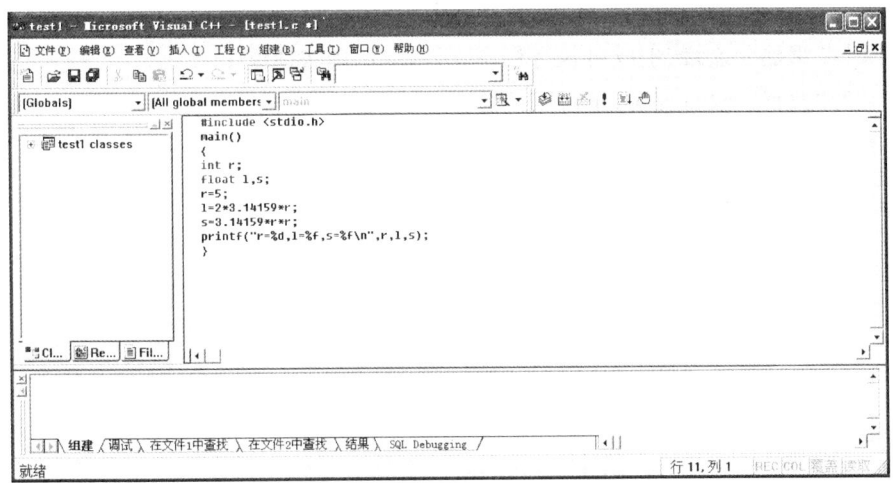

图 1.6 Visual C++ 6.0 主窗口

①工作区窗口：Visual C++以工程工作区的形式组织文件、工程和工程设置。工作区窗口上显示当前正在处理的工程信息,通过窗口下方的选项卡可以使窗口显示不同类型的信息。

②源程序编辑窗口：是输入、修改和显示源程序的场所。

③输出窗口：是在编译、连接时显示信息的场所。

④状态栏 ：是显示当前操作或所选择命令的提示信息。

下面是一些最常用的菜单命令：

"文件"/"新建"：创建一个新的文件、工程或工作区,其中"文件"选项卡用于创建文件包括". c"为文件名后缀的文件；"工程"选项卡用于创建新工程。

"文件"/"打开"：在源程序编辑窗口中打开一个已经存在的源文件或其他需要编辑的文件。

"文件"/"关闭"：关闭在源程序编辑窗口中显示的文件。

"文件"/"打开工作区"：打开一个已有的工作区文件,实际上就是打开对应工程的一系列文件,准备继续对此工程进行工作。

"文件"/"保存工作区"：把当前打开的工作区的各种信息保存到工作区文件中。

"文件"/"关闭工作区"：关闭当前打开的工作区。

"文件"/"保存"：保存源程序编辑窗口中打开的文件。

"文件"/"另存为"：把活动窗口的内容另存为一个新的文件。

"查看"/"工作空间"：打开、激活工作区窗口。

"查看"/"输出"：打开、激活输出窗口。

"查看"/"调试窗口"：打开、激活调试信息窗口。

"工程"/"增加到工程"/"新建"：在工作区中创建一个新的文件或工程。

"组建"/"编译":编译源程序编辑窗口中的程序,也可用快捷键 Ctrl+F7。

"组建"/"组建":连接、生成可执行程序文件,也可用快捷键 F7。

"组建"/"执行":执行程序,也可用快捷键 Ctrl+F5。

"组建"/"开始调试":启动调试器。

6. 编译源文件

（1）执行编绎源文件各步骤:打开一个源文件(如 test1.c)或执行新建源程序文件。

（2）单击主窗口顶部的组建/编译 test1.c。

7. 建立可执行程序

对于已通过编译,按组建/组建命令,或按快捷键 F7 建立可执行程序。

8. 运行可执行程序

执行"组建"/"执行"命令,生成可执行文件。

9. 关闭工作区

执行"文件"/"关闭工作空间"

10. 退出 Visual C++ 6.0

执行"文件"/退出

1.3.2 运行 C 语言程序的步骤说明

程序是一组计算机能识别和执行的指令。每一条指令使计算机执行特定的操作。用高级语言编写的程序称为"源程序"。C 语言是一种编译性高级语言,认为编写好的程序需要经过编译、连接后才能查看运行结果。运行一个 C 语言程序的主要步骤如下。

1. 编辑源程序

程序设计人员使用符合 C 语言标准的语句编辑源程序,以后缀名.C 保存源文件。它包括新建一个源程序文件或修改已有的源程序文件,它的操作有插入、删除、修改、调试源程序。除了 Visual C++ 6.0 和 TC 集成开发环境能够编辑源程序外,还可以通过记事本、写字板等常用的编辑软件来编辑 C 的源程序,存盘是采用纯文本方式保存文件,目前国内不少省级和国家二级的运行环境都是 Visual C++ 6.0 集成开发环境。

2. 编绎源文件

以纯文本形式存储的源程序,必须通过 C 语言编译系统提供的编译程序进行编译,生成后缀名为.obj 的目标程序文件。编译程序对源代码进行语法检查,并给出出错信息,修改后继续编译,直到编译成功后就可以生成目标文件。

3. 连接目标文件

编译成功后还应将目标程序和 C 的库函数连接成后缀名为.exe 的可执行程序,并存储在计算机的存储设备中,以便执行。负责目标程序和库函数连接工作的程序称为连接程序（link）。

4. 执行可执行文件

源程序经过编译、连接成为可执行文件(扩展名为. exe)后,可以在操作系统下直接运行。程序设计人员通过完成输入数据,查看经过程序处理的数据及输出结果。结果正确则开发程序结束。但是要注意,有时候其结果不一定是预想的结果,需要反复调试。

源程序中难免会存在错误,在编辑界面需要反复调试。主要的错误一般可分为四类:

(1) 编译错误:程序不符合 C 语言语法规定,在编译时将出错。编译错误包括语法错误(error)和警告错误(warning)。例如某一变量未定义先使用,则会出现语法错误;又如某变量未赋值就用来求和,则会出现警告错误。

(2) 逻辑错误:一个程序在编译时没有出现错误,执行后仍然得不到正确结果,这是由于算法的设计过程或程序的表达式中存在错误,如表达式书写错误、程序控制流程错误。

(3) 运行错误:程序执行时在某些特殊情况发生的错误,如变量越界、除零错误等。

(4) 连接错误:把目标程序连接成可执行程序时出现错误,如找不到库文件错误等。

程序调试是指对程序进行查错和排错。最常见的错误是编译错误和逻辑错误。

任务实施

在计算机屏幕上显示字符串"hello,c program!"

```
#include <stdio. h>
void main()
{
printf("hello,c program! \n");
}
```

程序运行结果如图 1.7 所示:

图 1.7 Visual C++ 6.0 程序运行结果

这个源程序中 main 是主函数名,C 语言规定必须用 main() 作为主函数名,函数名后的一对圆括号不能省略,圆括号中内容可以是空的。一个 C 程序总是从主函数开始执行,最后在主函数结束。函数体需用花括号括起来,左括号表示函数体的开始,右括号表示函数体的结束。

任务拓展

编写一个 C 语言程序

已知正方形的边长,求正方的周长和面积。

```
#include <stdio.h>
main()
{
float l,c,s;
printf("请输入正方形的边长:");
scanf("%f",&l);
c=4*l;
s=l*l;
printf("正方形的周长=%f,正方形的面积=%f\n",c,s);
}
```

程序运行结果如图 1.8 所示:

```
请输入正方形的边长:3
正方形的周长=12.000000,正方形的面积=9.000000
Press any key to continue_
```

图 1.8 Visual C++ 6.0 程序运行结果

程序中首先定义了 3 个变量,l、c、s 为实型变量,并根据边长 l 的值计算正方形的周长和面积。输出语句中的"%f"为输出格式符,表示实型,它指定输出结果时的数据类型和格式,程序在执行时,该位置由具体数据替代。

任务小结

1. C 语言是当今使用最广泛的程序设计语言之一。C 语言具有简洁、灵活、运算符和数据类型丰富的特点。

2. 一个 C 语言程序由一个主函数和若干个子函数组成,从主函数开始运行。

3. 一个 C 语言的函数由函数首部和函数体组成。

任务 2　算法的描述

任务目标

◉ 了解算法的含义；

◉ 了解算法的描述；

◉ 掌握简单问题的算法设计。

任务描述

学会面对一个要解决的问题如何进行算法设计。即如何进行从 1 到 100 的自然数相加，先对问题进行分析，并设计出算法，并用算法的某种表示方法进行描述。

任务分析

分析问题，1 到 100 的自然数如何进行相加，用流程图或伪代码进行算法描述。

相关知识

1.4　算法

1.4.1　算法概述

1. 算法的含义

现实生活中，我们做任何事情都有一定的步骤。计算机解决问题的方法和步骤称之为算法。

利用计算机解决问题，首先要编写计算机程序。计算机程序是许多指令的集合，每一条指令让计算机执行完成一个具体的操作，一个程序所规定的操作全部执行完后，就能产生计算结果。计算机要解决实际问题实际上就是编写正确的程序，但要想编写好程序有两个重要前提：一是掌握一门计算机高级语言规则，二是要掌握解题的方法和步骤。

计算机语言只是一种工具。简单地掌握语言的语法规则是不够的，最重要的是根据各种问题，制定出正确的算法，即解决方法和步骤。

正确的算法必须满足下列 3 个条件：

（1）每一个逻辑块必须由可以实现的语句来完成。

（2）模块与模块之间的关系应该是唯一的。

（3）算法要能终止，不能出现死循环。

2. 算法的特征

一个正确的算法具有 5 个基本特征：

（1）有穷性。一个算法必须在有限次执行后完成。

（2）确定性。一个算法中的每一个步骤必须有明确的定义,不能有语义不明确的地方。

（3）输入。算法总是要施加到运算对象上,提供运算对象的初始情况,一个算法有零个或多个输入。

（4）输出。一个算法要有一个或多个输出。若无输出,则无法知道结果。

（5）可行性。可行性是指所有待实现的运算必须是相当基本的,至少在原则上人们可以用纸和笔做有限次操作即可完成。

实质上,算法反映的是解决问题的思路。许多问题,只要仔细分析对象数据,就容易找到处理方法。

1.4.2 算法的表示

表示一个算法,可以用不同的方法。常用的有自然语言、传统流程图、N-S 结构化流程图、伪代码等。

1. 用自然语言表示算法

自然语言就是人们日常使用的语言,可以是汉语、英语等各种语言。自然语言通俗易懂,但文字较多,容易出现"歧义"。同时自然语言在表示算法时,也不太严格,需要根据上下文来体会每一句的含义。特别是对于复杂的问题,用自然语言来描述非常不方便。因此,除了很简单的问题,目前很少用自然语言来表示计算机程序设计的算法。

2. 用传统流程图表示算法

传统流程图是用一些图框表示各种操作。用图形表示算法,直观形象,易于理解。美国国家标准化协会 ANSI（America National Standard Institute）规定了一些常用的流程图符号（见图 1.9）,已为世界各国计算机编程人员普遍采用。

图 1.9 中菱形框的作用是对一个给定的条件进行判断,根据给定的条件是否成立来决定如何执行其后的操作。它有一个入口,两个出口。菱形框两侧通常用"Y""N"表示"是"（YES）、"否"（NO）。

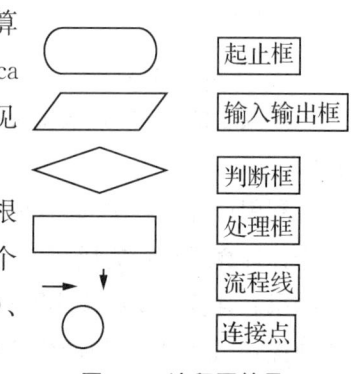

图 1.9 流程图符号

3. 用 N-S 结构化流程图表示算法

美国学者 I. Nassi 和 B. Shneiderman 提出了一种新的流程图形式。在这种流程图中,完全去掉了带箭头的流程线。全部算法写在一个矩形框内,在该框内还可以包含其他的从属于它的框,或者说,由一些基本的框组成一个大的框。这种流程图又称 N-S 结构化流程图（N 和 S 是两位美国学者的英文姓名的第一个字母）。这种流程图适用于结构化程序设计算法描述（见图 1.10～图 1.13）。

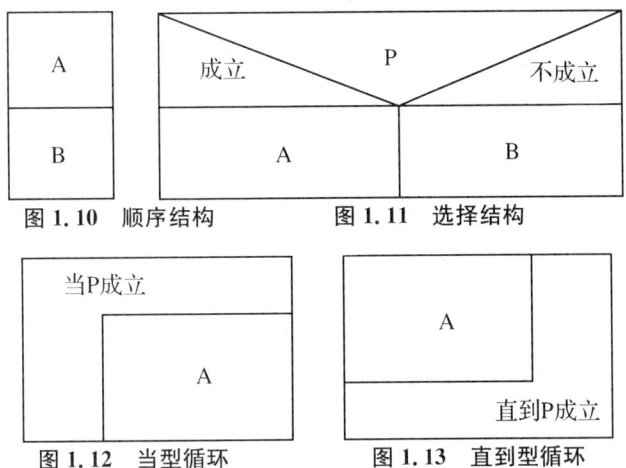

图 1.10　顺序结构　　　　图 1.11　选择结构

图 1.12　当型循环　　　　图 1.13　直到型循环

4. 用伪代码表示算法

用传统的流程图和 N-S 图表示算法直观易懂,但画起来比较麻烦,尤其在设计一个算法时,可能要反复修改,而修改流程图比较麻烦。

伪代码是用介于自然语言和计算机语言之间的文字和符号来描述算法。它如同一段文章,每一行或几行表示一个基本操作,它不需要符号,因此书写方便,格式紧凑,也比较易懂,便于向计算机语言算法(即程序)过渡。

"打印 x 的绝对值"的算法可以用伪代码表示如下:

```
IF x ＞0 THEN
    print x
ELSE
    print -x
```

它像英语语句一样好懂,在国外用的比较普遍。也可以用汉字伪代码,如:

```
若 x 为正
    打印 x
否则
    打印- x
```

也可以中英文混用,如:

```
IF x 为正
print x
ELSE
print -x
```

即计算机中语句的关键字用英文表示,其他的可以用汉字表示。总之,伪代码表示算法并无固定的、严格的语法规则,只要把意思表达清楚,并且书写格式清晰易读就可以了。

如本书第 4 章中的任务 2 是要求编写一个 C 语言程序,实现如下功能:由键盘输入某门课程的若干学生成绩,统计输出该课程的平均成绩、最高成绩和最低成绩,并按成绩分类统计出各个等级的学生数(成绩分四等,90 分以上为优秀,80 分以上为良好,60 分以上为合格,60 分以下为不合格)。

本任务通过连续输入若干学生成绩,先将第一个学生成绩分别赋给最大、最小值变量,将当前输入的成绩分别与最大、最小值比较得到新的最大、最小值,如此重复直至输入结束。同时输入一个成绩,累加一个成绩,并统计已输入成绩的学生数。在成绩输入过程中要解决如下几个问题:

(1) 需要哪几个变量?

(2) 输入若干学生成绩的结束标志是什么?

(3) 如何计算若干学生的平均成绩,统计最高成绩、最低成绩,并按成绩统计各个等级的人数。

伪代码

开始:main

清屏

输入第一个学生成绩

统计并处理成绩

计算平均成绩

输出平均成绩等数据

返回

进入统计并处理成绩

While 成绩大于等于 0

将最高成绩与最低成绩分别与之比较,得到新的最高与最低成绩

统计各分数段学生数

计算总成绩

统计学生数

结束 while

返回

5. 用计算机语言表示算法

通过计算机完成一项工作,分为两个步骤,一是设计算法,二是实现算法。因此我们在解决问题时,不仅要考虑如何设计一个算法,也要考虑如何实现一个算法。

前面我们只是描述算法,即用不同的形式表示操作的步骤。而要得到运算结果,就必须实现算法。如前面给出了 1+2+…+100 的算法的流程图表示方法。实现算法的方式可能不止一种,可以心算、用笔算、计算器等不同的方法计算出结果,这些都是算法的实现方法。

我们的任务是用计算机解题,也就是用计算机实现算法。计算机无法识别上面讲到的流程图和伪代码等描述算法的方法。只有计算机编程语言编写的程序被计算机执行后,才能得出算法的结果。因此上述方法描述算法后,还要将它们转换成计算机语言程序。

用计算机语言表示算法必须严格遵循所用语言的语法规则。这个和伪代码是不同的,即我们所说的程序。

任务实施

1+2+……100 的算法描述(见图 1.14)

1. 流程图表示算法

2. 伪代码表示

 开始:main

 s=0,i=1

 当 i<=100 时,执行下面操作

 使 s=s+i

 使 i=i+1

 (循环到此结束)

 输出 s 的值

 结束

3. 用计算机语言来完成算法

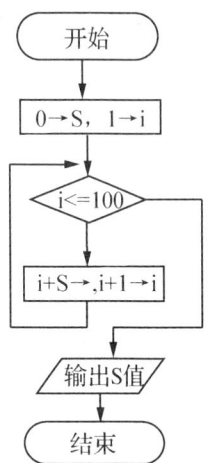

图 1.14 任务 2 流程图

```c
#include <stdio.h>
main()
{
int    s=0,i=1;
while ( i<=100)
{s=s+i;
i=i+1;}
printf("s=%d\n",s);
}
```

程序运行结果如图 1.15 所示。

图 1.15 任务 2 程序运行结果

任务拓展

用伪代码表示 10!,并编写出相应的程序。

开始:main

j=1,i=1

当 i<=10 时,执行下面操作

使 j=j*i

使 i=i+1

(循环到此结束)

输出 j 的值

结束

相应的程序

```
#include <stdio.h>
main()
{
int   j=1,i=1;
while ( i<=10)
{j=j*i;
i=i+1;}
printf("j=%d\n",j);
}
```

程序运行结果如图 1.16 所示:

```
j=3628800
Press any key to continue
```

图 1.16   拓展任务程序运行结果

任务小结

1. 算法是解决问题的方法和步骤,是程序设计的灵魂,一个算法具有有穷性、确定性、输入、输出和可行性 5 个基本特征。

2. 算法的描述工具很多,主要有传统流程图、N-S 图、伪代码、计算机程序语言等。流程图结构清晰,伪代码表示方便,计算机语言是最终目的。

实训   Visual C++ 6.0 环境和简单程序的运行

实训目的

● 了解 Visual C++ 6.0 环境的进入与退出;

● 了解 Visual C++ 6.0 环境的菜单的使用;

● 了解 Visual C++ 6.0 环境的设置;

⊙ 掌握 C 语言源程序的建立、编辑、修改、编译和运行。

实训要求

练习使用 Visual C++ 6.0 集成环境,学会 Visual C++ 6.0 的基本使用,学会编写简单的 C 语言程序,并进行编辑、修改、运行。

实训内容

1. 开机:进入 Windows 操作平台。

2. 进入 Visual C++ 6.0 集成环境。

3. 进行 C 语言程序的编辑、保存、编译、组建和执行。

第一个程序

```
#include <stdio.h>
main ( )
{   printf ("* * * * * * * * * * * * * * * * * * * * * * * * * \n ");
        printf("      I am a student   \n ");
        printf ("* * * * * * * * * * * * * * * * * * * * * * * * * \n");
    }
```

第二个程序

```
#include <stdio.h>
main()
{int a,b,c,max;
printf("please input a,b,c:\n");
scanf("%d,%d,%d",&a,&b,&c);
max=a;
if (max<b)
    max=b;
if (max<c)
    max=c;
printf("The largest number is %d\n",max);
}
```

实训过程

1. 打开 Visual C++ 6.0 应用程序。

2. 新建.c 程序文件。

3. 编写程序。

4. 依次执行组建菜单下的编译、组建、执行子菜单,每一步都正确的情况下得到如下结果。

第一个程序运行结果如图 1.17 所示：

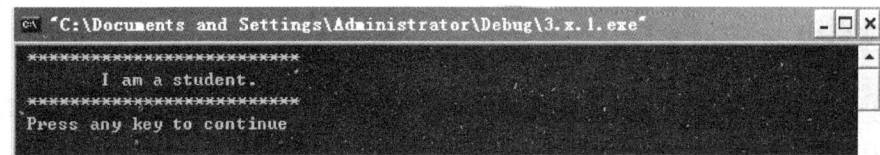

图 1.17　第一个程序运行结果

第二个程序运行结果如图 1.18 所示：

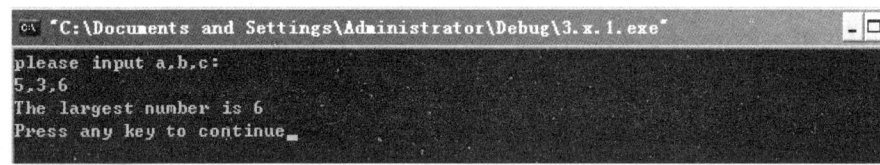

图 1.18　第二个程序运行结果

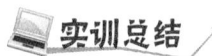 **实训总结**

熟练掌握 Visual C++ 6.0 环境的使用，编写程序时一定要细心，出现错误时要认真查找错误的原因，才能学会 C 语言。

实训拓展

编写程序实现下面的要求，从键盘输入两个数，将两个数按从小到大的顺序输出。

☞ **知识梳理与总结**

1. C 语言程序的结构特点。

2. C 语言中函数由哪几部分组成。

3. 算法的含义。

4. 算法的描述方法。

5. Visual C++ 6.0 环境的使用及运行程序的步骤。

习　题

1. C 语言的主要特点有哪些？

2. 叙述 C 语言程序一般由哪几部分构成。

3. C 语言以函数为程序的基本单位，有什么好处？

4. 编写一个 C 语言程序，输出以下信息：

　　＊＊＊＊＊＊＊＊＊＊＊＊＊＊＊＊＊＊＊＊＊＊＊＊

　　　　C 语言程序设计

　　＊＊＊＊＊＊＊＊＊＊＊＊＊＊＊＊＊＊＊＊＊＊＊＊

5. 编写一个 C 语言程序，输出整型数据 55 和 22 的和、差的值。

第 2 章　数据类型、运算符和表达式

知识导读

　　自然界中的事物千千万万种,如何用计算机语言来描述现实生活中的这些数据真是个大问题。为了描述这些数据,C 语言把具有相同特征的数据归为到同一类型。对不同类型的数据采用不同的表达方式。那么,在 C 语言中这些数据都分成哪些类型? 这些不同类型的数据又是如何进行计算的呢? 这就是我们这一模块要解决的问题。

能力目标

- 掌握 C 语言中的基本数据类型;
- 了解各类型的常量表示方法;
- 理解符号常量的使用场合;
- 掌握变量的概念;
- 掌握变量的定义、初始化;
- 掌握变量的使用方法;
- 掌握算术运算符的使用;
- 掌握赋值运算符的使用;
- 掌握逗号运算符的使用;
- 掌握关系运算符的使用;
- 掌握逻辑运算符的使用;
- 了解各运算符的优先级和结合性。

任务设置

任务 1　数据类型

任务 2　变量

任务 3　运算符与表达式

任务 4　数据类型转换

实训　　数据类型、运算符和表达式实训

任务 1 数 据 类 型

任务目标

- 掌握 C 语言中的基本数据类型；
- 了解各类型的常量表示方法；
- 理解符号常量的使用场合。

任务描述

分析下面的程序功能，并能指出该程序中使用了哪些数据类型。

```
#include<stdio.h>
#define  PAI  3.14
main()
{
float r,c,s;
r=5.0;
c=2*PAI*r;
s=PAI*r*r;
printf("r=%f,c=%f,s=%f\n\n",r,c,s);
}
```

任务分析

该程序使用了三个变量，都定义成 float 类型。程序功能是：已知圆的半径(r)，求圆的周长(c)和面积(s)。

相关知识

2.1 数据类型概述

在 C 语言中，不同类型的数据在内存中所占用的空间大小是不同的，换句话说，也就是数据类型决定了数据的存储空间。C 语言中的数据类型如图 2.1 所示。本章只介绍基本数据类型，其余类型在随后的章节中再逐一介绍。

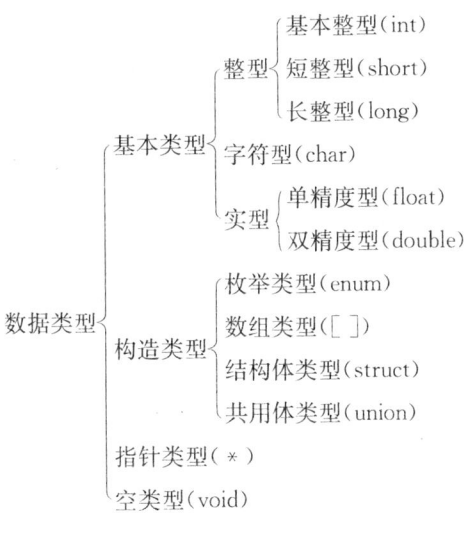

图 2.1　C 语言数据类型

2.2　常量

2.2.1　整型及整型常量

整型也即是我们通常所说的整数类型。从图 2.1 中可以看出,在 C 语言中整型又可分成三种:基本整型、短整型、长整型。也可以按带不带符号分为:无符号型(unsigned)和带符号型。不同类型的整型数据和取值范围如表 2.1 所示。

表 2.1　不同类型的整型数据取值范围

数据类型	说明	字节数	取值范围
int	基本整型	2	$-32768 \sim 32767$,即 $-2^{15} \sim (2^{15}-1)$
		4	$-2147483648 \sim 2147483647$,即 $-2^{31} \sim (2^{31}-1)$
short	短整型	2	$-32768 \sim 32767$,即 $-2^{15} \sim (2^{15}-1)$
long	长整型	4	$-2147483648 \sim 2147483647$,即 $-2^{31} \sim (2^{31}-1)$
unsigned [int]	无符号基本整型	2	$0 \sim 65535$,即 $0 \sim (2^{16}-1)$
		4	$0 \sim 4294967295$,即 $0 \sim (2^{32}-1)$
unsigned short [int]	无符号短整型	2	$0 \sim 65535$,即 $0 \sim (2^{16}-1)$
unsigned long [int]	无符号长整型	4	$0 \sim 4294967295$,即 $0 \sim (2^{32}-1)$

常量也即是常数。因此整型常量即是整数。在 C 语言中,整数的表示方法有三种:十进制表示、八进制表示和十六进制表示。

1. 十进制形式

写法和平时数学书写写法一致,如 124、375、0、-4、-342 等。

2. 八进制形式

以数字 0 开头,由 0~7 八个数码组成。如 012、023 等。

请思考:018 是正确的 C 语言整数表达形式吗? 为什么?

3. 十六进制形式

以 0x 或 0X 开头,由 0~9,a~f 共十六个数码组成,如 0X12F、0x23 等。

请思考:0xefk、123E 是正确的 C 语言整数表达形式吗? 为什么?

日常生活中人们习惯用十进制形式书写整数,而在编制一些复杂的程序,尤其是用于工业控制的单片机程序时,往往写成八进制形式或十六进制形式更为方便。

2.2.2 实型及实型常量

实型又称为浮点型,在 C 语言中常用来表示有小数点的实数。实型数据又包括单精度实型和双精度实型,双精度实型的精度要高于单精度实型。它们各自的存储空间和数据表示范围如表 2.2 所示。

表 2.2 实型数据的存储空间和取值范围

数据类型	说明	字节数	有效数字	取值范围
float	单精度实型	4	7	$10^{-38} \sim 10^{38}$
double	双精度实型	8	15	$10^{-308} \sim 10^{308}$

需要注意的是:表中所列出的实型数据的取值范围和有效数字针对不同的编译系统是有所不同的,所以表中给出的取值范围并不完全准确,不同的编译系统存在差异。

实型常量也即是实型常数,实型常数的表示形式通常有两种:小数形式和指数形式。

(1) 小数形式

如:54.6、−0.85、4.333 等。

(2) 指数形式

如:3.2E+4、5.1e5、1.3e−3、−3.13e4 等。

需要注意的是:跟数学中指数的写法规则类似,E 之前和之后必须有数字,且 E 之后必须为整数,E 和 e 可以通用。

2.2.3 字符型及字符型常量

字符型数据主要用于程序的输入输出和文字处理,因此字符型的数据在程序中的使用很广泛。每个字符型的数据在内存中占用一个字节,在这个字节中存放的是该字符对应的 ASCII 码值。在 ASCII 码表中每个字符都有唯一的一个 ASCII 码值与之对应。观察 ASCII 码表我们可以看出,ASCII 码值都是一个整数,所以,在 C 语言中字符和整数在某些范围内是可以通用的。字符型的数据又可以分成无符号字符型和带符号字符型两种,两者的区别如表 2.3 所示。

表 2.3　字符型数据的存储空间和取值范围

数据类型	说明	字节数	取值范围
char	有符号字符型	1	$-128\sim127$，即 $-2^7\sim(2^7-1)$
unsigned char	无符号字符型	1	$0\sim255$，即 $0\sim(2^8-1)$

字符型常量即是字符,通常有两种形式:普通字符和转义字符。

(1) 普通字符

在 C 语言中,普通单个字符通常在上面加一对单引号,如:´A´、´e´、´♯´等。

(2) 转义字符

对应一些特殊字符,无法像普通字符那样直接表示,如回车符、换行符等。C 语言为它们提供了特殊的写法。比较常用的转义字符的写法及含义如表 2.4 所示。

表 2.4　常用的转义字符的写法及含义

编号	转义字符	名称	功能
1	\"	双引号	输出一个双引号
2	\\	反斜杠	输出一个反斜杠
3	\0	空	产生一个空字符
4	\n	换行	将光标移到下一行的开头
5	\r	回车	将光标移到本行的开头
6	\t	水平制表	将光标移到下一个水平制表位置
7	\o、\oo 或\ooo	o 代表一个八进制字符	输出 ASCII 码与该八进制数对应的字符
8	\xh、\xhh	h 代表一个十六进制字符	输出 ASCII 码与该十六进制数对应的字符

请思考:´\\´、´\124´、´\x1f´分别代表什么字符?

2.2.4　符号常量

除了上面讨论的几种基本类型的常量外,还有一种特殊的常量,称为符号常量。例如任务 1 程序中的 PAI,在程序中使用♯define　PAI　3.14 使 PAI 成为一个符号常量,其数值为 3.14。在后续的语句中,凡是出现符号 PAI 的地方,其值都为 3.14。注意,为了和变量名相区分,符号常量通常用大写字母来表示。

任务实施

1. 程序运行结果(见图 2.2)

图 2.2　任务 1 程序运行结果

2. 程序说明

本程序的功能是:已知圆的半径,经过计算输出圆的周长的面积。其中的计算方法采用的是数学公式:$c＝2\pi r$,$s＝\pi r^2$。

3. 思考

(1) 在程序中出现几种数据类型?

(2) 为什么要使用符号常量? 有什么好处?

任务 2 变 量

 **任务目标**

◉ 掌握变量的概念;

◉ 掌握变量的定义、初始化;

◉ 掌握变量的使用方法。

任务描述

将一个给定的大写字母转换成小写字母输出,将一个给定的小写字母转换成大写字母输出。

任务分析

观察 ASCII 码表可知:大写字母的 ASCII 码值和它对应的小写字母的 ASCII 码值刚好相差 32。那么大写字母的值加上 32 就得到对应的小写字母,而小写字母的值减去 32 就得到对应的大写字母。

相关知识

2.3 变量

2.3.1 变量定义

在 C 语言中,当处理一些常量时,往往并不是直接使用它们的值,而是根据需要先把它们保存到对应的变量中去,再通过变量来使用它们的值。如任务 1 中的 r＝5.0,这里 r 就是变量。变量也有整型、实型、字符型之分,不同类型的变量所占用的存储空间大小不同。

C 语言规定:变量在使用之前必须定义。那么,如何来定义变量呢? 变量的定义简单来说,就是给变量取个名字并规定变量的类型。

1. 变量的命名规则

C 语言规定:变量名只能由字母、数字和下划线组成,且第一个字符必须为字母或下划线。不能使用系统中的关键字作为变量名。

例如:请分析下面的变量名是否合法?

a123、fff、3d、#rop、gi_h、for、int

此外,还需要注意的是:C 语言对变量名是区分大小写的,比如:num 和 NUM 是两个变量名。变量名的命名规则适用于 C 语言中所有的标识符,如文件名、数组名、函数名等。

2. 变量类型说明

给变量取好名字后,就要规定它的类型了。假设现在有一个变量名为:num,想把它定义成基本整型,可用下面的语句:

int num;

同理:

float num;

char c;

float r,c,s;   /* 定义多个变量用逗号隔开 */

2.3.2 变量初始化

变量的初始化,也即是给变量赋初值。可以在变量定义好后进行,也可以在定义变量的同时进行。

例如:

int num;

num=3;

等同于:

int num=3;

2.3.3 变量的使用

变量在定义并且初始化后,就可以使用了。假设已有:

int num=3;

那么,我们用下面的语句可以输出 num 的值:

printf("num=%d\n", num);

任务实施

1. 程序清单

```
#include<stdio.h>
main()
{
```

```
char ch1,ch2,ch3,ch4；
ch1＝'D'；
ch2＝'g'；
ch3＝ch1＋32；
ch4＝ch2－32；
printf("变换前:%c,%c\n",ch1,ch2)；
printf("变换后:%c,%c\n",ch3,ch4)；
printf("\n\n")；
}
```

2. 程序运行结果(见图 2.3)

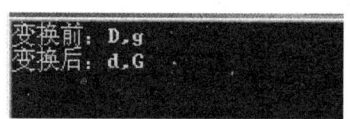

图 2.3 任务 2 程序运行结果

3. 程序说明

程序中定义了 4 个字符型变量:ch1、ch2、ch3、ch4。其中 ch1、ch2 放的是变换前的字符,而 ch3、ch4 放的是变换后的字符。

4. 思考

如果程序要求变为:随机从键盘输入一个字符,若是大写字符就变成小写输出,若是小写字符就变成大写输出。编程思路是什么呢? 用现在所学的知识能否做到?

任务3 运算符与表达式

任务目标

◉ 掌握算术运算符的使用;

◉ 掌握赋值运算符的使用;

◉ 掌握逗号运算符的使用;

◉ 掌握关系运算符的使用;

◉ 掌握逻辑运算符的使用;

◉ 了解各运算符的优先级和结合性。

任务描述

分析下面程序的运行结果。

```
#include<stdio.h>
main()
{
int a,c,d,i,j,s1,s2,s3,s4,s5,s6,s7,s8;
/* 逗号运算符和赋值运算符的使用 */
a=26;
s1=(a-2, a/2);
printf("s1=%d\n",s1);
s2=a-2, a/2;
printf("s2=%d\n",s2);
/* 算术运算符的使用 */
c=2;d=3;
s3=c+d;printf("s3=%d\n",s3);
s4=s3*d;printf("s4=%d\n",s4);
s5=s4%c;printf("s5=%d\n",s5);
s6=s4/c;printf("s6=%d\n",s6);
/* 自增自减运算符的使用 */
i=3;j=8;
s7=(--i)+(--j);
printf("i=%d,j=%d,s7=%d\n",i,j,s7);
i=3;j=8;
s8=(i--)+(j--);
printf("i=%d,j=%d,s8=%d\n",i,j,s8);
printf("\n");
}
```

任务分析

该程序中综合用到了算术运算符、逗号运算符、赋值运算符等多种运算符。

相关知识

2.4　运算符与表达式

2.4.1　算术运算符与算术表达式

1. 基本的算术运算符

C 语言中用于进行算术运算的基本算术运算符有 5 个,如表 2.5 所示。

表 2.5 基本算术运算符

运算符	名称	表达式举例	运算结果
＋	加法运算符	7＋2	9
－	减法运算符	7－2	5
＊	乘法运算符	7＊2	14
/	除法运算符	7/2	3
％	求余运算符	7％2	1

需要注意的是：

(1) 除法运算符的两边如果均为整数，那么结果也是整数。

(2) 求余运算符要求参与运算的两个数都为整数，运算结果也是整数。

2. 自增、自减运算符

自增(＋＋)、自减(－－)运算符是特殊的算术运算符。自增运算符的功能是使变量的值自增1；自减运算符的功能是使变量的值自减1。有如下几种形式，如表2.6所示。假设4个整型变量 i,j,m,n 的初始值都为5。

表 2.6 自增、自减运算符的运算形式

类型	表达式	计算方法	结果
前缀自增	s1＝＋＋i	i＝i＋1； s1＝i；	i 的值为 6 s1 的值为 6
后缀自增	s2＝j＋＋	s2＝j j＝j＋1	j 的值为 6 s2 的值为 5
前缀自减	s3＝－－m	m＝m－1 s3＝m	m 的值为 4 s3 的值为 4
后缀自减	s4＝n－－	s4＝n n＝n－1	n 的值为 4 s4 的值为 5

从表2.6中可以看出，自增、自减运算符的掌握难点在于前缀运算和后缀运算。需要注意的是：

(1) 前缀运算是先使变量值自增或自减1,然后再把变量值赋给其他变量。而后缀运算则是先把变量的值赋给其他变量,然后变量值再自增或自减1。

(2) 不管是前缀运算还是后缀运算,都是针对变量进行的,常量是不能进行这种运算的。

3. 算术表达式

由算术运算符加上操作数就构成了算术表达式。如：

s3＝c＋d;

当表达式的结构比较复杂,如带有括号,自增、自减运算符等多种运算符联合使用的时

候,这时就牵涉到一个运算顺序问题,也就是先算哪个后算哪个。在 C 语言中,运算顺序取决于运算符的优先级。C 语言中对运算符的优先级有明确的规定,总体来说是:算术运算符——关系运算符——逻辑运算符——赋值运算符——逗号运算符。针对几种算术运算符,其结合性和优先级如表 2.7 所示。

表 2.7 算术运算符的优先级别和结合性

运算符	结合性	优先级
( )	从左向右	高 ↓ 低
++、－－、+(正号)、－(负号)	从右向左	
*、/	从左向右	
+(加号)、－(减号)	从左向右	

2.4.2 赋值运算符与赋值表达式

1. 赋值运算符

赋值运算符即是＝,由赋值运算符构成的表达式称为赋值表达式。如:

x＝3

a＝b＝2＋3

需要注意的是:

(1)＝的左侧只能是变量。

(2)赋值运算符的运算方向为从右往左,也即是把右边的值赋给左边的变量。

(3)赋值运算符的优先级别比算术运算符低。

2. 复合赋值运算符

C 语言为了简化书写,提供了复合赋值运算符,即把赋值运算符加上其他运算符一起构成。如可以把算术运算符和赋值运算符一起构成如下几种复合运算符:＋＝ 、－＝、*＝、/＝等,如表 2.8 所示。

表 2.8 复合赋值运算符

运算符	表达式举例	运算规则	表达式的值
＋＝	i＋＝2	i＝i＋2	7
－＝	i－＝2	i＝i－2	3
*＝	i*＝2	i＝i*2	10
/＝	i/＝2	i＝i/2	2
%＝	i%＝2	i＝i%2	1

2.4.3 逗号运算符与逗号表达式

逗号运算符(,)是 C 语言提供的一种特殊运算符。由逗号运算符构成的逗号表达式的一般形式如下:

表达式1,表达式2,…表达式n

逗号运算符具有左结合性,即是从左往右计算。所以逗号表达式的的运算是从左往右依次计算出各表达式的值,最后一个表达式的值作为整个逗号表达式的值。

例如:2+3,4+2,3＊3

这个逗号表达式的值是9。

需要注意的是:逗号运算符的优先级别非常低,比赋值运算符还低,在 C 语言的所有运算符中是最低的。

2.4.4　关系运算符与关系表达式

1. 关系运算符

(1) 关系运算符

关系运算符实际上就是比较运算。C 语言提供了六种关系运算符:

$<$　　小于

$<=$　　小于或等于

$>$　　大于

$>=$　　大于或等于

$==$　　等于

$!=$　　不等于

关系运算符都是双目运算符,要求两个操作数是同一种数据类型,其结果为逻辑值。即关系成立时,其值为真,按 C 语言的习惯,用非 0 值(一般用 1)表示;关系不成立时,其值为假,用 0 表示。

(2) 优先级

关系运算符的优先级低于算术运算符,关系运算符中 $>$、$>=$、$<$、$<=$ 优先级相同;$==$ 和 $!=$ 的优先级低于前四种。例如:

2+3＝＝a−b　　等价于　(2+3)＝＝(a−b)

(3) 结合性

关系运算符的结合性均为左结合。若有多个关系运算同时进行时,按优先级次序运算,优先级相同时从左向右计算。

2. 关系表达式

关系表达式是用关系运算符将两个表达式(可以是算术表达式、关系表达式、逻辑表达式、赋值表达式、字符表达式、逗号表达式等)连接起来的式子。例如:

3+2＝＝2＊3　　/＊表示判断3+2的结果和2＊3的结果是否相等＊/

关系表达式的一般形式为:

表达式　关系运算符　表达式

例如:x>y,y>3+5,'c'+1<h,5+6＝＝a+b 都是合法的关系表达式。表达式也可

以是关系表达式,因此允许出现嵌套的情况。例如:a>(b>c),a==(b==c)。关系表达式的结果为"真"和"假",通常用数"1"和"0"表示。例如:

    x>y   /* 若 x 的值为 5,y 的值为 3,则表达式的值为"真",即为 1(或非 0 值)   */
    (x=3)>(y=5)   /* 该关系表达为值为"假",即为 0   */

2.4.5 逻辑运算符与逻辑表达式

1. 逻辑运算符

C 语言提供了三种逻辑运算符,分别是:

&&   与运算

|| 或运算

!   非运算

其中,与运算(&&)和或运算符(||)为双目运算符,非运算符(!)为单目运算符。例如:

a&&b   当且仅当 a、b 都为真时,结果为真

a||b   当且仅当 a、b 都为假时,结果为假

!b   当 b 为真时,结果为假;当 b 为假时,结果为真

当逻辑运算符两边表达式的值为不同的组合时,各种逻辑运算得到的结果也是不同的,表 2.9 列出了逻辑运算的真值表。

表 2.9 逻辑运算的真值表

a	b	!a	!b	a&&b	a||b
真	真	假	假	真	真
真	假	假	真	假	真
假	真	真	假	假	真
假	假	真	真	假	假

2. 逻辑表达式

逻辑表达式的一般形式为:

表达式　逻辑运算符　表达式

例如:

a+b&&a

假设 a 的值为 2,b 的值为 3。先算 a+b 的值为 5,不为 0,即为真;a 的值为 2,也不等于 0,所以也为真,按照表 2.9 的真值表,真和真 &&,结果为真。

3. 优先级

逻辑运算符中,非运算符(!)的结合性为右结合;与运算符(&&)和或运算符(||)的结合性为左结合。

4. 逻辑运算符的短路现象

逻辑运算符的运算顺序是从左往右算,那么根据表 2.9 的规则,当 && 运算前面的表

达式的值为0时,其后面的表达式不管值是多少,整个逻辑表达式的结果都为0。同样,当||运算的前面表达式的值为1时,其后面的表达式不管值是真还是假,整个逻辑表达式的结果都为1。因此,在C语言中,当&&运算符前面的表达式为假,或者当||运算符前面的表达式为真时,该运算符后面的表达式将不再参与计算,这种现象类似于电路中的短路现象,所以称为逻辑运算符的短路现象。

例如:(a=0)&&(b++),假设b的初值是3,那么,该表达式计算完成后,b变量的值为多少?

由于逻辑运算符的短路现象,b++实际并没有计算,所以b的值还是3。

5. 逻辑表达式使用注意事项

逻辑表达式是用逻辑运算符把两个表达式连接起来的式子。在C语言中,用逻辑表达式表示多个条件的组合。例如:

(year%4==0)&&(year%100!=0)||(year%400)就是一个判断一个年份是否是闰年的逻辑表达式。

逻辑表达式的值也是一个逻辑值(非"真"即"假")。在逻辑运算中,C语言用整数"1"表示"逻辑真",用"0"表示"逻辑假"。但在判断一个数据的"真"或"假"时,却以0和非0为根据:如果为0,则判定为"逻辑假";如果为非"0",则判定为"逻辑真"。

例如:假设x=9,则!x的值为0,x>=1&&x<10的值为1。

注意:

(1) 逻辑运算符两侧的操作数,除可以是0或非0的整数外,也可以是其他任何类型的数据,如实型、字符型等。如:'a'&&'b'的值为1,在执行运算过程中,'a'和'b'的ASCII码值是大于零的整数,按"真值"处理,因此1&&1的值为1。

(2) 在计算逻辑表达式时,只有在必须执行下一个表达式才能求解时,才求解该表达式(即并不是所有的表达式都被运算)。也就是说,对于逻辑与运算,如果第一个操作数被判定为"假",系统不再判定或求解第二操作数。对于逻辑或运算,如果第一个操作数被判定为"真",系统不再判定或求解第二操作数。

任务实施

1. 程序运行结果(见图2.4)

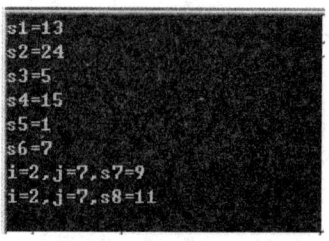

图2.4 任务3程序运行结果

2. 程序说明

该程序是逗号运算符、算术运算符的综合应用。在分析程序时,要特别注意自增和自减运算符的使用规则,注意区分前缀运算和后缀运算。

任务 4　数据类型转换

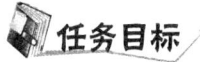

任务目标

◉ 了解数据类型转换的形式;

◉ 掌握几种不同形式的数据类型转换。

任务描述

请设计一个能够对原有数据进行四舍五入计算的程序,结果保留两位小数。

任务分析

可以采用强制类型转换运算符来实现四舍五入算法。按照题目要求保留两位小数,可以用下面的表达式实现:

(int)(100 * x+0.5)/100.0

相关知识

2.5　数据类型转换

2.5.1　类型转换概述

在 C 语言中,不同类型的数据可以进行混合运算。在混合运算的过程中,需要把不同类型的数据转换成相同类型的数据,那么转换的规则是什么呢?

C 语言中主要有 3 种类型的数据转换:自动类型转换、赋值类型转换以及强制类型转换。

2.5.2　自动类型转换

自动类型转换通常发生在不同数据类型进行算术运算时,自动类型转换是由编译系统自动完成的。自动类型转换遵循以下规则:

(1) 转换按数据长度增加的方向进行,以保证精度。例如 int 型和 long 型混合运算时,先把 int 型转换成 long 型再计算。

（2）所有的实型数据的运算都是以双精度实型进行的。

（3）整型数据和实型数据混合运算时，都转换成 double 类型。

2.5.3　赋值类型转换

赋值类型转换是依靠赋值运算符＝来实现数据类型转换的。当赋值号两边的类型不同时，赋值号右边的数据将先转换成赋值号左边变量的类型，然后再进行赋值。如果是将整型数据赋给实型变量，则数值不变但有效位数增加。例如：

float x；

x＝3；

则实际 x 变量的值为 3.000000

如果将实型数据赋值给整型变量，那么实型数据将丢失小数点后的数据，损失精度。例如：

int y；

y＝3.567；

则实际 y 变量的值为 3。注意是 3，而不是 4，不是四舍五入。

2.5.4　强制类型转换

强制类型转换是使用强制类型转换运算符来实现的。强制类型转换运算符可以将一个表达式的值强制转换成所需类型。例如：

（int）a；

（float）（x＋y）；

任务实施

1. 程序清单

```
#include<stdio. h>
main()
{
float x,y;
x=3.14159;
y=(int)(x*100+0.5)/100.0;
printf("x=%f\n",x);
printf("y=%.2f\n\n",y);
}
```

2. 程序运行结果(见图 2.5)

图 2.5 任务 4 程序运行结果

3. 思考

如果任务还是实现四舍五入计算,但要求结果保留三位小数,该怎么更改程序呢? 如果是要求结果保留一位小数呢?

实训 数据类型、运算符和表达式实训

实训目的

1. 掌握 C 语言变量名的命名规则;
2. 掌握数据类型的基本概念,熟悉基本数据类型的定义方法;
3. 掌握运算符和表达式的使用方法;
4. 掌握数据类型转换的规则。

实训要求

1. 按实训任务要求分析程序运行结果;
2. 上机调试并运行程序;
3. 按要求完成实验报告。

实训内容

任务 1 分析下面程序运行结果

```
#include<stdio.h>
main()
{
int i=9;
printf("%d\n",++i);
printf("%d\n",--i);
printf("%d\n",i++);
printf("%d\n",i--);
printf("%d\n",-i++);
```

```
printf("%d\n",−i−−);
printf("\n");
}
```

任务 2 写出下面程序的运行结果,并进一步分析程序功能

```
#include<stdio.h>
main()
{
int i=1;
float s=0;
s=1/i+1/(i+1)+1/(i+3);
printf("s=%f\n\n",s);
}
```

任务 3 在任务 2 程序的基础上,修改程序实现计算:1+1/2+1/4

实训过程

任务 1 程序运行结果如图 2.6 所示:

图 2.6 实训任务 1 程序运行结果

任务 2 程序运行结果如图 2.7 所示:

图 2.7 实训任务 2 程序运行结果

思考:为什么会出现这样一个结果?为什么跟我们理论分析的不一致?哪里出了问题?程序的本意是想实现计算 1+1/2+1/4,该怎么修改程序才能实现?

任务 3 参考程序如下::

```
#include<stdio.h>
main()
{
int i=1;
float s=0;
s=1.0/i+1.0/(i+1)+1.0/(i+3);
printf("s=%f\n\n",s);
}
```

任务 3 的程序运行结果如图 2.8 所示：

```
s=1.750000
```

图 2.8　实训任务 3 程序运行结果

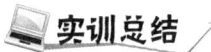

请思考：任务 3 可以采用多种方法实现，试着用强制类型转换运算符来编程，该怎么编写程序？

☞知识梳理与总结

本章主要介绍了 C 语言中的运算符、变量及表达式的使用方法。着重讲解了以下内容：数据类型、常量和变量、运算符及表达式、数据类型转换。C 语言的数据类型主要分为基本数据类型、构造类型、指针类型和空类型。本章主要介绍的是基本数据类型，其余各种类型在后续各章节再作介绍。基本数据类型包含整型、实型、字符型。C 语言的变量名的命名必须遵循变量名的命名规则。在运算符部分，本章的掌握重点应在算术运算符部分，尤其是应注意区分自增和自减运算符的前缀运算和后缀运算，通过大量练习才能掌握。不同数据类型的数据在混合运算时，需要进行数据类型转换。数据类型转换有三种方式：自动类型转换、赋值类型转换以及强制类型转换。在程序设计时应合理使用数据类型，避免数值变化和丢失精度。

习　　题

一、单选题

1. 以下描述中不属于 C 语言的类型的是_____。

 A) signed　short　int   B) unsigned　long int

 C) unsigned　int   D) long　float

2. 下面程序的输出结果是_____。

```
main()
{
int  x=177;
printf("%o\n",x);
}
```

 A) 177   B) 261   C) −61   D) 61

3. 下面程序的输出结果是_____。

```
main()
{
int x=10;
x+=(x=8);
printf("%d\n",x);
}
```

A) 10   B) 8   C) 18   D) 16

4. 以下选项中,与 k=n++完全等价的表达式是_____。

   A) k=n,n=n+1   B) n=n+1,k=n

   C) k=++n   D) k+=n+1

5. 若 a 为 int 类型,且其值为 5,则执行表达式 a+=a-=a*a 后,a 的值是_____。

   A) -5   B) -40   C) -15   D) 不确定

6. 设 x,y,t 均为 int 型变量,则执行语句:x=y=2;t=++x||++y;后,y 的值为_____。

   A) 不确定   B) 2   C) 3   D) 1

7. 下列常量不是 C 语言的常量的是_____。

   A) 0xb3   B) 2.3e-2   C) 3e3   D) 0428

8. 在 C 语言中,数字 038 是个_____。

   A) 非法数据   B) 八进制数   C) 十六进制数   D) 十进制数

9. 在 C 语言中关于运算符的优先级正确的描述是:_____。

   A) 逻辑运算符高于算术运算符,算术运算符高于关系运算符

   B) 算术运算符高于关系运算符,关系运算符高于逻辑运算符(!除外)

   C) 算术运算符高于逻辑运算符,逻辑运算符高于关系运算符(!除外)

   D) 关系运算符高于算术运算符,算术运算符高于逻辑运算符(!除外)

10. 在 C 语言中,设一表达式中包含有 int,long,char 和 unsigned 类型的变量和数据,则这 4 种类型数据转换的规则是:_____。

   A) int→unsingned→long→char   B) char→int→long→unsingned

   C) char→int→unsigned→long   D) int→char→unsigned→long

11. 若有定义:

   int a=8,b=5,c;

   则执行语句 c=a/b+0.4;后,c 的值为_____。

   A) 1.4   B) 1   C) 2.0   D) 2

二、阅读程序题

1. 下面程序的输出结果是_____。

```
main()
{
int a=1,b=2;
a+=b;b=a-b;a-=b;
printf("%d,%d\n",a,b);
}
```

2. 下面程序的输出结果是_____。

```
main()
{
int a=3;
printf("%d\n",a+(a-=a*a));
}
```

三、程序填空题

将下面的程序补充完整,实现交换三个变量 x,y,z 的值。即:把 y 的值给 x,把 z 的值给 y,把 x 的值给 z。例如 x,y,z 的值原来分别是 4、5、6,则交换后 x,y,z 的值分别为 5、6、4。

```
#include<stdio.h>
main()
{
int x,y,z,_____;
x=4;y=5;z=6;
t=x;
_____;
_____;
_____;
printf("%d,%d,%d\n",x,y,z);
}
```

第3章　顺序结构程序设计

 **知识导读**

在C语言中,程序结构一般分为顺序结构、选择结构和循环结构。顺序结构是最简单的也是最基本的程序结构,其特点是按语句书写的顺序依次执行。

本章主要介绍C语言中的语句类型、程序结构、赋值语句、字符输入/输出函数、格式输入/输出函数、格式控制符等。

通过本章的学习,要求读者理解顺序结构程序的执行过程,掌握赋值语句和基本输入/输出函数的使用,能够用正确的格式进行输入与输出,掌握简单程序设计的一般方法,并能够根据要求编写出简单的程序。

能力目标

- 能了解C语言中的9种控制语句;
- 能掌握C语言中的输入/输出函数的使用方法;
- 能熟练掌握C语言顺序结构程序设计。

任务设置

任务　编写简单的顺序结构程序
实训　顺序结构程序设计

任务　编写简单的顺序结构程序

任务目标

◉ 熟练使用C语言中输入/输出函数;
◉ 理解顺序结构程序设计;
◉ 能通过键盘输入数据,利用输出函数将计算的结果输出。

任务描述

编写一个C语言程序,实现如下功能:由键盘输入一圆的半径和圆柱的高,求圆的周长、圆的面积、圆球的表面积、圆球的体积,圆柱的体积。用 scanf()函数输入数据,printf()函数输出结果,输出时要求有文字说明,取小数点后 2 位数字。

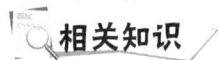

先用 scanf()函数输入圆的半径和圆柱的高,根据圆的周长、面积、表面积、圆球、圆柱的体积计算公式,分别求出相应的值,用 printf()函数,将相应的值进行输出。

相关知识

3.1　C 语言语句

C 语言中语句的作用是向计算机系统发出操作命令,从而完成一定的操作任务。一个语句经编译后产生若干条机器指令。一个实际的程序应当包含若干语句。C 语句可分为以下五种类型,下面进行简单介绍。

1. 控制语句

完成一定的控制功能,以实现程序的各种结构方式。C 语言有 9 种控制语句,可分为三类:

(1) 条件判断语句。例如:if 语句、switch 语句。

(2) 转向语句。例如:break 语句、continue 语句、goto 语句、return 语句。

(3) 循环语句。例如:while 语句、do-while 语句、for 语句。

2. 表达式语句

由表达式组成的语句称为表达式语句,其作用是计算表达式的值或改变变量的值。它的一般形式是:表达式;即在表达式的末尾加上分号,就变成了表达式语句。最典型的例子是由赋值表达式构成一个赋值语句,如:x=5 是赋值表达式,而 x=5;是一个赋值语句。注意:分号是 C 语言中语句的标志,一个语句必须要有分号,没有分号,则一定不是语句。表达式能构成语句是 C 语言的一个重要特色。

3. 函数调用语句

由一个函数调用加上一个分号构成函数调用语句,其作用是完成特定的功能。它的一般形式是:

函数名(参数列表);

例如:

    printf("HELLO! \n");/＊调用库函数,输出字符串＊/

4. 复合语句

复合语句是用花括号将若干个语句组合在一起,又称分程序,在语法上相当于一条语句。例如下面是一个复合语句:

```
{i=i+5；
printf("%d\n",i);}
```

注意：复合语句中最后一个语句的分号不能省略不写。

5. 空语句

只有一个分号的语句称为空语句。它的一般形式是：

```
；
```

空语句是什么也不执行的语句，常用于循环语句中的和循环体，表示和循环体什么都不做。

例如：

```
while(getchar()！＝'\n')
；　／＊空语句＊／
```

该循环的功能是：直到从键盘上键入回车才退出循环。这里的循环体是空语句。

C语言允许一行写几个语句，也允许一个语句拆开写在几行上，书写格式无固定要求。

3.2　程序结构

3.2.1　程序结构简介

在C语言中，程序结构一般分为顺序结构、选择结构和循环结构。任何复杂的程序都是由这三种基本结构组成。

【例3.1】了解简单的程序结构。

```
main()
{
int x,y,z；
x=321,y=123；
z=x+y；
printf("x+y=%d\n",z)；
}
```

该程序的作用是求两个整数 x 和 y 的和 z。第三行是定义变量 x、y、z 为整型(int)变量。第四行是两个赋值语句，使 x、y 的值分别为 321 和 123。第五行也是赋值语句，使 z 的值等于 x+y。第六行是进行输出，输出变量 z 的值。因此该程序的输出信息是：

x+y ＝444

【例3.2】了解由多个函数构成的程序结构。

```
＃include "stdio. h"
main()
{
int x,y,z；
```

44

```
scanf("%d,%d",&x,&y);
z=min(x,y);
printf("min=%d\n",z);
}
int min(int a,int b)
{
int c;
if(a>b) c=b;
else c=a;
return(c);
}
}
```

本程序包含两个函数：主函数 main 和被调用函数 min。min 函数的作用是将 a 和 b 中较小的数赋给变量 c,并通过返回语句 return 将 c 的值返回给主函数 main。程序运行时,先由 scanf() 函数从键盘上读取两个整型数据,如从键盘上输入 3,5↙(↙表示 Enter 键),此时 x 被赋值 3,y 被赋值 5,然后执行第五行语句,对 min 函数进行调用,调用的结果是将较小的数 3 赋给变量 c,通过 return 语句将函数值赋给变量 z。第六行语句输出 z 的值 3。因此程序输出的信息是:min=3。

3.2.2　顺序结构

顺序结构是程序设计中最简单、最基本的结构,其特点是程序运行时,按语句书写的次序依次执行。

顺序结构通常是由简单语句、复合语句及输入、输出函数语句组成。

【例 3.3】分析下面程序结构。

```
# include <stdio.h>
main()
{int a,b,c;
scanf("%d,%d",&a,&b);
c=a+b;
printf("\nc=%d\n",c);
}
```

上述程序显然是顺序结构,其语句执行的次序按语句先后顺序执行。

从例 3.3 可以看出,顺序结构的程序框架如下:

```
# 开头的编译预处理命令行
main()
{
局部变量声明语句;
```

可执行语句序列；

  }

3.3 赋值语句

赋值语句是一个应用十分普遍且最简单的语句。赋值语句的一般形式为

变量＝表达式；

赋值语句的功能是将赋值号右边表达式的值计算出来，再赋给赋值号左边变量，如：

a＝3＋6；

该语句的作用是将表达式 3＋6 等于 9 的值赋给了变量 a。

前面已经学习过了赋值表达式，要注意区分两者的不同点：

赋值表达式不能有分号";"，而赋值语句中一定有分号";"，这是最本质的区别。

赋值表达式中的赋值号"＝"可以连用，而赋值语句中的赋值号"＝"不能连用，如：a＝b
＝c＝1；是赋值语句。左边第一个"＝"是赋值语句中的赋值号，其含义是将该赋值号右边表
达式 b＝c＝1 的值 1 赋给变量 a。认为这 3 个"＝"都是赋值语句中的赋值号是错误的。

赋值表达式可以包括在其他表达式之中，如：

if((x＝y)＜0) a＝x；

其中 x＝y 是赋值表达式。条件判断顺序是：先将 y 的值赋给 x，然后判断表达式的值
（也是 x 的值）是否小于 0，若小于 0，则执行 a＝x。显然这样写是合法的。但如果写成：

if((x＝y;)＜0) a＝x；

就不正确了，因为在 if 条件中不能包含赋值语句。

3.4 数据输入与输出

所谓的数据输入/输出是对计算机主机而言的。从输入设备（通常指键盘）向计算机输
送数据称为"输入"，从计算机向外部输出设备（通常指显示器、打印机等）输送数据称为"输
出"。

从前面学过的算法的概念知道，程序运行时，通常都需要有原始的数据，而程序运行结
果通常要有数据反馈给用户，以此实现人与计算机之间的信息交互，因此在程序设计中，输
入/输出语句是必不可少的。

在 C 语言中，不提供输入/输出语句，输入和输出的操作是由库函数来实现的。在 C 标
准函数库中提供了一些输入/输出函数，例如：scanf()函数和 printf()函数。scanf、printf 不
是 C 语言的关键字，而只是函数名。C 语言提供的函数程序代码被保存在库文件(.obj 或.
lib)中，它们不是 C 编译器负责编译的 C 语言成分。因此，在使用 C 语言中标准 I/O 库函数
时，要用预编译命令"＃include"将有关"头文件"包括到源文件中。使用标准输入/输出库函
数时要用到"stdio.h"文件，因此源文件开头应有以下预编译命令：

＃include　＜stdio. h＞　　　或　＃include "stdio. h"

stdio. h 是 standard input&output 的缩写,它包含了与标准 I/O 库有关的变量定义和宏定义。考虑到 printf() 和 scanf() 函数使用频繁,系统允许在使用这两个函数时可不加 ＃include命令。

下面先介绍 C 标准 I/O 函数库中最简单的、也是最容易理解的字符输入/输出函数 putchar() 和 getchar(),再介绍格式输入输出函数 printf() 和 scanf() 函数。

3.4.1　getchar()函数(字符格式输入函数)

getchar()函数的作用是从标准的输入设备(如键盘)输入一个字符,函数值可以存放在字符型或整型变量中。该函数无参数,其一般格式为:

变量＝getchar();

【例 3.4】输入单个字符。

```
＃include＜stdio. h＞
main()
{
    char a;
    a＝getchar();
    putchar(a);
}
```

在运行时,如果从键盘输入字符"x"并按回车键,就会在屏幕上看到输出的字符"x"。

x↙

x

程序运行结果(见图 3.1):

图 3.1　程序运行结果

3.4.2　putchar()函数(字符格式输出函数)

putchar()函数的作用是向终端设备输出一个字符,该字符存放在 putchar()函数的参数中,参数可以是字符型常量、变量或整型常量、变量。输出内容可以是字符或转义字符。其一般格式为:

putchar(ch);

【例 3.5】putchar 函数的使用。

```
＃include＜stdio. h＞
main()
```

```
{
    char a,b,c,d;
    a='g';b='o';c='o';d='d';
    putchar(a);putchar(b);putchar(c);putchar(d);
}
```

程序运行结果(见图 3.2):

图 3.2   程序运行结果

3.4.3   printf()函数

前面章节中的例题多次用到了 printf()函数,它主要是用于向终端(输出设备)输出若干个任意类型的数据。

1. printf()函数的一般格式

printf("格式控制字符串",输出列表);

例如:printf("x 和 c 的值分别是%d%c\n",x,c);

格式控制字符串部分是由""括起来的字符串,由"格式说明"和"普通字符"组成。"格式说明"的作用是将输出的数据转换为指定的格式输出,格式说明符是由%和格式字符组成。如%d,%c 等,输出列表中每一项对应一个格式说明符,它们按照这种格式输出。"普通字符"将原样输出,例如上例 x 和 c 的值分别是%d,%c\n"中的"x 和 c 的值分别是"及",""\n"都是普通字符。

输出列表指出的一些数据,可以是变量、表达式。

2. 格式控制字符串部分是用双引号括起来的字符串,主要包括 3 种信息:格式说明符、转义字符和普通字符。格式说明符主要有:

(1) d 格式字符,用来输出带符号的十进制整数。

①%d,按整型数据的实际长度输出。

②%md,按指定的长度输出。如果数据位数小于 m,则左端补以空格,若大于 m,则按实际位数输出。

③%—md,按指定的长度输出。如果数据位数小于 m,则右端补以空格,若大于 m,则按实际位数输出。

④%ld,输出长整型数据,也可使用%mld 指定长整型输出宽度。对于长整型数据输出应该采用%ld 格式,如果采用%d 输出,则会出错。

【例 3.6】格式说明符使用示例。

```
#include<stdio.h>
void main()
{
```

```
int a=12,b=1050;
long c=345678;
printf("1234567890\n");
printf("%d\n%3d\n%-3d\n%3d\n",a,a,a,b);
printf("%ld\n%8ld\n%-8ld\n",c,c,c);
}
```

程序运行结果(见图 3.3):

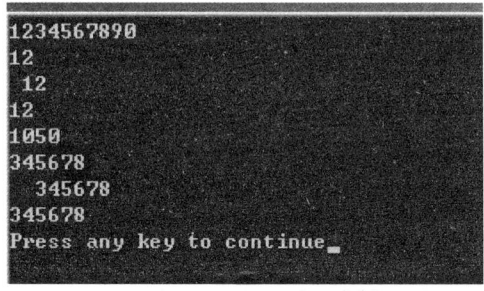

图 3.3　程序运行结果

结果分析:

程序中定义了 3 个变量 a,b,c,分别以%md 形式输出,为正则左补空格,负时右补空格。

(2) o 格式符:以八进制形式输出整数,是一种无符号数。可以使用"%lo"输出长整型,也可以使用"%8o"进行定长输出。

(3) x 格式符:以十六进制形式输出整数,是一种无符号数。可以使用"%lx"输出长整型,也可以使用"%8x"进行定长输出。

(4) u 格式符:输出 unsigned 数据,即无符号数,以十进制形式输出。一个 int 型数据可以用%u 格式输出;反之,一个 unsigned 型数据也可以用%d 格式输出。取决于内存中实际存储形式相互赋值。

(5) c 格式符:用于输出一个字符。整数也可以用字符形式输出;反之,字符数据也可以用整数形式输出。可以用%mc 指定字符输出的宽度,原理同前。例如:

```
int i=321;
printf("%c,%d\n",i,i);
```

输出结果为:A,321

输出字符"A"是因为字符为无符号整数,仅能表达 0~255 的整数,则模为 256,所以 321%256=65,为字符 A 的 ASCII 码。

(6) s 格式符:用于输出一个字符串。有 5 种用法:

①%s 例如:printf("%s","CHINA");输出为:CHINA。

②%ms 指定输出字符串的长度,如字符串本身长度大于 m,则突破限制;若串长小于 m,则左补空格。

③%-ms 在 m 例范围内,字符串向左对齐,右补空格。

④%m.ns 输出占 m 列,但是只取待输出字符中左端 n 个字符。这 n 个字符输出在 m 列的右侧,左补空格。

⑤-%m.ns,含义同上,只是 n 个字符靠左对齐,右补空格。

如果 n>m,则 m 自动取 n 值,即保证 n 个字符正常输出。

【例 3.7】 格式说明符使用示例。

```
# include "stdio. h"
void main()
{
        printf("%3s,%7.2s,%.4s,%-5.3s\n","CHINA","CHINA","CHINA","CHINA");
}
```

结果:CHINA,   CH,CHIN,CHI

注意:%.4s 中只给出了 n 的值,没给 m 的值,自动使 m=n=4。

图 3.4   程序运行结果

(7) f 格式符:以小数形式输出实数(包括单双精度),其用法如下:

①%f:不指定输出宽度。整数部分全部输出,小数部分占 6 位。注意:输出的数字并非全部是有效数字。单、双精度数的有效数字分别为 7 位、16 位。

②%m.nf:输出的总长度为 m 列,且包含 1 位小数点及 n 位小数。当数据位数小于 m 时,则左补空格。当数据位数多于 m 时,则整数部分按实际长度输出,小数部分按指定的 n 值输出。当没有指定小数部分位数 n 时,则小数部分默认为 6 位。

③-m.nf:含义同上,只是输出数值靠左对齐,当数据位数小于 m 时,右补空格。

(8) e 格式符:以指数形式输出实数。可用以下形式:

①%e:系统自动指定小数部分位数为 6 位,指数部分位数为 5 位(e+002),数值按规范化指数形式输出(即小数点前必须有且只有 1 位非零数字),因此%e 输出正实数时,总位数为 13 位(含小数点 1 位及整数 1 位),输出负实数时,总位数为 14 位(多出 1 位符号位)。

【例 3.8】 格式说明符使用示例。

```
# include "stdio. h"
void main()
{
        printf("%e   %e",123.96,-123.95452166);
}
# include "stdio. h"
```

```
void main( )
{
    printf("%e  %e",123.45,−123.45678);
}
```

1.234500e+002 −1.234568e+002Press any key to continue_

图 3.5　程序运行结果

②%m.ne 及 %m.ne；m、n 及"—"的含义与前面的相同。此处的 n 是指数形式中的尾数位数且含小数点 1 位。

（9）g 格式符：用来输出实数，根据数值的大小，自动选 f 格式或 e 格式，选择两者中占位数较少的一种，且不输出无意义的 0。此格式使用较少。

【例 3.9】格式说明符实现实型数据的输出示例。

源程序：

```
#include <stdio.h>
void main( )
{
float a,b,c;
double x,y;
a=123456.789;b=98765.4321;
x=123456789.123456789;
y=666666666.345678901;
c=a+b;
printf("%f,%e\n",c,c);
printf("%10.2f\n%−10.2f\n%.3f\n%2.1f\n",c,c,c,c);
printf("%15e\n%10.2e\n%−10.2e\n%.2e\n%7.1e\n",c,c,c,c,c);
printf("%f\n",x+y);
}
```

```
222222.218750,2.222222e+005
 222222.22
222222.22
222222.219
222222.2
   2.222222e+005
 2.22e+005
2.22e+005
2.22e+005
2.2e+005
790123455.469136
Press any key to continue_
```

图 3.6　程序运行结果

结果分析：

由于单精度数前 7 位有效，双精度数前 16 位有效，小数部分均占 6 位，所以如程序运算结果中超出有效位数的小数部分是无意义的。

以上介绍 printf() 函数的格式字符，归纳如表 3.1 所示。

表 3.1　printf() 函数的格式字符

格式字符	说明
d	输出带符号的十进制整数(正数不带符号)
u	输出无符号的十进制整数
o	输出无符号的八进制整数(不输出前缀 0)
x,X	输出无符号的十六进制整数(不输出前缀 0x)，用 x 则输出十六进制数 a－f 时以小写形式输出，用 X 时，则以大写形式输出
c	以字符形式输出单个字符
s	输出字符串，与其输出项应为以 '\0' 结尾的字符数组名、字符串常量或指向字符串的指针变量名
f	以小数形式输出单、双精度实数，隐含输出 6 位小数
e,E	表示以指数形式输出带符号的实数
g,G	表示选择%f 或%e 格式输出实数(选择占宽度较小的一种格式输出)
p	输出变量或数组的地址

在格式说明中，在%和上述格式字符间可以插入以下几种附加符号(或修饰符)，如表 3.2 所示。

表 3.2　printf() 函数的格式字符修饰符

格式字符	说明
字母 l	输出长整型数据(可用%ld,%lu,%lo,%lx)以及 double 型数据(用%lf 或%le)
m(正整数)	指定输出数据的最小宽度。当实际数据宽度＞m 时，以实际宽度为准
n(正整数)	对实数，表示输出 n 位小数；对字符串，表示截取的字符个数
—	输出的数字或字符在域内向左靠
＋	输出的结果总是带有"＋"号或"—"号
0	当域宽 m＞实际数据长度时，不足数位以 0 补足

3.4.4　scanf() 函数

scanf() 函数被称作格式输入函数，是一个标准库函数，其作用是用户按指定格式从键盘输入一定类型的数据到指定的变量存储单元之中。其在使用时需要预编译头文件。

1. scanf() 函数的一般形式

scanf("格式控制字符串",地址列表);

格式控制字符串:用于控制输入数据的类型、个数、间隔符等,是由""括起来的字符串,由"格式说明"和"普通字符"组成。"格式说明"的作用是将输入的数据转换为指定的格式输入,总是由"%"字符开始,并由%及格式字符组成,例如%d,%f等。而"普通字符"则必须原样输入,例如在 scanf("x=%d",&x);语句中,"x=%d"为格式控制字符串,其中"x="为普通字符,在从键盘输入数据时必须原样输入。

地址列表是要赋值的各变量地址。地址是由地址运算符"&"后跟变量名组成,如 &x 表示变量 x 的地址。& 是取地址运算符,其作用是求变量的地址。

【例 3.10】scanf()函数的使用。

```
#include<stdio.h>
main()
{
int a,b,c;
scanf("%d,%d,%d",&a,&b,&c);
printf("\na=%d,b=%d,c=%d\n",a,b,c);
}
```

2. 格式符使用说明

以%开头,以一个格式字符结束,中间可以插入格式修饰符,如 l、h、* 等。格式字符如表3.3所示,格式修饰符如表3.4 所示。

表 3.3　scanf()函数的格式字符

格式字符	说明
d	输入有符号的十进制整数
u	输入无符号的十进制整数
o	输出无符号的八进制整数,键入数据时不能出现8及以上的数字,否则出错,键入的数据可不必加前缀 0
x,X	输入无符号的十六进制整数(大小写作用相同),键入的数据可不必加前缀 0x
c	用来输入单个字符
s	用来输入字符串,将字符串送到一个数组中,在输入时以非空格字符开始,以第一个空格字符结束;字符串末尾自动添加'\0'作字符串结束标志
f	用来输入实数,可以用小数形式或指数形式输入
e,E,g,G	与 f 作用相同,e 与 f,g 可以互相替换(大小写作用相同)

表 3.4　scanf()函数的格式字符修饰符

格式字符	说明
字母 l	输入长整型数据(可用%ld,%lo,%lx)以及 double 型数据(用%lf 或%le)
h	用于输入短整型数据(可用%hd,%ho,%hx)
域宽	指定输入数据所占宽度(列数),系统自动截取所需数据,域宽应为正数
*	表示本输入项在读入后不赋给相应的变量,即跳过该输入值,可称禁止赋值符

3. 使用 scanf()函数时应注意的问题

(1) scanf()中的"地址列表"中的变量名前的 &(取地址运算符)不能丢。

(2) 若"格式控制字符串"中除了格式说明以外,还有其他普通字符,则在输入数据时应对应输入与这些字符相同的字符,不能用空格来代替。

(3) 用"%c"格式输入字符时,空格、回车、tab 等字符以及"转义字符"都作为有效字符输入。

(4) 在输入数据时,遇以下情况时认为一个数据输入结束:

①遇空格,按"回车"或"跳格"(Tab)键;

②按指定的宽度结束,如"%3d",只取 3 列;

③遇非法输入。

例如:scanf("%d%c%f",&a,&b,&c);

输入:123a123b.12　↙(注意输入的各种类型数据之间无需空格)

123 之后为一个字符 a,则 123 遇非法输入 a 时会自动停止赋值。同理,123 后为字母 b,认为遇非法输入,则 b 后小数省略。所以 123 赋值给 a,'a'字符赋值给 b,123 赋给 c。

所以语句的输出结果为:123　a　123.000000

任务实施

```
#include <stdio.h>
int main ()
{float h,r,l,s,sq,vq,vz;
 float pi=3.141526;
 printf("请输入圆半径 r,圆柱高 h：");
 scanf("%f,%f",&r,&h);              //要求输入圆半径 r 和圆柱高 h
 l=2*pi*r;                          //计算圆周长 l
 s=r*r*pi;                          //计算圆面积 s
 sq=4*pi*r*r;                       //计算圆球表面积 sq
 vq=3.0/4.0*pi*r*r*r;              //计算圆球体积 vq
 vz=pi*r*r*h;                       //计算圆柱体积 vz
 printf("圆周长为：      l=%6.2f\n",l);
```

```
printf("圆面积为：        s＝％6.2f\n",s);
printf("圆球表面积为：    sq＝％6.2f\n",sq);
printf("圆球体积为：      v＝％6.2f\n",vq);
printf("圆柱体积为：      vz＝％6.2f\n",vz);
return 0;
}
```

程序运行结果：

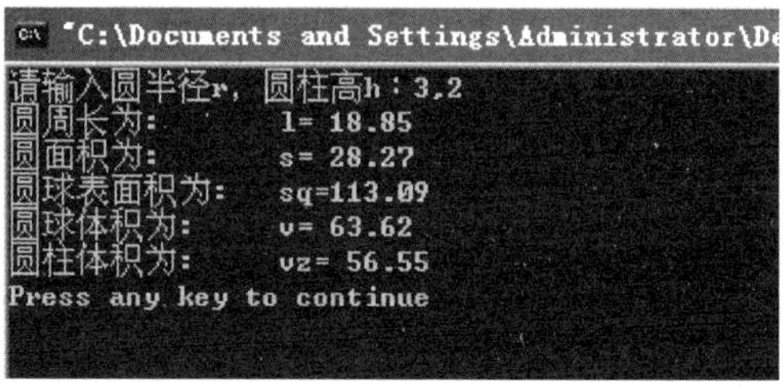

```
C:\Documents and Settings\Administrator\De
请输入圆半径r，圆柱高h：3.2
圆周长为：          l= 18.85
圆面积为：          s= 28.27
圆球表面积为：      sq=113.09
圆球体积为：        v= 63.62
圆柱体积为：        vz= 56.55
Press any key to continue
```

图 3.7   程序运行结果

任务拓展

从键盘输入三角形三条边的长，求三角形的面积。

任务分析：根据所学数学知识，设输入的三边长分别为 a、b、c 符合构成三角形的要求，三角形的面积公式为：

$$area＝\sqrt{s(s-a)(s-b)(s-c)}，s＝(a+b+c)/2。$$

编写程序如下：

```
#include <stdio.h>
#include <math.h>
main()
{
float a,b,c,s,area;
printf("请输入三角形的三条边 a,b,c:");
scanf("％f,％f,％f",&a,&b,&c);
s＝1.0/2*(a+b+c);
area＝sqrt(s*(s-a)*(s-b)*(s-c));
printf("a=％.1f,b=％.1f,c=％.1f,s=％.1f\n",a,b,c,s);
printf("三角形面积=％.1f\n",area);
}
```

程序运行结果：

```
请输入三角形的三条边a,b,c:3,4,5
a=3.0,b=4.0,c=5.0,s=6.0
三角形面积=6.0
Press any key to continue_
```

图3.8 程序运行结果

任务小结

1. 编写顺序结构程序时,首先要注意C语言程序的书写规则和格式。
2. 赋值语句、输入/输出语句的使用格式要多加注意。

实训 顺序结构程序设计

实训目的

◉ 掌握C语言程序结构的使用;
◉ 掌握C语言中赋值表达式和赋值语句的使用;
◉ 掌握getchar()、putchar()函数的用法,能正确使用各种输入/输出格式;
◉ 掌握scanf()、printf()函数的用法,能正确使用各种输入/输出格式。

实训要求

在Visual C++ 6.0环境中,熟练进行C语言简单程序的编写,熟练使用赋值语句、输入/输出函数等,并对程序进行保存、编译、组建和执行。

实训内容

编辑并运行以下程序:

第一个程序

```
#include <stdio.h>
main()
{
    int a;
    printf("请输入一个字符:");
    a=getchar();
    putchar(a);
    putchar('\n');
```

```
    printf("输入的字符是%c,其对应的 ASCII 值是%d\n",a,a);
  }
```

第二个程序

```
# include <stdio. h>
main( )
{
    int c1,c2;
    printf("请输入两个整数 c1,c2:");
    scanf("%d,%d",&c1,&c2);
    printf("按字符输出结果:\n");
    printf("%c,%c\n",c1,c2);
    printf("按 ASCII 码输出结果为:\n");
    printf("%d,%d\n",c1,c2);
```

实训过程

1. 打开 Visual C++ 6.0 编写程序环境

2. 编写程序

3. 依次执行组建菜单下的编译、组建、执行子菜单,每一步都正确的情况下得到如下结果。

第一个程序运行结果:

```
请输入一个字符:b
b
输入的字符是b,其对应的ASCII值是98
Press any key to continue
```

图 3.9 第一个程序运行结果

第二个程序运行结果:

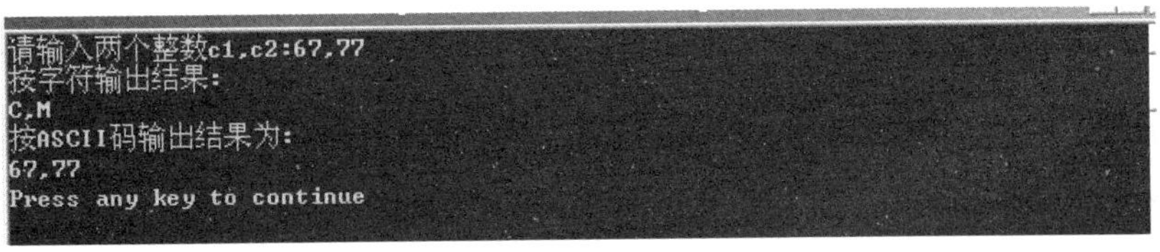

```
请输入两个整数c1,c2:67,77
按字符输出结果:
C,M
按ASCII码输出结果为:
67,77
Press any key to continue
```

图 3.10 第二个程序运行结果

实训总结

熟练掌握 C 语言程序的结构,并学会编写简单的程序。掌握输入/输出函数的使用,及各种格式字符的使用。

实训拓展

编写程序实现下面的要求:求 $ax^2 + bx + c = 0$ 方程的根。从键盘输入 a,b,c 三个数,设 $b^2 - 4ac > 0$。根据所学的数学知识,完成任务。

☞ 知识梳理与总结

本章介绍了 C 语言语句、顺序程序结构、赋值语句、基本输入/输出函数。重点讲解了以下几个方面的内容。

1. getchar()、putchar()、scanf()、printf()4 个函数的使用

getchar()和 scanf()都是输入函数,其功能是接收键盘上输入的数据。scanf()函数可以按指定的格式输入任何类型的数据,而 getchar()函数只能接收一个字符。

putchar()和 printf()是输出函数,其功能是向屏幕(显示器)输出数据。printf()函数可以指定格式输出任何类型的数据,而 putchar()函数只能输出一个字符。

使用 scanf()函数或 printf()函数时,程序中可以不包含头文件 stdio. h,而使用 getchar()、putchar()函数时在程序中必须包含头文件 stdio. h。

2. 赋值运算符的使用以及赋值表达式按右结合性进行运算。

习　　题

一、简答题

1. C 语言中的语句有哪几类?

2. 怎样区分表达式和表达式语句? C 语言为什么要设表达式语句?

二、填空题

1. 下面不是 C 语句的是＿＿＿＿＿＿。

　　A) int i　　　　　　B) ;　　　　　　C) a=1,b=5　　　　　　D) {;}

2. 以下合法的 C 语言赋值语句是＿＿＿＿＿＿。

　　A) a＝b＝20　　　B) x=y+z　　　C) a=12,b=12　　　D) --i;

3. 若 x,y,z 都定义为 int 类型且初值为 0,则以下不正确的赋值语句是＿＿＿＿＿＿。

　　A) x=y=z+2;　　B) x+=y+5;　　C) z++;　　　　　D) x+y+z;

4. 运行下面的程序:

```
main()
{
int x=3,y=2;
printf("%d\n",x=x/y);
```

```
}
```

     A) 3   B) 2   C) 1   D) 0

5. x,y,z 是已定义的三个整型变量,下面给这三个变量输入数据的语句,正确的是 _____。

    A) scanf("%d %d%d", &x, &y, &z);

    B) scanf("%d %d%d", x, y, z);

    C) scanf("%D %D%D", &x, &y, &z);

    D) scanf("%d %d%d", &x; &y; &z);

6. 若变量已正确定义,现要将 x 和 y 中的数据进行交换,下面不正确的是_____。

    A) x=x+y;y=x−y;x=x−y;   B) t=x;a=b;b=t;

    C) x=t;t=b;b=a;   D) t=b;b=a;a=t;

7. 执行下面程序:

```
main()
{
int y=3,x=3,z=1;
printf("%d%d\n",(++x,y++),z+2);
}
```

    A) 3 4   B) 4 2   C) 4 3   D) 3 3

8. 下面程序的输出结果是_____。

```
main()
{
int m=10,n=3;
printf("%d\n",n=m%n);
}
```

    A) 10   B) 3   C) 1   D) 0

三、阅读程序题

1.
```
main()
{
char m;
m='b'−32;
printf("%c%d\n",m,m);
}
```

    运行结果:_____。

2.
```
main()
{
int x=6,y=3;
printf("%d%d\n",x++,−−y);
```

```
    }
```
运行结果：_____。

3.
```
main()
{
int x='k';
printf("%c\n",'A'+(x-'a'+1));
}
```
运行结果：_____。

4.
```
main()
{
int a=1,b=2;
a+=b;b=a-b;a-=b;
printf("%d%d\n",a,b);
}
```
运行结果：_____。

四、程序设计题

1. 已知正方体的棱长为3.2,求正方体的体积和表面积。（保留2位小数）

2. 编写程序实现以下功能:从键盘上输入学生3门课的成绩,计算总成绩和平均成绩。

3. 编写程序实现以下功能:输入一个华氏温度(F),要求输出摄氏温度(C)。温度换算公式为C=5/9(F-32),结果取两位小数。

第4章 选择结构程序设计

知识导读

选择结构是结构化程序设计的基本结构之一。选择结构是根据判定所给条件是否满足,从而决定程序执行哪些语句。C 语言中,通常用 if 语句或 switch 语句来实现选择结构。

本章主要介绍 if 语句、switch 语句。通过本章的学习,读者要掌握 if 语句和 switch 语句的基本结构及使用,并能进行选择结构程序设计。

能力目标

- 能熟练使用关系表达式和逻辑表达式;
- 能对 if 语句的几种格式进行熟练的运用;
- 能编写程序,实现 switch 语句的运用;
- 能熟练掌握选择结构程序设计思想,并能进行程序设计。

任务设置

任务 1 闰年判断

任务 2 根据成绩划分等级

实训 选择结构程序设计

任务 1 闰 年 判 断

任务目标

◉ 理解 if 语句的使用;

◉ 会使用 if 语句进行各种情况的分类;

◉ 会编程根据给定条件判断某一年是否是闰年。

任务描述

编写一个 C 语言程序,实现如下功能:由键盘输入某一年份,对该数字进行分析,判断该

年是否为闰年。

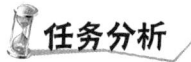任务分析

闰年的条件是:(1)能被 4 整除,但不能被 100 整除的年份都是闰年,如 2008 年是闰年;(2)能被 100 整除,又能被 400 整除,输出 y"是闰年",否则输出"不是闰年"。如 1600 年、2000 年是闰年,而 1900 年不是闰年。

相关知识

4.1 if 语句及应用

顺序结构的程序虽然能解决计算、输出等问题,但不能做判断再选择。对于要先做条件判断再选择的问题就要使用选择结构(或称分支结构)。选择结构的执行是依据一定的条件选择后,再执行分支语句,而不是严格按照语句出现的物理顺序。关键在于构造合适的选择条件,根据不同的程序流程选择适当的语句,主要由逻辑或关系运算符来表示的。

4.1.1 if 语句的三种形式

用 if 语句可以构成选择结构。它根据给定的条件进行判断,以决定执行某个分支程序。if 语句主要有三种形式:

1. 第一种形式(单分支 if 语句)

if(表达式) 语句组

功能:如果表达式的值为真,则执行其后的语句组,否则不执行该语句组。

例如:

max=0;

if(max<y) max=y;

第一种形式的执行过程如图 4.1 所示。

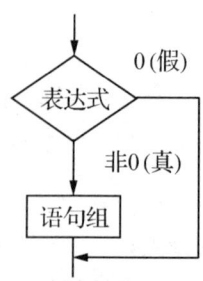

图 4.1 if 语句第一种形式流程

第一种形式只表示条件成立时执行具体操作,而当条件不成立时,什么也不执行。通常可以解决满足一定条件情况下,需要执行的操作。

【**例 4.1**】输入两个实数,按代数值由小到大的次序输出这两个数。

程序如下:

```
#include "stdio.h"
main(   )
{float   a,b,t;
    scanf  ("%f,%f",&a,&b);
    if(a>b)
      {t=a;a=b;b=t;}
      printf ("%5.2f,%5.2f",a,b);
      }
```

程序运行结果:

```
5,3
3.00, 5.00Press any key to continue
```

图 4.2　程序运行结果

【**例 4.2**】从键盘输入 1 个正整数,统计各位数字为 1 的个数。如输入 12151,则 1 的个数为 3。

```
#include "stdio.h"
void main()
{int count,n,t;
  scanf("%d",&n);
  count=0;
  do
    {t=n%10;
      if(t==1)
      count++;
      n=n/10;
    }while(n>0);
    printf("one=%d",count);
    }
```

程序运行结果:

```
12151
One=3Press any key to continue
```

图 4.3　程序运行结果

2. 第二种形式(if—else 语句)

if(表达式)语句组 1；else 语句组 2；

功能：如果表达式的值为真，则执行语句组 1，否则执行语句组 2。

例如：

if (x＜y) max＝y；else max＝x；

第二种形式的执行过程如图 4.4 所示。

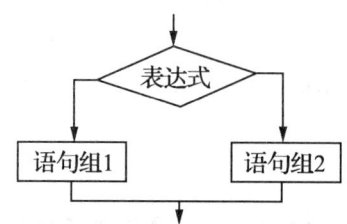

图 4.4 if 语句第二种形式流程

【例 4.3】如果输入的三位数且个位不是 0 时，交换个位和百位后再输出交换后的三位数。否则输出"输入不符合条件"。

```c
#include "stdio.h"
void main()
{int n,a,b,c,t;
printf("please input n:");
scanf("%d",&n);
a=n/100;
b=n/10%10;
c=n%10;
if(c!=0&&n>=100&&n<=999)
{printf("您输入的三位数是%d\n",100*a+10*b+c);
t=a;
a=c;
c=t;
printf("百位与个位交换后得到的三位数是%d\n",100*a+10*b+c);
}
else
printf("输入不符合条件。\n");
}
```

程序运行结果:

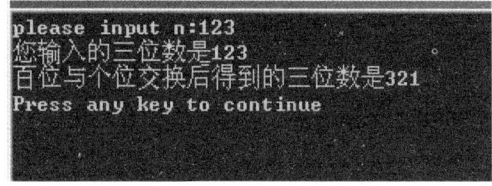

图 4.5 程序运行结果

3. 第三种形式(if—else—if 语句)

如果选择多个分支,可采用 if—else—if 语句,其一般形式为:

if(表达式 1)

    语句组 1;

  else if(表达式 2)

    语句组 2;

  else if(表达式 3)

    语句组 3;

    ……

  else if(表达式 m)

    语句组 m;

  else

    esle 语句组 n;

功能:由上而下,依次判断表达式的值,当某个表达式的值为真时,就执行其对应的语句,然后跳到 if—else—if 语句之外继续执行。如果所有的表达式全为假,则执行语句组 n。

例如:

if(grade>90) printf("优秀");

else if(grade>80) printf("良好");

else if(grade>70) printf("中等");

else if(grade>60) printf("及格");

else printf("不及格");

在实际操作中,经常用到多分支结构。其中,分段函数是典型的多分支结构。

【例 4.4】求分段函数的值。

$$y=\begin{cases} 2x & (x>0) \\ 0 & (x=0) \\ -x & (x<0) \end{cases}$$

    #include "stdio. h"

    void main()

```
{
int x,y;
printf("Please input x=");
scanf("%d",&x);
if (x>0)
{   y=2*x;
    printf("y=2*x=%d\t(x>0)\n",y);}
else if(x==0)
    printf("y=%d\t(x=0)\n",x);
    else
{   y=-x;
    printf("y=-x=%d\t(x<0)\n)",y);
    }
}
```

程序运行结果:

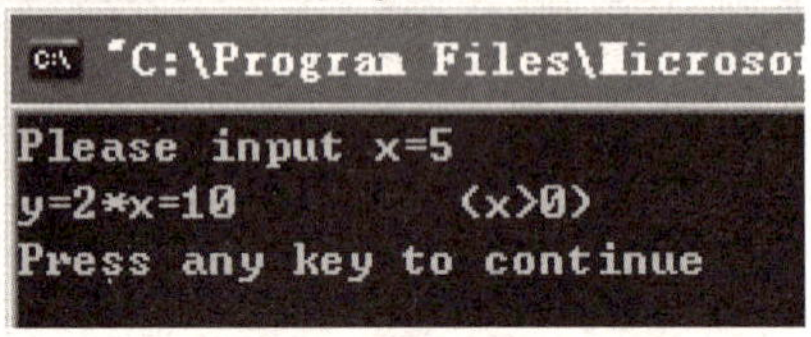

图 4.6 程序运行结果一

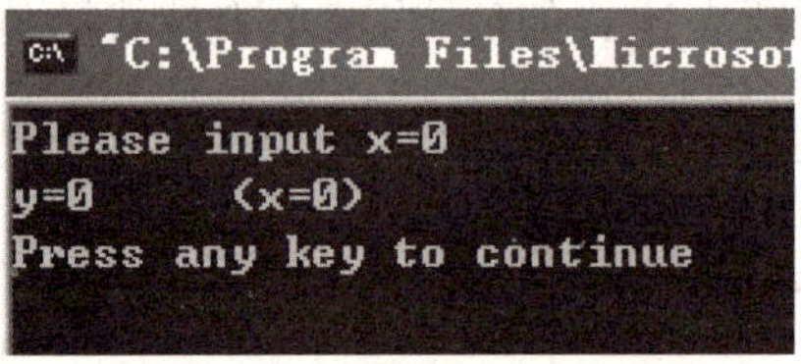

图 4.7 程序运行结果二

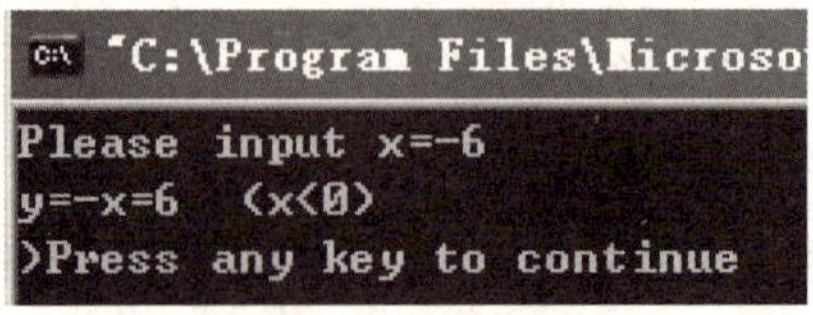

图 4.8 程序运行结果三

结果分析:

通过上面的例题,可以对 if 语句的三种形式进行说明:

(1) if 后面括号中的表达式是判断的"条件",它不仅可以是逻辑表达式或关系表达式,还可以是其他表达式,如赋值表达式,或仅是一个变量。例如:

if(x＝10)语句；

if(x)语句；

以上都是合法的语句。第一个 x＝10 表示条件为真,执行后面语句。第二个 x 是非 0 值时则表示真,否则为假。

(2) if 语句中,条件的表达式必须用括号括起来,在括号中不能加分号,if 语句中的内嵌语句必须要加分号。如果是复合语句,就需要加上"{ }"。

(3) if—else—if 语句中 else 不能单独使用,需要和 if 配对使用,有多少个 if 就有多少个 else。

4.1.2　if 语句的嵌套

当 if 语句中又含有 if 语句时,称为 if 语句嵌套,其一般形式如下:

```
if(表达式)
    if(表达式)    语句1；
    else          语句2；
else
    if(表达式)    语句3；
    else          语句4；
```

可以看到嵌套的 if 语句又是 if—else 形式的,这将会出现多个 if 和 else 的情况,这时我们应该特别注意 if 和 else 的配对问题。例如:

```
if(表达式)
    if(表达式)    语句1；
else
    if(表达式)    语句2；
    else          语句3；
```

这段程序中,有三个 if,两个 else。这其中的 else 分别是和哪个 if 配对的呢? 按程序的书写格式来看,是希望第一个出现的 else 子句能和第一个出现的 if 配对,但实际上这个 else 是与第二个 if 配对的。C 语言规定:else 总是与它前面最近的一个没有配对的 if 配对。因此这个例子中用加花括号{}的方法来改变原来的配对关系,例如:

```
if(表达式)
    {  if(表达式)    语句1；}
else
    if(表达式)    语句2；
    else          语句3；
```

这样,{}限定了内嵌 if 语句的范围,就可以实现第一个出现的 else 和第一个出现的 if 配对了。

4.1.3 条件运算符和条件表达式

1. 条件运算符

条件运算符是C语言中一个特殊的运算符,由"?"和":"组合而成。条件运算符是三目运算符,要求有3个操作对象,并且3个操作对象都是表达式。

在条件语句中,若只执行单个赋值语句,常用条件运算来表示。这样的写法不但会使程序简洁,也可以提高运行效率。例如:

if(x>y) max=x;

else max=y;

用条件运算符可以表示为

max=(a>b)? a:b;

2. 条件表达式

条件表达式的一般形式为:表达式1? 表达式2:表达式3

条件运算的求值规则为:计算表达式1的值,若表达式1的值为真,则以表达式2的值为整个条件表达式的值,否则以表达式3的值作为整个条件表达式的值。

(1) 优先级

条件运算符的运算优先级低于关系运算符和算术运算符,高于赋值运算符。因此,表达式 max=(a>b)? a:b 可以去掉括号,写为 max=a>b? a:b,执行时意义是相同的。

(2) 结合性

条件运算符的结合方向是自右至左。

例如:

a>b? a:c>d? c:d   等价于   a>b? a:(c>d? c:d)

(3) 条件表达式中,表达式1通常为关系或逻辑表达式,表达式2和表达式3的类型可以是任意表达式。

【例4.5】 用条件运算符进行编程,输出两个整数中的最大者。

```
main()
#include "stdio. h"
void main()
{
int x,y;
        printf("input the two numbers;");
scanf("%d,%d",&x,&y);
printf("max=%d",x>y? x:y);
}
}
```

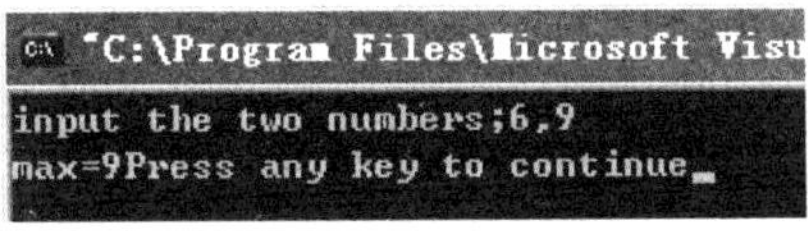

图 4.9   程序运行结果

任务实施

从键盘输入一个正整数作为年份,编程判断该年是不是闰年。若是则输出"YES",否则输出"NO"。

分析:闰年的条件是:①能被 4 整除,但不能被 100 整除的年份是闰年;②能被 400 整除的年份是闰年。

```c
#include "stdio. h"
void main()
{
    int year,flag;
    scanf("%d",&year);
    if(year%4==0)
       if(year%100==0)
          if(year%400==0) flag=1;
          else flag=0;
       else flag=1;
    else flag=0;
    if(flag)printf("YES");
    else printf("NO");
}
```

程序运行时,若输入 2000 时,运行结果如图 4.10 所示。

图 4.10   程序运行结果

任务小结

1.选择结构 if 语句的使用,注意各种条件如何进行判断和表示。

2.if 语句嵌套使用时一定要分析清楚各种条件范围,防止出错。

任务 2　根据成绩划分等级

任务目标

◉ 理解 switch 语句的使用；

◉ 会使用 switch 语句中各 case 语句的表示；

◉ 会根据给定成绩判断该成绩属于哪一等级。

任务描述

编写一个 C 语言程序，实现如下功能：由键盘输入学生成绩，对该数字进行分析判断，输出该成绩属于相应的等级。

任务分析

学生考试成绩结束后，根据学生成绩进行等级的划分。假设给出一百分制成绩，根据输入的成绩，判断输出等级。设成绩等级分为 A、B、C、D、E。90 分以上为 A，80－89 分为 B，70－79分为 C，60－69 分为 D，60 分以下为 E。

相关知识

4.2　switch 语句

问题：前面所说的 if 语句只有两处分支可供选择，对于多分支情况下多采用 if 语句的嵌套，但是这种实现多路分支处理的程序结构可能层数太多，可读性低下。为此，C 语言提供了直接实现多分支选择的语句：switch 语句，称为多分支语句，又叫开关语句。它的使用比if 语句嵌套来得简单。switch 语句的一般形式为：

```
switch(表达式)
{
case 常量表达式 1：语句 1；[break；]
case 常量表达式 1：语句 2；[break；]

case 常量表达式 1：语句 n；[break；]
default：语句 n+1；
}
```

执行过程：计算表达式的值，并逐个与 case 后的常量表达式值相比较。当表达式的值与某个常量表达式的值相等时,即执行 case 后的语句,然后不再进行判断,继续执行后面所有 case 后的语句。若表达式的值与所有 case 后的常量表达式均不相同时,则执行 default 后的语句。

【例 4.6】 输入数字,数字在 1－7 范围内有效,输出相应的日期。

```c
# include "stdio. h"
void main( )
{
int a;
printf("input a number:");
scanf("%d",&a);
switch(a)
{
case 1:printf("Monday\n");
case 2:printf("Tuesday\n");
case 3:printf("Wednesday\n");
case 4:printf("Thursday\n");
case 5:printf("Friday\n");
case 6:printf("Saturday\n");
case 7:printf("Sunday\n");
default:printf("Error\n");
}
}
```

程序运行时,若输入 2,则运行结果图 4.11 所示。

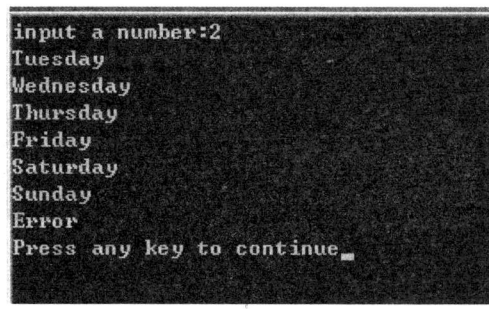

图 4.11　程序运行结果

程序本意是要求输入一个数字,然后输出对应的英文星期单词。为什么会出现这样的情况呢?

在 switch 语句中,case 常量表达式只起语句标号的作用,并不是每次都进行条件判断。这是与前面介绍的 if 语句完全不同的,应特别注意。当执行 switch 语句时,程序会根据

case 后面表达式的值找到匹配的入口标号,并从此处开始执行下去,不再进行判断。为了避免这种情况,C 语言提供了 break 语句,专门用于跳出 switch 语句。break 语句不但可以用在 switch 语句中终止 switch 语句的执行,还可以用在循环中终止循环。关于 break 语句将在第 5 章中详细介绍。

【例 4.7】修改例 4.6 的程序,在每一个 case 语句之后增加 break 语句,使每一个 case 执行之后均可跳出 switch 语句,从而避免输出不需要的结果。

```
#include "stdio.h"
void main()
{
int a;
printf("input a number:");
scanf("%d",&a);
switch(a)
{
case 1:printf("Monday\n"); break;
case 2:printf("Tuesday\n"); break;
case 3:printf("Wednesday\n"); break;
case 4:printf("Thursday\n"); break;
case 5:printf("Friday\n"); break;
case 6:printf("Saturday\n"); break;
case 7:printf("Sunday\n"); break;
default:printf("Error\n");
}
}
```

程序运行结果如图 4.12 所示。

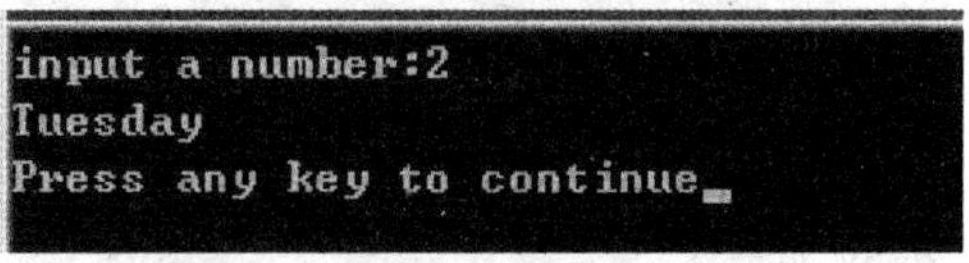

```
input a number:2
Tuesday
Press any key to continue
```

图 4.12　程序运行结果

注意:

(1) switch 后跟的表达可以为任何类型的表达式。

(2) 在每一个 case 后的常量表达式的值不能相同,否则会出现错误。

(3) 在 case 后,允许有多个语句,可以不用{}括起来。

(4) case 和 default 子句出现的先后顺序可以变动,不会影响程序执行结果。default 子句也可以省略不用。

（5）多个 case 可以共用一组执行语句。

例如：

......

case 'A'

case 'B'

case 'C':printf(">60\n");break;

......

任务实施

1. 程序清单

```
#include <stdio.h>
void main()
{ float score;
  char grade;
  printf("请输入学生成绩:");
  scanf("%f",&score);
  while (score>100||score<0)
  {printf("\n 输入有误,请重输");
  scanf("%f",&score);
  }
  switch((int)(score/10))
    {case 10:
    case 9: grade='A';break;
    case 8: grade='B';break;
    case 7: grade='C';break;
    case 6: grade='D';break;
    case 5:
    case 4:
    case 3:
    case 2:
    case 1:
    case 0: grade='E';
    }
    printf("成绩是 %5.1f,相应的等级是%c\n",score,grade);
  }
```

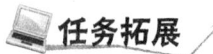

图 4.13　任务程序运行结果

任务拓展

从键盘输入一个不多于 5 位的整数（即小于等于 99999），要求：1、求出它是几位数；2、分别打印出每一位数字；3、按逆序打印出各位数字，如输入 12345，输出为 54321。

编写程序如下：

```
#include <stdio.h>
#include <math.h>
void main()
{
    int num,indiv,ten,hundred,thousand,ten_thousand,place;        //分别代表个位,十位,百位,
                                                                   千位,万位和位数
    printf("请输入一个整数(0-99999):");
    scanf("%d",&num);
    if (num>9999)
        place=5;
    else  if (num>999)
        place=4;
    else  if (num>99)
        place=3;
    else  if (num>9)
        place=2;
    else place=1;
    printf("位数:%d\n",place);
    printf("每位数字为:");
    ten_thousand=num/10000;
    thousand=(int)(num-ten_thousand*10000)/1000;
    hundred=(int)(num-ten_thousand*10000-thousand*1000)/100;
    ten=(int)(num-ten_thousand*10000-thousand*1000-hundred*100)/10;
    indiv=(int)(num-ten_thousand*10000-thousand*1000-hundred*100-ten*10);
    switch(place)
      {case 5:printf("%d,%d,%d,%d,%d",ten_thousand,thousand,hundred,ten,indiv);
        printf("\n反序数字为:");
```

```
        printf("%d%d%d%d%d\n",indiv,ten,hundred,thousand,ten_thousand);
        break;
    case 4:printf("%d,%d,%d,%d",thousand,hundred,ten,indiv);
        printf("\n反序数字为:");
        printf("%d%d%d%d\n",indiv,ten,hundred,thousand);
        break;
    case 3:printf("%d,%d,%d",hundred,ten,indiv);
        printf("\n反序数字为:");
        printf("%d%d%d\n",indiv,ten,hundred);
        break;
    case 2:printf("%d,%d",ten,indiv);
        printf("\n反序数字为:");
        printf("%d%d\n",indiv,ten);
        break;
    case 1:printf("%d",indiv);
        printf("\n反序数字为:");
        printf("%d\n",indiv);
        break;
    }
}
```

程序运行结果:

图 4.14 任务程序运行结果

![任务小结]

1. 编写顺序结构程序时,首先要注意 C 语言程序的书写规则和格式。
2. 赋值语句、输入/输出语句的使用格式要多加注意。

实训　选择结构程序设计

实训目的

◉ 掌握 C 语言关系运算符和逻辑运算符；
◉ 掌握 C 语言逻辑型数据的表示方法；
◉ 熟练掌握 if 和 switch 语句；
◉ 熟练掌握选择结构程序设计。

实训要求

在 Visual C++ 6.0 环境中，熟练进行 C 语言选择结构程序的编写，熟练使用关系运算、逻辑运算，以及 if 和 switch 语句，并对程序进行保存、编译、组建和执行。

实训内容

编辑并运行以下程序：

1.

```c
#include <stdio.h>
main()
{
    char c1=98;
    if(c1>='a'&&c1<='z')
        printf("%d,%c\n",c1,c1+1);
    else printf("%c\n",c1);
}
```

2.

```c
#include <stdio.h>
main()
{
    int a,b,c;
    printf("请输入三个整数:");
    scanf("%d,%d,%d",&a,&b,&c);
    if (a<b)
        if (b<c)
```

```
        printf("max=%d\n",c);
    else
        printf("max=%d\n",b);
    else if (a<c)
        printf("max=%d\n",c);
    else
        printf("max=%d\n",a);
}
```

3.

```
#include <stdio.h>
main()
{
  int x=1,a=0,b=0;
  switch(x)
  {
  case 0:b++;
  case 1:a++;
  case 2:a++;b++;
  }
  printf("a=%d,b=%d\n",a,b);
}
```

实训过程

1. 打开 Visual C++ 6.0 编写程序环境
2. 编写程序
3. 依次执行组建菜单下的编译、组建、执行子菜单,每一步都正确的情况下得到如下结果

第 1 个程序运行结果:

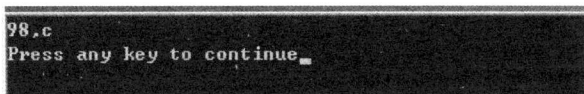

图 4.15　第 1 个程序运行结果

第 2 个程序运行结果:

请输入三个整数:3,4,5
max=5
Press any key to continue

图 4.16　第 2 个程序运行结果

第 3 个程序运行结果:

```
a=2,b=1
Press any key to continue
```

图 4.17　第 3 个程序运行结果

实训总结

熟练掌握 C 语言程序的结构,并学会编写简单的程序。掌握输入/输出函数的使用,以及各种格式符的使用。

实训拓展

某市出租车收费标准是:3 公里以内 8 元,10 公里以内每增加 1 公里加 1.7 元,10 公里以上每增加 1 公里加 1.5 元。试编写程序,输入公里数,算出出租车费用。

```
#include <stdio.h>
main()
{
  float i,pay,pay1,pay2;
  pay1=8.0;
  pay2=pay1+7*1.7;
    printf("请输入公里数:");
  scanf("%f",&i);
  if (i<=3)
    pay=8;
  else if (i<=10)
    pay=pay1+(i-3)*1.7;
  else
    pay=pay2+(i-10)*1.5;

  printf("出租车费:%10.2f\n",pay);
  }
```

```
请输入公里数:16
出租车费:        28.90
Press any key to continue
```

图 4.18　程序运行结果

☞**知识梳理与总结**

根据条件成立与否而采用不同的程序段进行处理的程序结构被称为选择结构。选择结构一般采用 if 和 switch 两种语句来实现。

1. if 语句一般用来实现简单分支结构程序,if 语句的控制条件通常用关系表达式或逻辑表达式构造,也可以用一般表达式。表达式的值非零为"真",零为"假"。

2. if 语句有简单 if、if—else、if—else、if—else—if 三种形式,它们可以实现简单分支程序。采用嵌套可实现较为复杂的多分支程序。在嵌套 if 语句中,else 与其前最近的同一复合语句的不带 else 的 if 配对。书写嵌套 if 语句往往采用缩进的阶梯式写法。

3. switch 语句一般用于实现多分支结构程序。switch 只有与 break 语句结合,才能设计出正确的多分支程序。

习　　题

一、简答题

1. 什么是算术运算？什么是关系运算？什么是逻辑运算？

2. C 语言中如何表示"真"和"假"？

二、选择题

1. 有以下程序段：

```
int a,b,c;
a=1;b=2;c=3;
if(a>b) c=a;b=c;
printf("a=%d,b=%d,c=%d",a,b,c);
```

程序的运行结果为_____。

A) a=1,b=3,c=3 　　　　　B) a=1,b=3,c=2

C) a=1,b=2,c=3 　　　　　D) a=2,b=1,c=1

2. 下面程序运行结果是_____。

```
# include <stdio. h>
void main()
{int a=1;
 if(! a)
   printf("YES")
 else
   printf("NO");
}
```

A) NO　　　　　B) YES　　　　　C) YESNO　　　　　D) 提示运行错误

3. 设有 int x,y,z;则下列选项中能将 x,y 中较大者赋给变量 z 的语句是_____。

A) if(x>y)z=y;　　　　　　　　　　B) if(x<y) z=x;

C) z=x>y? x:y　　　　　　　　　　D) z=x<y? x:y;

4. 运行下列程序

```
# include <stdio. h>
void main()
{
    char c='y';
if(c>='x') printf("%c",c);
if(c>='y') printf("%c",c);
if(c>='z') printf("%c",c);
}
```

输出结果是_____。

5. 若从键盘上输入 88<回车>后,以下程序的输出结果是_____。

```
# include <stdio. h>
void main()
{
int a;
scanf("%d",a);
if(a>90) printf("%d",a);
if(a>80) printf("%d",a);
if(a>70) printf("%d",a);
}
```

A) 888888　　　　B) 8888　　　　C) 88　　　　D) 8

6. 已知 int x=2,y=-1,z=4;执行下面语句后,z 的值是_____。

if(x<y) if(y<0) z=1;else z++;

A) 1　　　　　　B) 2　　　　　　C) 3　　　　　　D) 4

三、程序设计题

1. 设计一个程序,从键盘输入任意三个整数,输出其中最小的数。

2. 编写程序,从键盘输入一个不多于 4 位的正整数,判断它是几位数。如输入 234,则输出 4。

3. 编写程序,从键盘输入四个整数,再按从小到大顺序将四个数输出。

4. 设计一个简单的计算器程序,用户输入运算数和四则运算符(+、-、*、/),输出计算的结果(除法为整除)。要求:分别用 if 语句和 switch 语句两种方法进行程序设计。

5. 编写程序,程序运行时从键盘输入一个四位整数 x,输出 x 各位数字之和(如 1023,则输出为 6)。

第5章　循环结构程序设计

知识导读

通过前面顺序任务执行和选择结构执行的学习,我们发现每个任务的流程需要按照步骤去编写,然后通过一些条件语句来选择是否执行。但是有些任务是比较特殊的,它们数量巨大,但是 90% 的处理过程是相同的。像这样的批量任务,人类去逐个解决非常浪费精力。基本上,每种编程语言设计时,都有处理此类问题的语法,这种处理方法一般称之为循环。C语言中,就引入了循环的概念。

循环就是在一定的条件下,重复处理同样类型的问题。这个一定的条件就是循环控制条件。例如建造一个 10 层高的楼房,工人们每层楼的建设工作都是砌砖、铺地板、刷墙等,但是一旦建到第 10 层,则所有工作结束。这就是一个典型的循环。每层楼房的建设步骤是相同的,但是楼层的总数不能超过 10 层。也就是说,同样的楼层建造工作被重复了 10 次。这个被重复的建造过程,叫做循环体。10 层就是循环条件。

目前,C 语言中最主要的三个循环语句:while 语句、do-while 语句和 for 语句。

能力目标

1. 掌握 while 循环语句;

2. 掌握 do-while 循环语句;

3. 掌握 for 循环语句。

任务设置

任务 1　潜艇任务游戏设计

任务 2　比较 do-while 语句和 while 语句

任务 3　计算三位数的水仙花数

任务 4　打印箭头

任务 5　事件触发器

实训　模拟银行系统

任务 1 潜艇任务游戏设计

任务目标

◉ 了解基本循环的概念；

◉ 了解 while 循环的语法结构；

◉ 了解 while 循环的循环控制参数；

◉ 了解 while 循环的应用场合。

任务描述

该游戏为语言互动型。程序用户为潜艇控制者，在发现敌舰后，发射鱼雷去消灭敌舰。其中鱼雷数量需要用户填充，最多不超过 5 枚。敌舰的具体速度在 1~20 海里之间，需要用户自己去预断。每次预断后，设置鱼雷速度并发射。如果判断正确，则消灭敌舰，判断错误则系统提示敌舰的速度和鱼雷的速度之间差距，以供用户为下次发射做修正。如果鱼雷全部发射完却没有消灭敌舰，任务失败。

任务分析

游戏流程设计的基本理论依据就是一个相遇问题。敌舰在远处航行，我们需要预先判断它的速度是多少，从而发射鱼雷。如果对敌舰的速度判断正确，那么在预判的位置，敌舰和鱼雷相遇被击沉。总的来说有几个要点要注意：

1. 用户猜对了敌舰的速度，程序就直接默认用户消灭了敌舰。猜大或者猜小都导致无法准确击中。所以，本次任务的核心就是在程序的提示下，猜对敌舰的速度。

2. 任务中的鱼雷数量由用户填充，需要使用 scanf 语句输入鱼雷数量。由于有鱼雷数量不超过 5 的限制，需要一个循环语句来判断用户输入的鱼类数量，循环结束条件就是用户输入了小于等于 5 的数字。

3. 整个任务的核心就是在鱼雷发射完之前消灭敌舰，所以需要一个循环语句来控制鱼雷发射的次数。循环条件结束条件就是未发射的鱼雷数目大于 0。

4. 每次发射一枚鱼雷，未发射鱼雷的数目需要自减一次，和循环条件联合控制整个循环。

5. 运行的预计效果：

程序运行时，提示发现敌舰，从键盘输入装载鱼雷的数目。此提示为用户的下一步操作做了提示。

从键盘输入一个小于等于 5 的数字来表示装载的鱼雷数量。依照任务要求,如果输入一个大于 5 的数字,程序应该提示输入数字无效,要求用户再次输入一个有效的数字。

当用户输入了有效的数字后,程序提示鱼雷装载完毕,并要求用户输入对敌舰速度的预判值。同理,按照程序的提示,用户输入预判值。

程序提示鱼雷发射,按照用户输入的预判值发射鱼雷,并告知用户是否击中。如果击中,提示任务完成,如果没有击中,则提示继续进行预判,但是鱼雷的数量减少一次。

如果装载的鱼雷数全部用完,仍然没有猜对敌舰的速度,则任务失败。

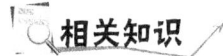 相关知识

5.1　while 循环语句

5.1.1　while 循环的基本语法与难点

while 循环语句是最为基本的循环语句,它由一个循环条件控制,反复处理循环体。

它的语法如下:

while(循环条件) 〔 循环体〕;

在语法中,while 语句先判断循环条件是否为 0。如果为 0,则不再执行循环体;如果不为 0,执行循环体,并在执行完毕后再次判断循环条件是否为 0,重复操作下去。

难点:

1. 循环条件的判断是学习 while 循环语句的难点,因为它存在很多的变种。最简单的两个是:

while(0) 〔循环体〕:在这个 while 语句中,循环条件是 0,直接结束循环。

while(1) 〔循环体〕:在这个 while 语句中,循环条件是 1,无限执行循环体。因为 1 不为 0,所以重复执行循环体。

【例 5.1】

```c
#include <stdio. h>
void main() {
    while (1) {
        printf("a");
    }
}
```

该程序的结果就是不停地在屏幕上输出字母"a"。

既然 1 不为 0,同理,2 不为 0,3 也不为 0,−2 同样不为 0,例 5.1 中的循环条件如果是 2,3 或者−2,同样会不停地输出字母"a"。这就是循环条件的第一类变种,跳出了布尔值 0,1 的限制。

第二类变种则是不直接写出循环条件的结果,需要进行关系运算,得出最终的结果是否为非 0。常用的关系运算符:>,>=,<,<=,!=。

【例 5.2】

```
#include <stdio.h>
void main(){
    while (2>1){
        printf("a");
    }
}
```

在这个循环条件中,2>1 是正确的,运算结果为真,也就是 1。程序不停地输出字母"a"。如果循环条件是 2<1,是错误的,运算结果为假,也就是 0,循环直接结束。也可以是等价判断,例如 2==1 也是错误的,运算结果为假。这类变种往往用关系运算符去运算结果,作为循环条件的值。

第三类变种则较具有迷惑性,常见的是将变量作为循环条件的结果。

【例 5.3】

```
#include <stdio.h>
void main(){
    int b=9;
    while (b){
        printf("a");
    }
}
```

在这个程序中,循环条件是一个变量 b,而 b 在初始化时,被赋值为 9。while 语句在执行时,会将 b 的值取出,然后作为循环条件进行判断。因为 b 的值是 9,不为 0,程序不停地输出字母"a"。如果 b 在初始化时,被赋值为 0,那么循环直接结束。

2. 循环的控制是第二个难点,这个部分直接决定了是否会发生死循环。死循环也叫无限循环,就是循环无法结束,不停地占用计算机的资源。在工程运用中,确实有人为的死循环,但是比较少见。在现阶段的学习中,绝大部分还是有限循环,所以学好控制循环是极为重要的。

在例 5.1 至例 5.3 中,程序都是不停地输出字母"a",这就是典型的死循环,因为循环条件始终非 0。如何控制循环条件,就是循环控制的关键。现在改写例 5.3 为例 5.4。

【例 5.4】

```
#include <stdio.h>
void main(){
    int b=9;
```

```
while (b>1){
    printf("a");
    b--;
    }
}
```

在例 5.4 中,循环条件是 b>1,而 b 被赋值为 9,所以循环体会被执行。循环体的最后一句 b-- 执行后,b 会自减 1 变成 8。在下一次的循环条件判断时,b 的值 8 仍然大于 1,循环体继续执行。以此类推 8 次,直到 b 自减到 1 时,循环条件 b>1 不成立,循环结束,程序最终输出 8 个字母 a。这个循环的控制,就由循环条件 b>1 和循环体中的 b-- 联合实现的。

3. 循环体的范围是容易被忽略的问题。在 while 语句中,循环体是被{}包含的,被{}包含的部分变成了一个整体,是被循环执行的部分。在循环体只有 1 句的情况下,这个{}是可以省略的,但是一旦循环体超过 1 个语句,必须用{}来包含。如果遗漏了{},默认只执行紧跟()后的第一个语句。

【例 5.5】

```
#include <stdio.h>
void main(){
    int b=9;
    while (b>1)
        printf("a");
        b--;
}
```

在这个程序中,我们期望像例 5.4 那样在屏幕上输出 8 个字母 a,所以在循环体的最后加上 b-- 这个语句去控制 b 的值。但是我们没有用{}将 printf("a");b--;包含起来。按照 while 语句的语法,默认循环体只有 printf("a"),而最终导致死循环的发生。

5.1.2　while 循环基本示例

【例 5.6】求出 100 以内的能被 3 整除的自然数。

```
#include <stdio.h>
int main()
{
    int i=100;
    while (i>0){
        if (i%3==0) //检测是否能被 3 整除
            printf("%d ",i);
        i--;
```

```
        }
    }
```

该示例中,先定义了一个整型变量 i 并赋值 100,作为 while 语句的循环控制数。在 while 的循环体中,我们对 i 取 3 的余数,如果余数等于 0,说明 i 能被 3 整除,用 printf 语句打印出来。每次循环结束,i 自减一次。如果 i 减小到 0,循环结束。

该示例显示了一个基本的 while 循环,先定义一个整型变量作为循环控制数。循环开始后,每次循环体在最后将循环控制数自减 1,直到循环控制数不符合循环条件。

程序运行结果如下:

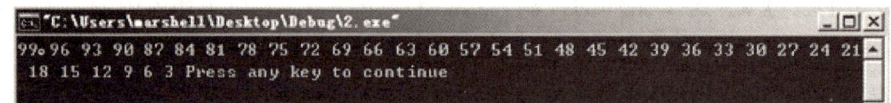

图 5.1 程序运行结果

【例 5.7】输入一个 5 以内的数字,输出其中文大写文字。

```
# include <stdio. h>
int main()
{
    int i=1;
    int a;
        while (i){
        printf("请输入一个 5 以内的数字:");
        scanf("%d",&a);
        if(a==1) printf("壹\n");
        if(a==2) printf("贰\n");
        if(a==3) printf("叁\n");
        if(a==4) printf("肆\n");
        if(a==5) printf("伍\n");
        printf("\n");
    }
}
```

该示例中,先定义了一个整型变量 i 并赋予初值 1。将 i 作为循环控制数,但是并不在循环体中对 i 的值做更新。如果不采用这种 while 循环的处理方式,程序会在一个数字的判断完毕后就结束。这样做的结果会使 while 循环不会终止,当一个数字的中文大写被输出后,程序会继续让用户输入下一个数字,这种技巧常用于和用户做频繁交互的程序中。

程序运行结果如下:

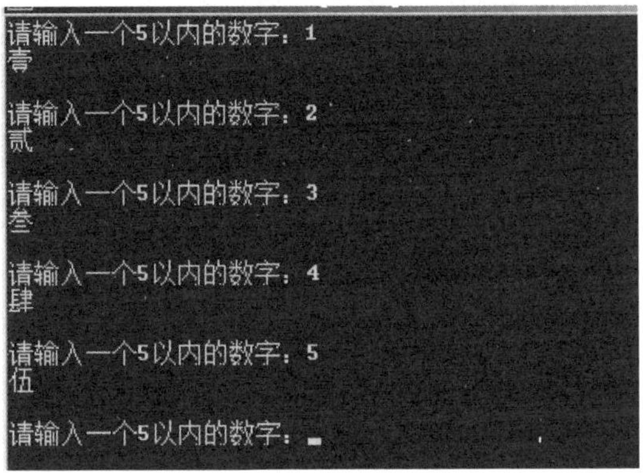

图 5.2　程序运行结果

任务实施

在解决潜艇任务之前,先说明两点:

(1) 随机函数的实现。敌舰的速度不能为常量,否则每次游戏运行时,用户就预先知道了敌舰的速度,失去了游戏的乐趣。本次任务采用当前时间作为随机函数的种子,产生 0 到 20 以内的随机数字。

(2) break 语句。这个语句是循环体中直接跳出循环的语句,在后面章节中会做介绍。这里简单说明,是当敌舰被消灭而鱼雷没有用完的情况下,直接用 break 语句结束循环,宣布任务成功。

有了以上两点的说明,我们可以开始任务的解决。

1. 游戏开始模块

这个部分是游戏关键,一个好的程序,需要有清晰的使用说明。游戏开始模块的定义简单明朗,可以让用户知道下一步该如何进行。很多程序的失败,都是因为繁杂的说明,使用户失去耐心,最终弃用。我们设计这个游戏时,需要开门见山地说明主题,并和下一个模块做衔接。

```c
#include <stdio.h>
void main(){
    printf("发现敌军运输舰! 准备装载鱼雷! 请输入要发射的鱼雷数目(键盘输入 1－－5):\n\n");
}
```

在示例中,printf 语句输出"发现敌军运输舰",使用户潜移默化的自我定位为潜艇控制者,简单明了。而下一句"输入要发射鱼雷的数目",则用于和下一个鱼雷装载模块衔接。但是如果程序仅仅到此为止,用户不知道如何进行下一步,所以"(键盘输入 1－－5)"就是下一步的提示,提示不能喧宾夺主,更要简单明了。

2. 鱼雷装载模块

鱼雷转载模块是整个游戏的第一个大模块,也是后期的发射模块的循环基础。由于设

计中限制了鱼雷装载数量,则需要用一个循环来判断用户的输入值是不是小于等于 5。

```
#include <stdio.h>
void main(){
    printf("发现敌军运输舰! 准备装载鱼雷! 请要输入发射的鱼雷数目(键盘输入 1——5):\n\n");

    int count;
    scanf("%d",&count);
    while (count>5||count<0){
        printf("不符合鱼雷可携带的数目,请重新输入要发射的鱼雷数目(键盘输入 1——5):\n\n");
        scanf("%d",&count);
    }
    printf("成功装载 %d 枚鱼雷! \n\n",count);
}
```

在程序的开始模块后,定义一个整型变量 count,用于接收用户通过 scanf 语句输入的数字。while 语句将 count 的值是否大于 5 或者小于 0 作为循环条件,如果循环条件成立,说明用户输入的数字大于 5 或者小于 0,执行循环体,也就是再次调用 scanf 语句去给 count 赋值。直到用户输入的数字大于 0 且小于 5 为止。

当用户输入合法数字之后,用 printf 输出"成功装载%d 枚鱼雷"作为模块结束标志,使程序的人机交互性提高。

运行时,如果输入 10 或者 -6,系统都提示不符合鱼雷携带数目,要求重新输入。当输入 4 时,提示成功装载。

程序示例演示:

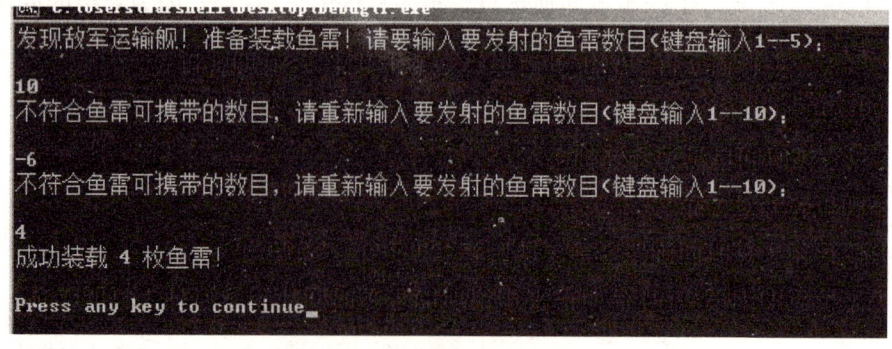

图 5.3　程序示例演示

3. 敌舰速度设置模块

每次敌舰的速度需要随机,才能有游戏的乐趣,否则敌舰速度恒定,用户在第二次运行程序时,就预知了结果。我们在设置敌舰速度时,运用了随机函数。随机函数和 printf 和

scanf 一样,是 C 语言的库函数,需要在程序的开始导入♯include ＜stdlib. h＞。而 C 语言的随机函数生成的是一个伪随机数,即在没有参数种子的情况下,生成的随机数是相同的,这就又陷入恒定的困境。所以,如果采用当前的系统时间作为参数种子就能实现真正的随机数,同理,运用系统时间则需要导入库函数♯include ＜time. h＞。

实现随机数共有 2 步:

(1) 将系统时间设置为参数种子

srand(time(NULL));

(2) 定义一个整型变量 speed,并赋值一个大于 0 小于 20 的随机数

int speed＝rand()％20；

speed 就是敌舰的速度。每次程序运行时,speed 的值都是随机的。

4. 鱼雷发射模块

鱼雷发射模块的核心就是先前鱼雷装载的数量,以这个数量作为循环条件。因为游戏要求在鱼雷发射完毕前消灭敌舰,所以只要敌舰没有被消灭,就需要不停地发射鱼雷,直到装载的鱼雷数目为 0。按照设计,我们采用 while 循环,每次发射一枚鱼雷,分为三种情况:

(1) 预判敌舰的速度正确。这种情况一旦出现,说明预判正确,消灭敌舰,并立即结束循环,显示敌舰被击中。同时将 flag 的值设定为 1。这里的立即结束循环,采用的是 break 关键字。

(2) 预判敌舰速度偏小。提示预判偏小,进入下一次循环,同时鱼雷数目减少一枚。

(3) 预判敌舰速度偏大。提示预判偏大,进入下一次循环,同时鱼雷数目减少一枚。

由上述三种情况可以看出,循环条件就是鱼雷的剩余数目是否大于零。三种情况的判断则采用前面章节中介绍的 if 语句。最后判断 flag 的值,只要为 1,则消灭了敌舰,显示任务成功。最终的完整程序如下:

```
♯include ＜stdio. h＞
♯include ＜stdlib. h＞
♯include ＜time. h＞
void main(){
    printf("发现敌军运输舰! 准备装载鱼雷! 请输入要发射的鱼雷数目(键盘输入 1——5):\n\n");
    int count;
    scanf("%d",&count);
    while (count＞5||count＜0){
        printf("不符合鱼雷可携带的数目,请重新输入要发射的鱼雷数目(键盘输入 1——10):\n\n");
        scanf("%d",&count);
    }
    printf("成功装载 %d 枚鱼雷! \n\n",count);
    srand(time(NULL));
```

```
    int speed=rand()%20;

    int g,flag=0;

    while(count>0){

        printf("请估计敌军运输舰的速度是多少海里...（键盘输入 0－－－20 之内的数字)\n\n");

        scanf("%d",&g);

        if(g==speed) {

            printf("鱼雷发射！估计正确,击中敌军军舰！\n\n");

            flag=1;

            break;

        }

        else{

                if(g>speed)

                printf("鱼雷发射！估计值偏大,敌军军舰速度小于 %d 海里,鱼雷没有击中,请减小估计
值!（还剩 %d 枚鱼雷可以发射)\n\n\n",g,count-1);

                else

                printf("鱼雷发射！估计值偏小,敌军军舰速度超过 %d 海里,鱼雷没有击中,请增大估计
值!（还剩 %d 枚鱼雷可以发射)\n\n\n",g,count-1);

        }

        count－－;

    }

    if (flag==1)printf("敌军军舰爆炸！消灭敌军军舰,任务完成！\n\n");

    if (flag==0)printf("鱼雷全部用完,没有消灭敌军军舰,任务失败！\n\n");

}
```

程序示例演示：

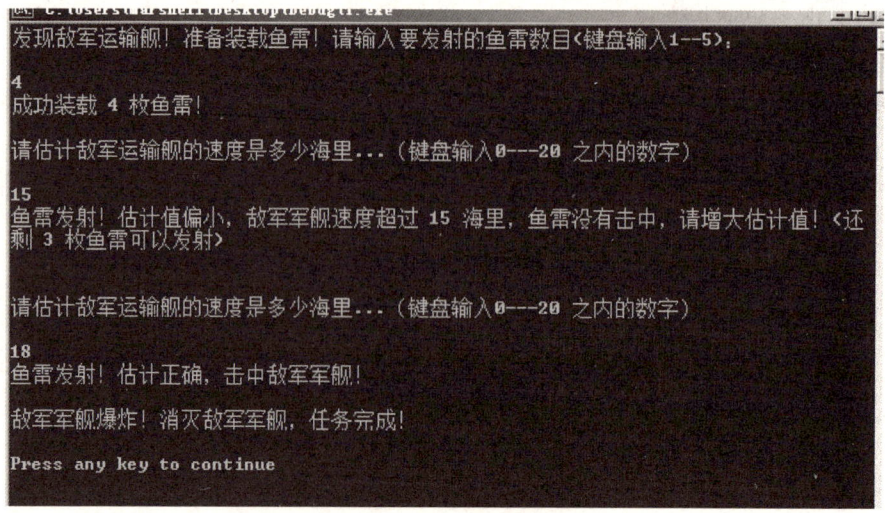

图 5.4　程序示例演示

任务拓展

1. 在程序的鱼雷加载模块，如果用户输入小于 0 的鱼雷数量，该如何改写程序以提示用户？

2. 采用同样的方式，实现一个猜数字的程序。程序随机给出一个数字，由用户来猜。用户给出结果后提示偏大还是偏小，直到用户猜中为止。

任务小结

这个项目主要考查了三个方面的知识：

1. while 循环。针对任务需求，采用了最合适的循环结构。将装载的鱼雷数量作为循环条件，联合自减，实现总体的程序架构。

2. if 判断语句。在对鱼雷的预判速度上，采用 if 语句来判断和处理的三种不同的情况。

3. printf 语句实现人机交互，指导学生如何编写用户使用舒适的程序。

任务 2 比较 do-while 语句和 while 语句

任务目标

找出 do-while 语句和 while 语句的相同点和不同点，更好地理解这两个循环语句。

任务分析

对于这个任务，需要从相同点和不同点两个方面着手，通过对比来体现出其相同点和不同点。在以下的任务实施中用程序示例来展示。

相关知识

5.2 do-while 循环语句

do-while 语句与 while 语句的基本功能类似，都是以循环条件控制循环体，但是两者在执行步骤上有很大的不同。

do-while 语句的语法：do{循环体} while(循环条件)

与 while 语句相同的是，循环是否结束都由循环条件决定，只要循环条件的值是非 0，则循环会一直持续下去。不同的是，while 语句从第一步开始就判断循环条件的是否为非 0，如果循环条件的值为非 0，则开始第一次执行循环体。do-while 语句则第一步先忽略循环条

件的值是否非 0,直接运行一次循环体,运行结束后,判断循环条件的值是否为非 0,如果值为非 0,继续运行循环,如果为 0 则结束循环。

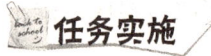

【例 5.8】

```c
#include <stdio.h>
void main(){
    int i=0;
    printf("do-while 语句的结果是:");
    do {
        printf("a");
        i——;
    }
    while(i>0);
        printf("\n");/* do-while 语句运行完毕,将光标换行 */
        i=0;
    printf("while 语句的结果是:");
    while(i>0){
        printf("b");
        i——;
    }
        printf("\n");/* while 语句运行完毕,将光标换行 */
}
```

此例中,整型变量 i 的初始值都设置为 0,do-while 语句的循环条件是 i>0,说明 i 等于 0 是不符合循环条件的,但是按照 do-while 的语法先忽略循环条件,直接运行一次循环体。这样屏幕上会输出一个字母 a,之后按照 while 语句的语法执行,循环条件的值为 0,则循环结束。最终 do-while 语句的最终结果就是在屏幕上输出一个字母 a。while 语句的语句块,则在最开始就判断循环条件的值是否为非 0,由于 i 的值为 0 不符合循环条件,整个 while 循环的循环体没有一次被执行,直接跳出循环体。最终 while 循环在屏幕上没有输出。

程序运行结果如下:

图 5.5　程序运行结果

任务小结

从上述内容可以看出,do-while 和 while 语句在某些条件下是相同的,在某些临界条件下是不同的。在实践中应用时,要细心验证需求中循环条件的临界值,以免发生逻辑错误。

任务 3　计算三位数的水仙花数

任务目标

- 熟悉 for 循环的基本语法;
- 理解 for 循环的循环参数用法;
- 掌握 for 循环的循环控制。

任务分析

在解决任务时,首先要弄清需求。水仙花数的定义如下:

水仙花数是指一个 n 位数(n≥3),它的每个位上的数字的 n 次幂之和等于它本身。(例如:$1^3 + 5^3 + 3^3 = 153$)。

该次任务有 2 个基本要点,首先是"三位数",大家应该能够看出"三位数"就是循环控制数的范围,也就是 100～999。

对于水仙花数的算法,就是百位数的立方加上十位数的立方,再加上个位数的立方,最终的和等于这个数的本身。可以清楚地发现,这里需要一个 if 判断语句去比较。有了这两点的认识,该任务也就基本没有了障碍。

相关知识

5.3　for 循环语句

5.3.1　for 循环语句的语法与难点

在介绍了 while 语句和 do-while 语句之后,我们来介绍 for 循环语句。for 循环语句是循环语句中最为重要的语句,它的功能比 while 语句和 do-while 语句都要强大,可以实现 while 语句和 do-while 语句的所有功能,也能实现它们实现不了的功能。

for 语句的语法:

for(表达式 1; 表达式 2; 表达式 3)〈循环体〉

表达式 1:一般用于循环条件的初始值设定。

表达式 2:循环条件。

表达式 3:循环条件的控制。

循环体:需要循环执行的程序块。

例如 for(int i＝0;i＜6;i＋＋)

    { printf("a");}

在这个简单的 for 循环语句中:

表达式 1:int i＝0 定义了一个循环初始值 i,它的值为 0。

表达式 2:i＜6 设定循环条件,i 的值只要小于 6 循环持续,否则循环终止。

表达式 3:i＋＋,使 i 的值递增,用于控制循环次数。

循环体:输出字母 a。

这个简易的 for 循环语句,定义了一个整型变量 i,它的初始值为 6,进行循环条件 i＞0 的判断结果非 0,执行循环体语句,也就是输出字母 a 到屏幕。每次循环体执行完毕,i 的值自加一次。

难点:

1. 表达式的分割:for 循环的表达式之间是用";"来分隔的,三个表达式使用 2 个";"来分隔。循环体使用{}来包含,如果循环体只有一行语句,也可以省略{}。例如,for(int i＝0;i＜6;i＋＋) printf("a");如果循环体就是一个空语句,则直接在 for( )后加一个分号即可,例如 for(int i＝0;i＜6;i＋＋);。

2. 表达式的设置:在 for 循环的 3 个表达式和 1 个循环体中,都是可以自由定义的,最极端的例子是所有表达式和循环体都是空语句,例如 for(; ;);。

(1) for(int i＝0; i＜6;) printf("a");这个例子省略了表达式 3,设置了一个死循环。程序会在屏幕上无限输出字母"a",因为 i 的值永远都是 0,循环条件 i＜6 永远成立。

(2) for(;;);这样一个都是空语句的循环,实质就是让程序休眠,无法继续进行。因为它没有终止条件,也没有需要循环执行的语句。

(3) for(int i＝0; ;i＋＋) printf("a");这个例子省略了表达式 2,看起来和省略表达式 3 不一样,其实是同样的效果。因为虽然表达式 3 使整型变量 i 的值在不断的自加,循环条件并没有设置循环终止的临界条件,最终仍然是死循环。

(4) int i＝0; for(;i＜6;i＋＋) printf("a");通过这个例子可以看出,循环初始值不是必须在表达式 1 中设置,只要前面定义了变量,for 循环都可以用于作为循环初始值。

(5) for(int i＝0;i＜6;i＝i＋2) printf("a");通过前面 while 循环语句和对 for 循环的介绍,会使人产生一种思维定式,表达式 3 的循环控制值自加或者自减只能采用 i＋＋或者 i－－。其实不然,C 语言是非常灵活的,表达式 3 完全可以是"i＝i＋2"。不过这样的方式,i 就不是每次自加 1,而是每次自加 2。

5.3.2　for 循环语句的基本示例

【例 5.9】计算 $1+2+3+4\cdots\cdots+50$ 的值。

```
#include <stdio.h>
void  main()
{
    int sum=0;
    for(int i=1;i<=50;i++)
        sum=i+sum;
    printf("sum=%d\n",sum);
}
```

该示例的目标是求出从 1 加到 50 的和。这个示例虽然简单,但是涵盖了 for 循环的所有基本知识点。在该示例中,for 循环的第一个表达式定义了循环初始值,依照题意,是从 1 加到 50,所以整型数据 i 并赋予了初值 1。表达式 2 设定了循环结束条件,依照题意是循环到 50 结束,所以定义为 $i<=50$。表达式 3 是 $i++$,定义了循环的递增数量。

程序中定义了整型数 sum 去存储求和的结果。

程序运行结果如下:

图 5.6　程序运行结果

任务实施

1. 定义循环控制数的初始值和循环终止值。在这个任务中,初始值设定为 100,终止于 999,匹配三位数的任务需求。

2. 循环分解 100～999 之间的数字,采用 if 语句去判断一个数是否为水仙花数。判断是否为水仙花数,需要一些技巧去分解数字。首先,将数字取 10 的余数,可以得到个位数字。数字取 100 的余数,结果是去掉百位数字。再除以 10,利用整型数字自动忽略小数的特性,得出十位数字。最后,原先的数字减去十位数字乘以 10,再减去个位数字,得到的结果除以 100,最后得出百位数字。

程序如下:

```
#include <stdio.h>
void main(){
    for(int i=100;i<1000;i++){        /* 定义循环数从 100 到 999 */
        int a=i%10;                    /* 得到个位数字 */
        int b=i%100/10;                /* 得到十位数字 */
        int c=(i-b*10-a)/100;          /* 得到百位数字 */
```

```
        if((a*a*a+b*b*b+c*c*c)==i)      /*判断各位数上的数字立方和是否等于数字
                                        本身*/
            printf("%d  ",i);
        }
    }
```

程序运行结果如下:

```
153  370  371  407  Press any key to continue
```

图 5.7　程序运行结果

■ **任务拓展**

1. 修改边界条件,例如打印出 130～400 之间的水仙花数,该怎么去修改程序?

2. 如果再加一个限制条件,例如打印出 100～999 以内所有能被 5 整除的水仙花数,该怎么去修改程序?

■ **任务小结**

该任务的重点在循环控制数的范围上,for 循环的核心就是对循环条件的把握。而分析水仙花数的步骤,主要考察了对数据的分析能力。分解数字时,采用了求余的特性。所以,灵活应用基本知识去分解困难的问题,是今后提高能力的学习根本。

任务 4　打 印 箭 头

■ **任务目标**

● 了解循环嵌套的概念;
● 理解 for—for 循环嵌套的使用方法;
● 理解嵌套循环中循环体的作用范围。

■ **任务描述**

编写程序,在屏幕输出一个箭头的图案,图案是由"*"组成。

(1) 箭头的三角形部分由 10 行"*"组成,底部最宽一行有 19 个"*"。

(2) 箭头的矩形部分由 5 行"*"组成,每行有 3 个"*"。

最终的图形是⇧

任务分析

按照上面的任务描述,我们可以发现这个图形是由 2 部分组成,上半部分是三角形,下半部分是长方形。理所当然,这个图形需要分解成 2 个模块去实现,第一个模块是三角形的实现,第二个模块是矩形的实现。

首先来看三角形模块。这个模块有个特点,虽然是由 10 行星号组成,但是每行星号的数目都是不同的,并且每行的第一个星号并不是齐平排列。第一行只有 1 个星号,前面有 9 个空格,第二行有 2 个星号,前面有 8 个空格,以此类推。

从这里就可以看出,要打印出这个三角形,不仅仅要考虑每行星号的数目,同时也要考虑每行开始的要输出多少空格。

采用一个 for 循环作为三角形行数控制,因为三角形有 10 行,所以循环 10 次。行数控制的 for 循环内部需要 2 个关系并列的 for 循环,分别控制每行开始输出的空格数和要输出的星号数量。空格数和星号的数量,都由外层行数 for 循环的循环控制值通过算法来得到。

行数的 for 循环比较简单,设置一个整型变量 i,从 0 递增到 9 循环 10 次。每行的空格数和星号都要在行数的 for 循环的循环体内运行,所以在其循环体内要编写 2 个 for 循环,分别控制空格和星号。

空格的数目是有规律的,第一行 9 个,第二行 8 个,第三行 7 个,以此类推。可以发现,每行的空格数和所在行数之和是 10。所以,控制空格的 for 循环设置一个循环控制数 j,从 0 递增到 9−i。这样就动态的控制了每行的行数。例如,i=0 时,行数 for 循环表示第一行,这一行的空格有 9−i,也就是 9 个空格;i=1 时,行数 for 循环表示第二行,第二行的空格就有 9−i,也就是 8 个空格。后面按照这个规律类推。

空格的输出完毕后,紧接着要输出星号。星号的数目比空格要特殊,每行的数目是一个递增的奇数,如果是偶数无法完成一个三角形的累积。只要抓住这个规律,星号的控制就演变成用行数来推算奇数。当 i=0 时,表示第 1 行,需要输出 1 个星号;i=1 时表示第 2 行,需要输出 3 个星号;按照这个规律类推,用行数控制奇数的产生。

三角形模块模拟效果如下:

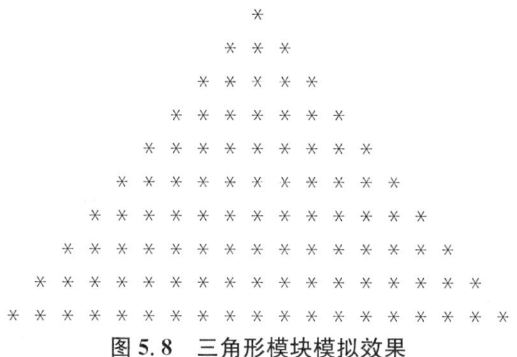

图 5.8 三角形模块模拟效果

长方形模块就比较简单了,作为箭头的箭柄部分,没有动态变化的空格数和星号数目,都是恒定的。虽然是恒定,仍然像三角形部分一样,需要一个行数 for 循环,其循环体内需要 2 个并列的空格 for 循环和星号 for 循环。

行数 for 循环设置一个循环控制数 m,从 0 循环到 4,控制 5 行。循环体内的空格 for 循环设置一个循环控制数 n,从 0 循环到 8,即每行输出 9 个空格;循环体的星号 for 循环设置一个循环控制数 p,从 0 循环到 2,输出 3 个星号。

长方形模块模拟效果如下:

```
* * *
* * *
* * *
* * *
* * *
```

图 5.9   长方形模块模拟效果

相关知识

在前面 3 个任务里,主要介绍了 3 个基本的循环语句,分别是 while,do-while 和 for 循环。对于一些基本的循环问题,熟练运用以上 3 个语句便可以顺利解决。但是面对一些复杂的问题时,基本的循环已经远远不能满足需求了。C 语言中,为了应付复杂的情况,使用了循环嵌套的方式。

5.4   循环嵌套

常见的循环嵌套组合有 while—while 循环嵌套,for—for 循环嵌套,for—while 循环嵌套。其中最为实用的是 for—for 循环嵌套。

5.4.1   循环嵌套的概念

循环嵌套,顾名思义就是一个基本循环的循环体内部包含新的基本循环。一个基本的循环运行的步骤是这样的:

先判断循环条件是否满足,如果满足,运行循环体。运行完毕后,再次判断循环条件,为下一次的循环体运行做准备。

而循环嵌套则改变了逻辑。假设有一个基本循环要运行 3 次。由于基本循环的循环体内有另一个循环,所以外层基本循环运行第一次时,循环条件满足运行基本循环的循环体。基本循环体内有一个新的循环(假设新的循环有 5 次循环),则新的循环开始运行,当新循环的循环体运行 5 次之后,外层的基本循环视为其自身的循环体的第 1 次运行完毕,进入第 2 次基本循环。在基本循环的第 2 次循环体运行时,其循环体内的新循环又要循环运行 5 次。这样这个循环嵌套总共要运行 3×5=15 次新循环。

5.4.2　循环嵌套举例

【例 5.10】输出 15 个字母 a，每 5 个字母 a 换行一次。

```c
# include <stdio. h>
void main(){
    for(int i=0;i<=2;i++){          /* 外层基本循环,从 0 到 2,循环 3 次 */
        for(int j=0;j<=4;j++){     /* 新循环,从 0 到 4,循环 5 次 */
            printf("a");            /* 打印字母 a */
        }
        printf("\n");               /* 打印换行符 */
    }
}
```

外层的基本循环会运行 3 次，它的循环体是一个会循环 5 次的新循环。新循环的循环体只有一句打印字母 a。每次外层循环运行一次循环体，新循环都会执行完所有的 5 次循环。最终新循环会被执行 3×5＝15 次，也就是在屏幕上打印 15 个字母 a。按照需求，需要在每 5 个字母 a 处换行，所以外层基本循环的循环体不仅包含了一个新循环，而且包含了一个打印换行语句。用于在新循环的 5 次循环都执行完毕后换行光标，实质就是外层基本循环的单次循环体的最后一句是打印换行符。

程序运行结果如下：

图 5.10　程序运行结果

任务实施

1. 长方形模块程序

```c
# include <stdio. h>
void main(){
    for(int m=0;m<=4;m++){
        for(int n=0;n<=8;n++){
            printf(" ");
        }
        for(int p=0;p<=2;p++){
            printf(" * ");
        }
        printf("\n");
    }
```

}

2. 两个模块合并成箭头程序

```c
#include <stdio.h>
void main(){
    for(int i=0;i<=9;i++){
        for(int j=0;j<=9-i;j++){
            printf(" ");
        }
        for(int k=0;k<=2*i;k++){
            printf(" * ");
        }
        printf("\n");
    }
    for(int m=0;m<=4;m++){
        for(int n=0;n<=8;n++){
            printf(" ");
        }
        for(int p=0;p<=2;p++){
            printf(" * ");
        }
        printf("\n");
    }
}
```

3. 程序运行结果

图 5.11　程序运行结果

任务拓展

1. 用程序编写一个由星号组成的倒三角形图案。

```
* * * * * * *
 * * * * *
   * *
    *
```

2. 用程序编写一个由星号组成的菱形图案。

```
    *
   * * *
  * * * *
   * * *
    *
```

任务小结

理解循环嵌套的使用,对不同的循环控制条件能够设置正确。能灵活利用最外层的循环控制数对内部循环进行控制。掌握{}所控制的循环体范围。

任务 5　事件触发器

任务目标

- 进一步熟悉 while 循环的基本语法;
- 进一步熟悉 for 循环的基本语法;
- 理解 continue 的语法;
- 理解 continue 的作用域范围;
- 理解 break 的语法;
- 理解 break 的作用域范围。

任务描述

本任务的事件触发器的功能就是通过键盘的输入数字来控制程序在屏幕上的输出。本次示例的具体需求如下:

1. 键盘输入任意数字,但是只有在输入数字 10 时,才会触发后续程序。

2. 进入后续程序后,输入一个 10 以内的数字,程序输出除了该数字外,从 1 到 10 的 9 个数字。

任务分析

事件触发器的任务核心有 2 点,首先是如何让程序能实时知道键盘输入的值是否是要求的数字 10。由此可见,程序需要实时监测键盘的输入,一旦发现输入的数字符合要求,立即跳出实时监控进入后续程序。对于实时监测的实现,依照目前知识程度,最直接的办法就是无限循环和 if 判断语句的联合使用。在此例中,无限循环只有在输入的数字是 10 时才结束循环。break 语句用于结束循环,包括无限循环。采用了 break 语句后,无限循环就不再是困扰大家的问题了,相反可以加以利用。

后续程序中,程序首先接收键盘输入的一个 10 以内的自然数,然后输出除了该数字之外的 9 个 10 以内的数字。对此可以看出键盘输入的数字需要被特殊处理。如果排除这个特殊数字的情况,从 1 到 10 的输出只需要一个 for 循环就能完成。所以,输出动作的主体就是采用 for 循环处理。当从 1 到 10 的输出过程中,除了这个特殊数字,其余统一采用 printf 输出语句,当处理到这个特殊数字时,则忽略 printf 输出语句。忽略的步骤采用 continue 语句去处理,当程序运行到此处时,直接结束本次循环体,进入下一轮的循环去输出数字。

相关知识

5.5 break 语句和 continue 语句

5.5.1 break 语句

break 语句语法:可用于 switch 语句,while 循环和 for 循环中,当程序执行到该语句时,直接跳出循环进入下一条语句。

我们来看一个例子:

【例 5.11】从 1 开始递增输出自然数,当遇到 55 时结束程序。

```c
#include <stdio.h>
  void   main()
{
      for(int i=1;i<1000;i++){
          if(i>55) break;
          else printf("%d  ",i);
      }
      printf("\n 执行完毕");
}
```

在这个例子中,我们可以发现,for 循环的基本循环是从 20 到 999。按照前面所学的知识,程序应该循环 999 次,但是在这个例子中,我们使用了 break 语句。循环体的功能就是采用 if 语句来判断当前 i 的值是否大于 55,如果大于 55,则执行 break 语句;如果小于等于 55,则打印出当前 i 的值。按照前面介绍的 break 语法,当 i 依次递增到 56 时程序执行 break 语句,并跳出循环运行打印执行完毕的语句。由此可见,break 语句就是在循环体内强制结束循环,它不管循环控制数是否已经达到结束循环的条件,只要 break 语句被执行,整个循环就会被终止。所以本例中,虽然我们指定 i 是从 1 递增到 999,但是最终的执行结果是递增到 56 就被 break 语句所结束。

程序运行结果如下:

```
1  2  3  4  5  6  7  8  9  10  11  12  13  14  15  16  17  18  19  20  21  22  2
3  24  25  26  27  28  29  30  31  32  33  34  35  36  37  38  39  40  41  42  4
3  44  45  46  47  48  49  50  51  52  53  54  55
执行完毕Press any key to continue
```

图 5.12　程序运行结果

5.5.2　continue 语句

continue 语句也是一个控制循环的关键字,一般用于循环的循环体内。当它被程序执行时,本次循环结束。看起来 continue 语句似乎和 break 语句相同,都是结束循环,其实 continue 语句和 break 语句有本质不同,break 语句在循环体内被执行时,整个循环会被终止。而 continue 语句在循环体内被执行时,仅仅该次循环体的运行被终止,继续下一次的新循环。

continue 语句的语法:while 循环和 for 循环中,当程序执行到该语句时,直接结束本轮循环,进入下一次新循环。

同样看一个例子:

【例 5.12】从 1 开始到 10 递增输出自然数,当遇到 5 时,输出英文字母 A。

```c
#include <stdio.h>
    void   main()
{
        for(int i=1;i<11;i++){
          if(i==5) {
            printf("A ");
            continue;
          }
          printf("%d   ",i);
        }
    printf("\n 执行完毕");
}
```

示例中,for 循环的循环控制数 i 是从递增循环到 10,我们在程序的循环体中采用 if 语句来判断当前 i 的值是不是等于 5。如果不等于 5,跳过 if 判断语句执行下一条打印 i 值的语句。如果 i 的值等于 5,执行打印英文字母 A 的语句,并执行 continue 语句。按照 continue 语句的语法,结束本次循环。下一句打印 i 值的语句虽然还在循环体内,因为 continue 语句的强制终止而不再被执行。程序运行到这里,continue 语句和 break 语句的不同点就体现出来,如果这里是 break 语句,程序会直接停止整个 for 循环而执行打印"执行完毕"的语句。continue 语句则不同,当 i 等于 5 时,本轮循环被终止,程序放弃打印 i 值的语句而返回 for 循环的表达式三,对 i 进行自加,再判断表达式二,进入 i 等于 6 时的循环体。当 i 等于 6 时,if 判断语句被跳过,程序会打印出 i 的值 6。然后继续循环下去知道 for 循环的表达式二不被满足。

由此可见,简单的来说,continue 语句是结束本轮循环,不影响循环控制数。break 语句是结束整个循环,直接忽略循环控制数的功能。这两点容易混淆,大家学习时需要多加练习。

程序运行结果如下:

图 5.13　程序运行结果

任务实施

首先,触发器的实时监控,我们采用 while 循环来实现,将 while 循环的控制条件中强制写为整型数 1。在 while 循环的循环体内使用 scanf 的输入函数来接受用户通过键盘输入的数字。为了能够监测到用户输入的数字是否是 10,通过 if 判断语句来决定是否调用 break 语句去跳出 while 循环,开始后续的程序进程。在这里 break 结束的是 while 循环。

当进入后续程序后,按照题意提示用户输入一个小于等于 10 的自然数,之后采用 for 循环来处理。for 循环的循环控制数从 0 递增到 10。同 while 循环一样,我们采用 if 判断语句来匹配循环控制数 i 的值是否是用户输入的数据。当成功匹配之后,运行 continue 语句,忽略后续打印循环控制数 i 值的语句。如果匹配不成功,continue 语句不会被执行,程序会输出循环控制数 i 的值。

具体程序如下:

```
#include <stdio.h>
  void  main()
{
    int a;
    int b;
```

```
    while(1) {
            printf("请输入数字 10 开始触发器");
            scanf("%d",&b);
                if (b==10) {printf("输入了 10,");break;}
        }
        printf("请输入一个 10 以内的自然数:");
        scanf("%d",&a);
        for(int i=0;i<=10;i++){
            if (i==a)
                continue;
            printf("%d   ",i);
        }
    }
```

程序运行结果如下:

图 5.14　程序运行结果

任务拓展

1. 在 while 循环中,如果输入的数字不是 10 时,需要添加用户提示,该如何修改代码?
2. 如果调换 continue 语句和 break 语句的位置,会出现什么效果?

任务小结

本次任务主要对 continue 语句和 break 语句进行了语法和功能性的演示,同时着重强调了 continue 语句和 break 语句的联合使用,并对实时监控的编程实现提供了一个基本的解决方法。

实训　模拟银行系统

实训目的

◉ 加深对循环概念的理解;
◉ 熟悉 while 循环的应用;

● 熟悉 for 循环的应用；

● 掌握 continue 和 break 的语法；

● 掌握嵌套循环的概念和应用。

实训要求

● 能够很好地理解本章内容，并运用 while 循环和 for 循环解决实际问题；

● 能够将嵌套循环应用到实际案例中，在实际案例中体会其用法和特点；

● 面对需求，能够很好的把握其核心内容和要点，设计出基本模型；

● 能够设计出良好的人机交互界面，为今后的发展打下基础。

实训内容

设计一个模拟银行系统，该系统用于模拟用户在 ATM 机上取款的情景。由于知识章节的限制，忽略用户的身份验证环节，用户使用时直接进入账户操作界面。

账户操作界面要有查询账户选项、存款选项、取款选项和退出系统选项。用户的存取款等动作，均从键盘输入。

查询账户时，要有正在操作的提示，以及最后的余额显示。存款时，要能确认用户要存的金额，并且同样要有正在操作的提示，存款完成后提示用户账户余额是多少。取款时，要能确认用户要取的金额，也要有正在操作的提示，取款完毕后提示账户的余额是多少。当用户取款大于当前账户余额时，直接提示余额不足。

整个银行系统必须不间断地运作，除非用户选择了退出系统选项。

实训过程

学生在实训过程中从这几个方面去考虑：

首先，进行需求分析，列出实训内容中模拟银行系统的核心模块。核心模块可以从用户操作界面、查询动作、存款动作、退出动作这几个部分着手。这样就将一个大系统分解为一个个的子系统。

对每个子系统进行更为细节化的分析，将每个子系统的需求转译为伪代码。每一个需求细节都不能有含糊不清的地方，否则会使编码无法进行下去。

下面，我们来详细的分析实训：

第一步，进行需求分析。按照实训内容中描述，将整个银行系统划分为运行框架模块，用户操作模块，查询模块，存款模块，取款模块，退出模块。

其中，运行框架模块是驱动整个系统运行的基本模块，其他模块都是在运行框架模块中工作。用户操作模块是其余各个模块的入口，通过该模块调用不同的功能点。存款模块专门负责存款部分的功能，取款模块专门负责取款功能，退出模块用于退出运行框架模块。

第二步,需求分析已经分析完毕,下面是拆解各个模块。

运行框架模块。该模块是所有模块的基础,所以也包含所有初始值。银行系统最重要的就是账户余额,操作模式和操作值。我们分别用三个变量来表示这三个值作为后续模块的操作对象。由于运行框架模块是个不间断系统,可以采用 while 循环的无限模式来驱动。

用户操作模块。该模块作为其他所有模块的入口,向用户展现用户可以操作的各个选项。按照目前的知识进度,使用 switch 选择语句最为合适。switch 语句的判断值选取操作模式,用于进入存款模块、取款模块或者退出模块。而判断值则是用户根据提示,通过键盘输入的值。

查询模块。查询模块专门负责显示余额,这个比较容易实现,但是按照需求,我们需要显示正在操作的提示。我们都使用过真正的银行系统,操作不能结束太快,需要延时去模拟真正的银行系统。

存款模块。存款模块主要针对存款这个动作,这个模块被用户操作模块调用。调用之后,需要向用户提出下一步的操作步骤,也就是让客户通过键盘输入要存入的款项。用户按照提示输入要存入的款项之后,将账户余额的数据加上当前用户的存入款项,模拟银行的账户数据更新。在更新时,同样要使用延时的方法,使用户有使用真正银行系统的感觉。

取款模块。取款模块针对于取款这个动作,这个模块被用户操作模块调用。调用之后,需要向用户提出下一步的操作步骤,也就是让客户通过键盘输入要取出的款项。用户按照提示输入要取出的款项之后,将账户余额的数据减去当前用户的存入款项,模拟银行的账户数据更新。在更新时,同样要使用延时的方法,使用户有使用真正银行系统的感觉。和存款动作不同的是,余额不能为负数,所以在进行余额更新时,我们要首先判断取款的数目是否比余额还要大。如果比余额还要大,系统需要提示用户余额不足。

退出模块。退出模块是模拟银行系统的退出选项。在用户完成所有需要的操作后,可以选择退出模块关闭整个程序。该模块同样被用户操作模块调用,快速关闭系统。程序技巧上使用 break 语句,直接退出 while 循环。

其中模拟延时部分,我们采用程序休眠的方式来实现。先导入头文件 ♯ include ＜ windows. h＞。该文件使编写的 C 语言程序可以调用系统函数 Sleep(N),Sleep(N)的参数 N 可以自己定义,单位是毫秒。为了和真正银行系统的操作显示一样,延时的方式是显示 "正在操作,请稍后",然后每 1 秒添加一个黑点,总共添加 4 个。这样处理后,用户在使用时就有了真正操作银行 ATM 机的感觉。

参考代码与演示结果:

```c
# include <stdio. h>
# include<windows. h>
void main(){
    float　count=0;
```

```
float temp=0;
int mode=0;
while(1) {
   printf("\n\n请选择账户操作！\n");
   printf("1.查询余额   2.存款   3.取款   4.退出系统 \n");
   scanf("%d",&mode);
   if(mode==4){printf("退出当前系统\n");break;}
switch(mode){
   case 1：{
         printf("正在操作,请稍候");
         for(int i=0;i<=3;i++){
            Sleep(1000)；//延时 1 秒
            printf(" . ");
         }
         printf("\n 当前账户余额为 %f 元:\n",count);
         break;
      }
   case 2:{
         printf("请输入要存入的钱数:\n");
         scanf("%f",&temp);
         printf("存入的钱数:%f 元\n",temp);
         printf("正在操作,请稍候");
         for(int i=0;i<=3;i++){
            Sleep(1000);//延时 1 秒
            printf(" . ");
         }
      count=count + temp;
      printf("\n 存入成功！现在账户有 %f 元\n",count);
      break;
   }
   case 3:{
         printf("请输入要取的钱数:\n");
         scanf("%f",&temp);
         printf("要取的钱数为:%f 元\n",temp);
         if ( (count - temp)>=0   ){
            count=count - temp;
            printf("正在操作,请稍候");
```

```
        for(int i=0;i<=3;i++){
            Sleep(1000); //延时 1 秒
            printf(" . ");
        }
        printf("\n 取款成功！现在账户有 %f 元\n",count);
        }
    else
        printf("余额不够!");
    break;
        }
    }
}
```

程序运行结果：

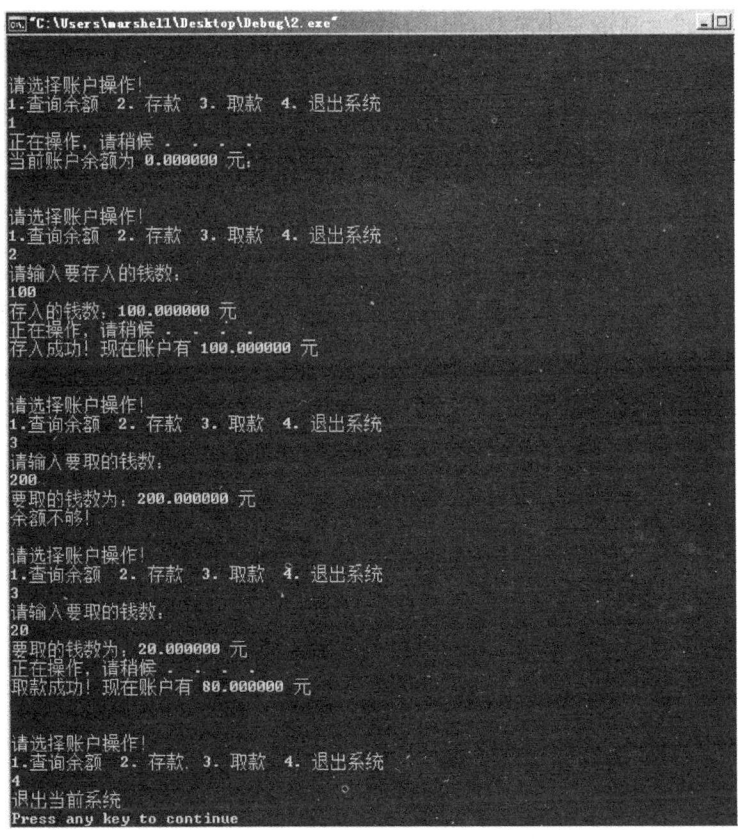

图 5.15　程序运行结果

实训总结

该实训主要训练了学生的需求分析能力,使学生能将一个大系统分解成单个小系统,这对于今后的实际工作有很大的指导意义。

其次,实训也指导了学生如何从需求出发,综合运用swich语句、while循环和for循环,使学生加深了对以上知识点的理解和运用能力。

实训拓展

在程序中,存款模块可以有进一步的拓展。

1. 现实中ATM机器只收取100元的货币,如何在程序中做修改,使用户在输入不是100元的倍数时拒绝存款并提示用户重新输入存款。

2. 现实中使用ATM机器存款时,常会出现因人民币有折损或者污损,被机器退回若干张的现象。我们使用循环语句如何实现存款时,会随机被退回若干钞票。

3. 制作一个回合制格斗小游戏,程序初始化两个战士,每个战士有力量值、生命值和防御值。用户给两个战士分别输入力量值、防御值和生命值,然后输入开始战斗。程序在战士力量值的基础上随机生成攻击力,攻击力减去对方的防御值就是对对方造成的实际伤害,从而使对方生命值减少。生命值先减少到零的战士被判定为失败。

参考答案:

1. 现实中的ATM机器只收100元钞票,所以在存款模块,我们需要对用户输入的数字校验是否是100的倍数,如果是则继续执行下一步的代码,如果不是则提示用户重新输入。这个扩展模块只需要一个while无限循环和一个if判断语句,如果校验成功,用break语句跳出while循环即可。

2. 人民币污损被ATM机器退回是很常见的事情,但是也是随机的事情。在学习while循环的部门,我们已经学习了C语言自带的库函数来创造随机数,可以用这个知识来实现。用随机函数取一个20以内的随机数,如果随机数大于10,就触发人民币污损事件;如果小于等于10,则正常存入钱款。触发人民币污损事件后,先统计用户总共输入了多少张货币(也就是总款项除以100),比如10张,用随机函数生成一个10以内的随机数n,作为要退回的人民币张数。除了退回的人民币,其余正常存入账户。注意,需要在程序的开始导入#include <stdlib.h>和#include <time.h>

以下是拓展1和拓展2的参考代码用于开拓思路,只是存款模块的实例:

```
case 2:{
        printf("请输入要存入的钱数:\n");
        while(1){          // 校验输入的数字是否是100的倍数
        scanf("%f",&temp);
```

```
        if( ((int)temp%100)! =0)
          printf("只收取百元钞票,请重新输入数额!");
        else break;
          }
    printf("存入的钱数:%f 元\n",temp);
    printf("正在操作,请稍候");
      for(int i=0;i<=3;i++){
        Sleep(1000);
        printf(". ");
      }
      srand(time(NULL));
      int posun=rand()%20;
      int all= temp/100;
      int back= rand()%all;
      if( (posun>10)&&(back>0)  ){   //触发人民币退回事件
      count=count + (float)temp-back * 100;
      printf("\n有 %d 张货币是破损的,",back);
      printf("现在退回 %d 张,",back);
      printf("其余%f 元存入成功!",temp-back * 100);
      printf("现在账户有%f 元\n",count);
      }
      else{
      count=count + temp;
      printf("\n存入成功! 现在账户有 %f 元\n",count);
      }
      break;
  }
```

3. 这个游戏的本质和实训的银行系统相同,战士的模型就是银行系统的账户模型。进行需求分析时可以看出游戏分为两个模块,分别是战斗初始化模块和战斗运行模块。

战斗初始化模块就是通过用户的输入,创建战士模型。从需求中可以看出,战士模型只有三个元素,分别是力量值、防御值和生命值。我们可以用一个 char 型变量和三个整型变量表示。从这里可以看出,战士是三个变量的合集,银行账户是一个变量,仅此区别。目前我们只能采用这种方式来实现一个战士模型,在后续的课程中可以学习结构体知识来封装这三个变量成为战士模型。

战斗模块和银行系统的运行框模块一样,都是采用 while 无限循环作为驱动,银行系统在用户选择退出时结束,而战斗模块在其中一个战士失败后退出,同样都是采用 break 语句。战斗的算法如下:系统根据战士的力量产生随机数,该随机数加上力量值成为一个战士的初始伤害值。当他攻击另一个战士时,对方会进行防御,所以一部分的伤害值会被抵消掉。这样一个战士初始伤害值减去对方的防御值,得到实际伤害值。对方被攻击一次,生命值减少的量等于实际伤害值。双方在一个无限循环的程序中相互攻击,直到一方的生命值降低为零,程序宣布战斗结束。

为了用户体验考虑,每次交战后,也像银行系统那样采用 1 秒钟的延时。这样可以模拟较为真实的战斗,而不是在瞬间将结果显示出来。在初始化战士模型时,战士的力量不能小于对方的防御力。

参考程序:

```
#include <stdio.h>
#include <stdlib.h>
#include <time.h>
#include <windows.h>
void main(){
int    ap,bp;//战士的力量
int    ad,bd;//战士的防御
int    ah,bh;//战士的生命值
int    ak,bk;//战士的实际攻击
    //初始化两个战士的数据
printf("请输入战士 A 的力量,防御和生命值:\n");
scanf("%d",&ap);
scanf("%d",&ad);
scanf("%d",&ah);
printf("战士 A 的力量是%d,",ap);
printf("防御是%d,",ad);
printf("生命值是%d\n\n",ah);
printf("请输入战士 B 的力量,防御和生命值:\n");
scanf("%d",&bp);
scanf("%d",&bd);
scanf("%d",&bh);
    printf("战士 B 的力量是%d,",bp);
printf("防御是%d,",bd);
printf("生命值是%d\n\n",bh);
    //运行战斗模块
```

```
printf("战斗开始! \n\n");
while(1){
    printf("战士 A 开始攻击! \n\n");
    Sleep(1000);
        srand(time(NULL));
        ak= ap+rand()%ap-bd;//战士 A 的实际攻击力
        printf("战士 A 发出伤害值为%d 的攻击! \n\n",ak);
    Sleep(1000);
        bh=bh-ak;//战士 B 的剩余生命值
    printf("战士 B 损失%d 的生命值,",ak);
    printf("剩余%d 的生命值! \n\n",bh);
    Sleep(1000);
        if(bh<=0){printf("战士 A 胜利,战士 B 被击败! \n\n");break;}
        printf("战士 B 开始攻击! \n\n");
    Sleep(1000);
        srand(time(NULL));
        bk= bp+rand()%bp-ad;//战士 B 的实际攻击力
    printf("战士 B 发出伤害值为%d 的攻击! \n\n",bk);
    Sleep(1000);
        ah=ah-bk;//战士 A 的剩余生命值
    printf("战士 A 损失%d 的生命值,",bk);
    printf("剩余%d 的生命值! \n\n",ah);
    Sleep(1000);
        if(ah<=0){printf("战士 B 胜利,战士 A 被击败! \n\n");break;}
    }
}
```

程序运行结果：

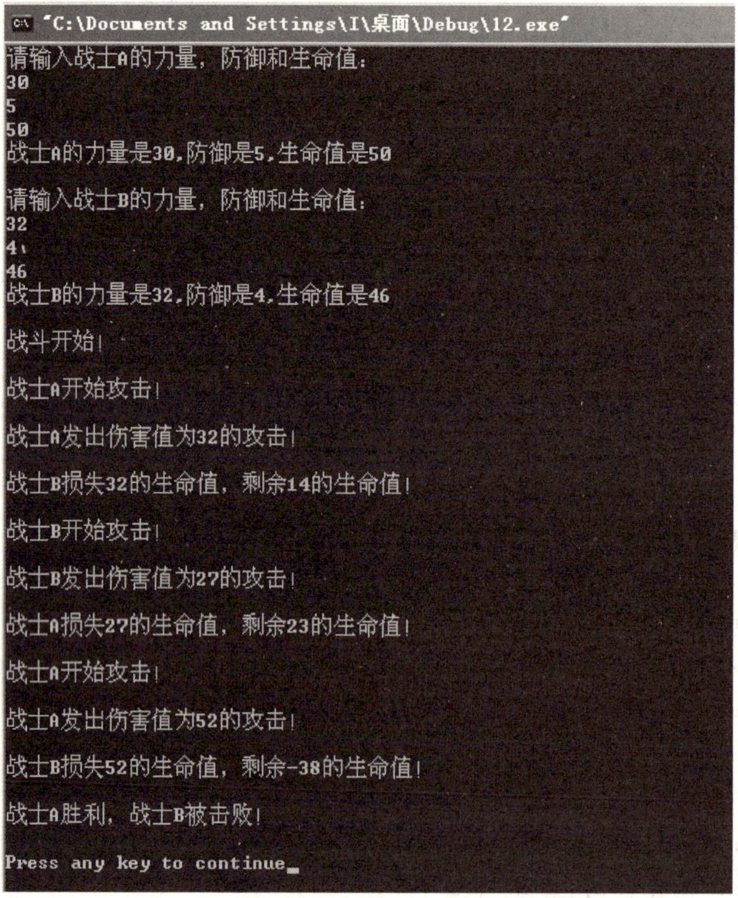

```
C:\Documents and Settings\I\桌面\Debug\12.exe
请输入战士A的力量，防御和生命值：
30
5
50
战士A的力量是30.防御是5.生命值是50

请输入战士B的力量，防御和生命值：
32
4
46
战士B的力量是32.防御是4.生命值是46

战斗开始！

战士A开始攻击！

战士A发出伤害值为32的攻击！

战士B损失32的生命值，剩余14的生命值！

战士B开始攻击！

战士B发出伤害值为27的攻击！

战士A损失27的生命值，剩余23的生命值！

战士A开始攻击！

战士A发出伤害值为52的攻击！

战士B损失52的生命值，剩余-38的生命值！

战士A胜利，战士B被击败！

Press any key to continue_
```

图 5.16　程序运行结果

☞知识梳理与总结

本章主要介绍了循环的概念和基本语法，并通过实例来展现了其基本的用法。循环在 C 语言中的地位是很重要的，后续的数组，指针等重点章节都是建立在循环的基础上。下面再梳理一下知识点：

1. while 循环：while（ 循环控制数）

　　　　〔 循环体 〕

2.do-while 循环：do〔循环体〕

　　　　while（循环控制数）；

3. for 循环：for(表达式一；表达式二 ；表达式三)〔循环体〕

4. continue 语句

5. 循环嵌套

习　题

1. 编程实现斐波那契数列的前 10 个数字。斐波那契数列是指第三个数是前面两个数之和。例如,1,1,2,3,5,8,13,21,35……

2. 有一分数序列:1/2 － 2/3 ＋ 3/5 － 5/8 ＋ 8/13 － 13/21,...,编写程序求这个数列的前 20 项的和。

3. 输入一个正整数,按输入顺序的反方向输出,例如,输入数是 987654321,要求输出结果是 123456789,编程实现该功能。

4. 古典兔子问题:有一对兔子,出生开始之后第三个月之后,每个月都生一对小兔子。小兔子长到第三个月后每个月又生一对小兔子,假设兔子的寿命无限,求每个月的兔子总数是多少?

5. 求 100～200 间的全部能被 5 整除的数。

6. 整元换零钱问题。把 1 元兑换成 1 分,2 分,5 分硬币,共有多少种不同换法,请编写求解此问题的程序。

7. 编写程序,求两个整数的最大公约数和最小公倍数。

8. 编写一程序,求 1－3＋5－7＋……－99＋101 的值。

第6章 数　　组

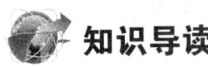知识导读

迄今为止,我们使用的都是属于基本类型(整型、字符型、实型)的数据,C语言还提供了构造类型的数据,包括:数组类型、结构体类型、共同体类型。构造类型数据是由基本类型数据按一定规则组成的,在实践工作中应用非常广泛。

C语言中数组是构造数据类型之一,数组是具有相同数据类型的数据元素的有序集合。数组中每一个元素(即每一个成员,也称为下标变量)具有同一个名称,拥有不同的下标,每个数组元素可以作为单个变量来使用。数组包括一维数组、二维数组、字符数组。本章介绍C语言中如何定义和引用各种数组。

能力目标

- 能熟练定义和引用一维数组、二维数组、字符数组;
- 能对数组中的批量数据进行统计、排序、打印报表;
- 能编写程序,实现对二维数组中数据的各种运算;
- 能熟练操作字符串,并进行各种字符串处理。

任务设置

任务1　数据统计

任务2　数据排序

任务3　检验并打印魔方矩阵

任务4　生成报表

任务5　字符串处理

任务6　电子辞典

实训　　学生成绩统计

任务 1　数 据 统 计

任务目标

- ● 理解自增运算符＋＋；
- ● 熟练使用循环结构语句进行批量数据的处理；
- ● 理解一维数组的定义和初始化；
- ● 会使用一维数组存储同类型数据；
- ● 会使用循环对一维数组赋值、统计；
- ● 能编写简单的学生成绩统计程序；
- ● 会编程统计一批数据的最大数、最小数及总数(或平均数)。

任务描述

编写一个 C 语言程序,实现如下功能:由键盘输入某门课程的若干学生成绩,统计输出该课程的平均成绩、最高成绩和最低成绩,并按成绩分类统计出各个等级的学生数(成绩分四等,90 分以上为优秀,80 分以上为良好,60 分以上为合格,60 分以下为不合格)。

任务分析

本任务通过连续输入若干学生成绩,先将第一学生成绩分别赋给最大、最小值变量,将当前输入的成绩分别与最大、最小值比较得到新的最大、最小值,如此重复直至输入结束。同时输入一个成绩,累加一个成绩,并统计已输入成绩的学生数。在成绩输入过程中要解决如下几个问题:

1. 需要哪几个变量?

2. 输入若干学生成绩的结束标志是什么?

3. 如何计算若干学生的平均成绩,统计最高成绩、最低成绩,并按成绩统计各个等级的人数。

相关知识

6.1　一维数组

6.1.1　一维数组的定义

在程序设计中,为了处理方便,把具有相同类型的若干变量按有序的形式组织起来。这些按序排列的同类数据元素的集合称为数组。在 C 语言中,数组属于构造数据类型。一个数组可以分解为多个数组元素,这些数组元素可以是基本数据类型或是构造类型。因此按数组元素的类型不同,数组又可分为数值数组、字符数组、指针数组、结构数组等各种类别。本章介绍数值数组和字符数组,其余的在以后章节中陆续介绍。

1. 一维数组的定义方式

在 C 语言中使用数组必须先进行定义。

一维数组的定义方式为:

类型说明符 数组名［常量表达式］;

其中:

类型说明符是任一种基本数据类型或构造数据类型。

数组名是用户定义的数组标识符。

方括号中的常量表达式表示数据元素的个数,也称为数组的长度。

例如:

  int a［5］;说明整型数组 a,有 5 个元素。

  float b［10］,c［20］;说明实型数组 b,有 10 个元素,实型数组 c,有 20 个元素。

  char ch［20］;说明字符数组 ch,有 20 个元素。

说明:

(1) 数组的类型实际上是指数组元素的取值类型。对于同一个数组,其所有元素的数据类型都是相同的。

(2) 数组名的书写规则应符合标识符的书写规定。

(3) 数组名不能与其他变量名相同。

例如:

  main( )

  {

  int a;

  float a［10］;

  ……

  }

是错误的。

(4) 方括号中常量表达式表示数组元素的个数,如 a［5］表示数组 a 有 5 个元素。但是其下标从 0 开始计算。因此 5 个元素分别为 a［0］,a［1］,a［2］,a［3］,a［4］。

(5) 不能在方括号中用变量来表示元素的个数,但是可以是符号常数或常量表达式。

例如:

  #define FD 5

  main( )

```
{
int a[3+2],b[7+FD];
……
}
```

是合法的。

但是下述说明方式是错误的。

```
main()
{
int n=5；
int a[n]；
……
}
```

（6）允许在同一个类型说明中,说明多个数组和多个变量。

例如：

int a,b,c,d,k1[10],k2[20];

6.1.2 一维数组的初始化

初始化赋值的一般形式为：

类型说明符 数组名[常量表达式]={值,值……值};

其中在{ }中的各数据值即为各元素的初值,各值之间用逗号间隔。

1. 在定义数组时对数组元素赋以初值

例如：

int a[10]={ 0,1,2,3,4,5,6,7,8,9 };

相当于 a[0]=0;a[1]=1...a[9]=9;

2. 可以只给一部分元素赋值

例如：

当{ }中值的个数少于元素个数时,只给前面部分元素赋值。

例如：

int a[10]={0,1,2,3,4};

表示只给 a[0]~a[4]5 个元素赋值,而后 5 个元素自动赋 0 值。

3. 如给全部元素赋值,则在数组说明中, 可以不给出数组元素的个数

例如：

int a[5]={1,2,3,4,5};

可写为：

int a[]={1,2,3,4,5};

注意:只能给元素逐个赋值,不能给数组整体赋值。

例如给 10 个元素全部赋 1 值,只能写为:

int a[10]={1,1,1,1,1,1,1,1,1,1};

而不能写为:

int a[10]=1;

6.1.3　一维数组的引用

数组元素是组成数组的基本单元。数组元素也是一种变量,其标识方法为数组名后跟一个下标。下标表示了元素在数组中的顺序号。

数组元素的一般形式为:

数组名[下标]

其中下标只能为整型常量或整型表达式。

例如:a[5]　a[i+j]　a[i++]

都是合法的数组元素。

数组元素通常也称为下标变量。必须先定义数组,才能使用下标变量。在 C 语言中只能逐个地使用下标变量,而不能一次引用整个数组。

例如,输出有 10 个元素的数组必须使用循环语句逐个输出各下标变量:

for(i=0; i<10; i++)

printf("%d",a[i]);

而不能用一个语句输出整个数组。

下面的写法是错误的:

printf("%d",a);

【例 6.1】

```
#include "stdio. h"
main()
{
int i,a[10];
for(i=0;i<10;)
a[i++]=2*i+1;
for(i=0;i<=9;i++)
printf("%d ",a[i]);
printf("\n%d %d\n",a[5+1],a[5]);
}
```

程序运行结果:

```
1 3 5 7 9 11 13 15 17 19
13 11
```

图 6.1　程序运行结果

程序说明：

本例中用一个循环语句给 a 数组各元素送入奇数值,然后用第二个循环语句输出各个奇数。在第一个 for 语句中,表达式 3 省略了。在下标变量中使用了表达式 i++,用以修改循环变量。当然第二个 for 语句也可以这样做,C 语言允许用表达式表示下标。程序中最后一个 printf 语句输出了 a[6],a[5]的值,可以看出下标可以是表达式。

任务实施

1. 引入程序 1:计算平均成绩

（1）程序清单

```
#include "stdio. h"
main()
{
    float score,sum_score=0;      /*定义变量 score,sum_score 分别存储成绩,总成绩*/
    int count=0;                  /*定义变量 count 存放学生个数*/
    float aver_score;             /*定义变量 aver_score 存放平均成绩*/
    printf("请输入学生成绩(输入负数结束):\n");
    scanf("%f",&score);           /*输入第一个学生成绩*/
    while(score>=0)               /*判断输入成绩是否为负数,进入循环,否则终止循环*/
    {
        count++;                  /*统计输入成绩的个数*/
        sum_score=sum_score+score;  /*统计总成绩*/
        scanf("%f",&score);        /*输入下第一个成绩*/
    }
    aver_score=sum_score/count;    /*计算平均成绩*/
    printf("学生平均成绩是%.2f\n",aver_score);
}
```

（2）运行结果

```
请输入学生成绩（输入负数结束）：
65 78 98 34 99 100 56 76 82 -1
学生平均成绩是76.44
```

图 6.2 程序运行结果

（3）程序说明

①程序 1 的功能是计算平均成绩。程序中定义了 3 个实型变量:score,sum_score 和 aver_score 分别存储成绩,总成绩和平均成绩,定义了一个整型变量 count 用来存储学生人数。

②程序中表达式 count++由单变量和自增运算符++（是 C 语言中单目运算符)构成,

等价于赋值表达式 count＝count＋1,同样表达式 count－－相当于 count＝count－1。

③赋值表达式 sum_score＝sum_score＋score 是实现累加的重要算法。

④ 在 C 语言中,变量名常用小写的标识符表示。变量由变量类型与变量名确定,变量类型确定内存空间的大小,score,sum_score,aver_score 都是浮点型变量,占 4 个字节,并按实数方式存储数据。count 是整型变量,占 2 个字节,并按整型方式存储数据。变量名在程序运行中不会改变,而变量值是会变化的,在不同时候可能取不同的值(如重新赋值)。变量在使用前必须遵循"先定义,后使用"的原则,即先定义其数据类型,也就是定义时系统会为变量分配固定的内存单元。

⑤while(score＞＝0)循环的执行过程是:当输入的学生成绩大于 0,就开始进入成绩统计,直至输入的成绩小于 0 就结束循环。

说明:while 循环的执行过程是:先计算表达式的值,如果为非零,则执行循环体,否则执行 while 循环的后续语句。所以在 while 循环中,循环体可能一次也不执行。do-while 循环的执行过程是:首先执行循环体,再计算表达式的值,如果表达式的值为零,继续执行循环体,直到表达式值为零便结束循环,转到 do-while 循环的后续语句。所以 do-while 循环至少执行循环体一次。for 循环的执行过程是:第一次进入循环时,初始化并测试控制变量。若测试结果为真(非零),程序便执行循环体。执行完循环体语句,计算修改控制表达式,再计算测试表达式,重复执行,直至测试表达式为 0 便结束循环,转型 for 语句的后续语句。

尝试用 do-while 循环和 for 循环实现引入程序 1。

2. 引入程序 2:计算最高分和最低分

(1) 程序清单

```
# include "stdio. h"
main( )
{
    float score;
    float max_score,min_score;/ * 定义变量 max_score,min_score 分别存储最高分最低分 * /
    int count＝0;
    printf("请输入学生成绩(输入负数结束):\n");
    scanf("%f",&score);         / * 输入第一个学生成绩 * /
    max_score＝score;           / * 将第一个学生成绩假设为最高成绩 * /
    min_score＝score;           / * 将第一个学生成绩假设为最低成绩 * /
    while(score＞＝0)           / * 判断输入成绩是否为负数,进入循环,否则终止循环 * /
    {
        if(score＞max_score)    / * 比较并查找最高成绩 * /
        max_score＝score;
        if(score＜min_score)    / * 比较并查找最低成绩 * /
```

```
            min_score=score；
            scanf("%f",&score)；    /* 输入下第一个成绩 */
            count++；
        }
        printf("学生最高分是%.2f\n",max_score)；
        printf("学生最低分是%.2f\n",min_score)；
        printf("共有%d 名学生参加统计\n",count)；
    }
```

（2）程序运行结果

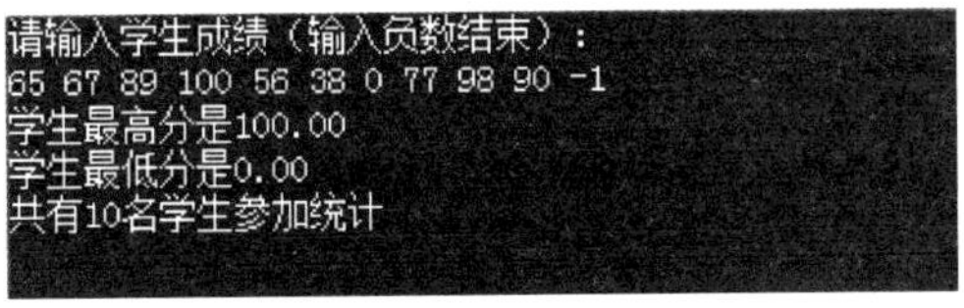

```
请输入学生成绩（输入负数结束）：
65 67 89 100 56 38 0 77 98 90 -1
学生最高分是100.00
学生最低分是0.00
共有10名学生参加统计
```

图 6.3　程序运行结果

（3）程序说明

①程序中,首先输入第一个学生的成绩,分别设为最高分及最低分。

②通过 while 循环输入成绩,在循环体中,用 if 语句实现输入成绩与最高分 max_score 比较;如果大于最高分,即关系表达式 score＞max_score 的值为真(非 0),则将该成绩 score 赋值给最高分 max_score。同理,用 if 语句实现输入成绩与最低分 min_score 比较,如果小于最低分,即关系表达式 score＜min_score 的值为真(非 0),则将该成绩 score 赋值给最低分 min_score。

③当输入的成绩为－1 时结束循环,输出最高分和最低分,输出的成绩保留两位小数（%.2f）。

3. 引入程序 3

（1）程序清单

```
    #include "stdio. h"
    main()
    {
        float score；
        int tj1=0,tj2=0,tj3=0,tj4=0；/* 定义变量 tj1,tj2,tj3,tj4 分别存储统计人数 */
        printf("请输入学生成绩(输入负数结束):\n")；
        scanf("%f",&score)；         /* 输入第一个学生成绩 */
        while(score>=0)              /* 判断输入成绩是否为负数,进入循环,否则终止循环 */
        {
            if(score<60)            /* 统计不合格成绩的人数 */
            tj1++；
```

```
        else if(score<=79)       /*统计合格成绩的人数*/
            tj2++;
        else if(score<=89)       /*统计良好成绩的人数*/
            tj3++;
        else                     /*统计优秀成绩的人数*/
            tj4++;
        scanf("%f",&score);      /*输入下第一个成绩*/
    }
    printf("成绩优秀%d 人\n",tj4);
    printf("成绩良好%d 人\n",tj3);
    printf("成绩合格%d 人\n",tj2);
    printf("成绩不合格%d 人\n",tj1);
}
```

（2）程序运行结果

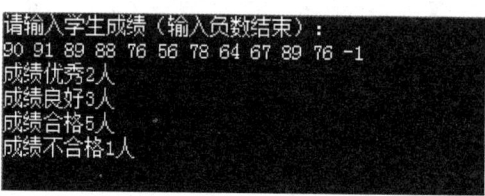

图 6.4　程序运行结果

（3）程序说明

①程序中,通过 while 循环来输入成绩,当输入的成绩为负数时退出循环,保证了数据输入只能进行有限次,在循环中药避免出现死循环(或称无限循环)。

②在 while 循环中,利用嵌套 if—else if—语句实现多路选择控制,从而将输入的成绩进行分类统计,计算各个成绩等级的人数。

（4）思考

①将三个引入程序整合在一起,如何编写代码?

②将程序中 while 循环改写成 do-while 循环,如何修改?

③在上面程序中,如果只统计前 50 位学生的成绩,仍然用 while 循环,如何修改代码?

④将上面程序改写成 for 循环实现,如何书写代码?

⑤从上面程序运行过程看,哪些学生的成绩保存了,有多少学生成绩数据丢失了,为什么?

⑥如何保存所有的学生成绩?

4. 实现程序

要保存所有的学生成绩,只能放在变量里。而这些变量具有相同的数据类型,所以使用数组存储在 score[50]中。那么最多可以输入 50 个学生成绩,这些成绩具有相同的数据类型、名称和大小。

（1）程序清单

```
#include "stdio.h"
#include "stdlib.h"
main()
{
    float score[50],max_score,min_score,sum_score;
    int i,count,tj1=0,tj2=0,tj3=0,tj4=0;
    float aver_score;
    system("cls");                    /* 清屏,包含在头文件"stdlib.h"中 */
    for(i=0;i<50;i++)                 /* 将数组元素初始化 */
    score[i]=0;
    printf("请输入学生成绩(输入负数结束):\n");
    scanf("%f",&score[0]);            /* 输入第一个学生成绩 */
    if(score[0]>=0 && score[0]<=100)
    {
        max_score=score[0];
        min_score=score[0];
    }
    if(score[0]<60 && score[0]>=0)/* 统计不合格成绩的人数 */
    tj1++;
    else if(score[0]<=79)             /* 统计合格成绩的人数 */
    tj2++;
    else if(score[0]<=89)             /* 统计良好成绩的人数 */
    tj3++;
    else                              /* 统计优秀成绩的人数 */
    tj4++;

    for(i=1,count=1;i<50;i++)         /* 从 i=1 开始,进行循环,循环 49 次 */
    {
        scanf("%f",&score[i]);        /* 输入下一个学生成绩 */
        if(score[i]<0)break;
        count++;
        sum_score=sum_score+score[i];
        if(score[i]>max_score)
        max_score=score[i];
        if(score[i]<min_score)
```

```
            min_score＝score[i];
            if(score[i]＜60)              /＊统计不合格成绩的人数＊/
            tj1++;
            else if(score[i]＜=79)        /＊统计合格成绩的人数＊/
            tj2++;
            else if(score[i]＜=89)        /＊统计良好成绩的人数＊/
            tj3++;
            else                          /＊统计优秀成绩的人数＊/
            tj4++;
        }
        printf("参加成绩统计的学生共有：%d 人\n",count);
        aver_score＝sum_score/count;
        printf("学生平均成绩是：%.3f\n",aver_score);
        printf("学生最高分是：%.3f\n",max_score);
        printf("学生最低分是：%.3f\n",min_score);
        printf("成绩优秀%d 人\n",tj4);
        printf("成绩良好%d 人\n",tj3);
        printf("成绩合格%d 人\n",tj2);
        printf("成绩不合格%d 人\n",tj1);
    }
```

（2）运行程序结果

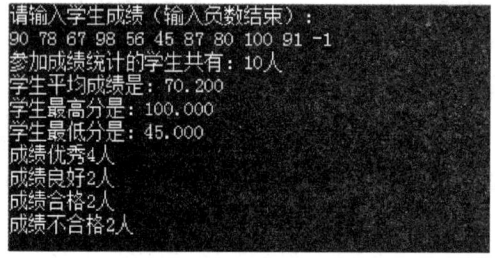

图 6.5　程序运行结果

（3）程序说明

①程序中语句"float score[50];"定义了一个含有 50 个元素的数组变量,和单个变量一样,数组变量用来存储一批类型相同的数据,定义数组时,需要指定数组的数据类型、名称和大小。数据类型是数组将要存储的数据种类——数值或字符,所以数组有数值型和字符型数组;名称是赋给数组的标识符,其命名遵循 C 语言标识符的命名规则,即以字母或下划线开头,后面跟字母、数字或下划线,如：int st_number[10];大小用来定义为数组保留的元素数目,位于一方括号内。

②一旦定义了一个数组,在内存中将分配连续的存储空间,数组中各元素所占存储空间

是相同的,空间长度由数据类型确定,如 float score[50]定义的数组 score 中每一个元素的存储空间为 4 个字节。

③数组元素的访问通过指定下标来实现,如 score[0]访问第一个数组元素,score[i]表示访问下标为 i 的元素,即 i+1 个数组元素。注意:访问数组元素时,其下标不能越界,如在本程序中,如果试图访问数组元素 score[50]是错误的,即下标的取值只能在 0—49 范围内。

④程序中用到了 for 循环,在已知循环次数时,通常使用 for 循环。

(4)思考

①主函数中第一个 for 循环作用什么? 如果省略了会怎样? 请运行程序试试。

②第二个 for 循环 for(i=1,count=1;i<50;i++)为什么从 i=1 开始进行循环,而不是从 0 开始?

③如何定义一个字符型数组?

任务拓展

1. 编写代码,将本任务使用 do-while 循环完成。

2. 在下列程序空格处填写适当语句使程序完整,运行调试程序,并写出程序的功能。

```c
#include "stdio. h"
main()
{
    int i,j,num[10];
    for(i=2;i<=100;  ①  )
      num[i]=i;
    for(i=2;i<100;i++)
      if(num[i])
        for(j=i+1;j<100;i++)
          if(num[j]%num[i]==0)
            num[j]=0;
    for(i=2;i<100;i++)
      if(  ②  )
      printf("\t%d",num[i]);
}
```

3. 将一个数组中的值按照逆序重新存放。例如,原来顺序是 8,6,5,4,1,现要求改成 1,4,5,6,8。

任务小结

1. 数组是 C 语言程序设计中非常重要的数据组织形式。数组变量(元素)用来在内存中存储数据,必须先定义后使用。同一数组,拥有相同的数组名和数据类型,通过数组名和下标变量可以访问数组的每一个元素。同一数组,各元素在内存中的存储单元是一片连续区域。

2. 数组可以是一维的、二维的或多维的。

3. 数组类型说明由类型说明符、数组名、数组长度(数组元素个数)三部分组成。数组元素又称为下标变量。数组的类型是指下标变量取值的类型。

4. 对数组的赋值可以用数组初始化赋值、输入函数动态赋值和赋值语句赋值三种方法实现。对数值数组不能用赋值语句整体赋值、输入或输出,而必须用循环语句逐个对数组元素进行操作。

任务2　数据排序

任务目标

● 了解函数 rand( )和 randomize( )的功能;
● 学会数组的定义和初始化;
● 会使用一维数组存储同类型数据;
● 会使用循环对一维数组格式输出;
● 理解选择排序方法;
● 理解冒泡排序方法;
● 能用选择、冒泡排序法,编写简单程序对批量数据进行排序输出。

任务描述

编写一个 C 语言程序,随机产生 0～100 之间的随机数 20 个,作为学生成绩,将批量数据由大到小排序,输出前 10 名学生成绩。

任务分析

由于学生成绩数据类型相同,可以将所有学生成绩存储在一数组中。从第一个数开始,将 n 个数依次进行大小比较,保存最大数的下标位置,然后将最大数和第 1 个数组元素换位;接着再将 n-1 个数依次进行比较,保存好大数的下标位置,然后将次大数和第 2 个数组元素换位;接着再将 n−2 个数依次进行比较,保存第 3 大数的下标位置,然后将第 3 大数与第 3 个数组元素换位。依此规律反复进行下去,直至比较换位完成。(选择排序)

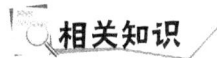

6.2 排序

6.2.1 选择排序

选择排序是一种非常简单的排序方法。它每次从待排序的区间中选择出具有最小值的数组元素,把该元素与该区间的第一个元素交换位置。第一次(即开始)待排序区间包含所有 a[0]−a[n−1],经过选择和交换后,a[0]为具有最小值的数组元素;第二次待排序区间为 a[1]−a[n−1],经过选择和交换后,a[1]为仅次于 a[0]的具有最小值的数组元素;第三次待排序区间为 a[2]−a[n−1],经过选择和交换后,a[2]为仅次于 a[0]和 a[1]的具有最小值的数组元素;以此类推,经过 n−1 次选择和交换后,a[0]−a[n−1]就成了有序表,整个排序过程结束。

假设数组中只有 8 个元素,分别是(36,25,48,12,65,43,20,58),如果进行从小到大排序,则选择排序的过程如下:

```
    下标   0  1  2  3  4  5  6  7
(0) [36  25  48  12  65  43  20  58]      min_i=3

(1) 12 [25  48  36  65  43  20  58]       min_i=6

(2) 12  20 [48  36  65  43  25  58]       min_i=6

(3) 12  20  25 [36  65  43  48  58]       min_i=3

(4) 12  20  25  36 [65  43  48  58]       min_i=5

(5) 12  20  25  36  43 [65  48  58]       min_i=6

(6) 12  20  25  36  43  48 [65  58]       min_i=7

(7) 12  20  25  36  43  48  58  65
```

改进选择排序法,每次选择过程中,不假设最小值,而是把第一元素与所有元素比较,只要后面的元素更小,就交换,这样每次更接近有序序列。

假设还是刚才的数组中只有 8 个元素,如果进行从小到大排序,则选择排序的第一个选

择交换过程,即 i＝0 时的交换过程如下:

```
下标    数值
0      36  →  25      25      12      12
1      25  →  36      36      36      36
2      48      48  →  48      48      48
3      22      12      12  →  25      25
4      65      65      65      65  →  65      ……
5      43      43      43      43      43
6      20      20      20      20      20
7      58      58      58      58      58
      第一次  第二次  第三次  第四次  第五次  第六次  第七次
      j=1    j=2    j=3    j=4    j=5    j=6    j=7
```

改进程序就是这样实现的。

6.1.2 冒泡排序

冒泡法的思路是:将相邻两个数比较,将小的数调到前头(从小到大排序)

假如有 6 个数,则需要比较 5 轮,每轮沉淀出一个较大的数。排序过程如下:

第 1 轮 i＝0,不必比较 i＝5,所以 i 从 0 到 4 即可。

```
下标    数值
0      9  →  8      8      8      8      8
1      8  →  9  →  5      5      5      5
2      5      5  →  9  →  4      4      4
3      4      4      4  →  9  →  2      2
4      2      2      2      2  →  9  →  0
5      0      0      0      0      0  →  9
      第一次  第二次  第三次  第四次  第五次  结果
      j=0    j=1    j=2    j=3    j=4-i
```

第 2 轮 i＝1,下标 5 的元素已经是最大值,所以只需要比较 5 个元素,不必比较 i＝4,所以 i 从 0 到 3 即可。

```
下标    数值
0      8  →  5      5      5      5
1      5  →  8  →  4      4      4
2      4      4  →  8  →  2      4
3      2      2      2  →  8  →  0
4      0      0      0      0  →  8
      第一次  第二次  第三次  第四次  结果
      j=0    j=1    j=2    j=3=4-i
```

以此类推便得到从小到大的排序表。

任务实施

1. 实现程序 1：直接选择排序

（1）程序清单

```c
#include "stdio.h"
#include "stdlib.h"
#include "time.h"
main()
{
    int i,j,num[20],t,max,max_i;        /* 定义整型数组变量 num[] */
    srand((unsigned)time(&t));          /* 产生随机种子 */
    for(i=0;i<20;i++)
    num[i]=rand()%100;                  /* 产生 100 以内的 20 个随机整数 */
    for(i=0;i<19;i++)
    {
        max=num[i];                     /* 记录最大数和下标 */
        max_i=i;
        for(j=i+1;j<20;j++)
        if(num[j]>max)
        {
            max=num[j];                 /* 改正最大数和其下标 */
            max_i=j;
        }
        t=num[max_i];                   /* 将最大数与第 i 个数换位 */
        num[max_i]=num[i];
        num[i]=t;
    }
    for(i=0;i<=9;i++)
    {
        if(i%5==0)
            printf("\n");
        printf("\t%d",num[i]);
    }
}
```

（2）程序运行结果

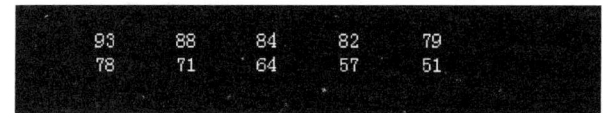

图6.6 程序运行结果

（3）程序说明

①程序中为了方便,将学生成绩以随机方式产生,rand()函数产生 1～32767 之间的整数,rand()除以 100 的余数 rand()％100 则得到 0～100 之间的整数。srand((unsigned)time(&t))函数保证每次产生的数据不同。用随机函数可以解决生活中很多问题,诸如随机命题等。除此以外,还可以用 randomize()函数进行随机数播种。rand()函数、srand()函数、randomize()函数均包含在头文件"stdlib. h"中,time()函数包含在头文件"time. h"中。

②在处理数据比较换位循环中,关键是要与最大数换位,所以,在比较过程中,记录最大数的同时还要记录下标。或者说记录下标 max_i,最大值取 num[max_i],所以在数组排序过程中最关键的是记录最大值下标。

③语句序列"t=num[max_i]; num[max_i]=num[i]; num[i]=t;"是实现了 num[i] 与 num[max_i]互换的典型算法,在程序设计中经常用到交换两数的操作,我们称之为换杯原理。

（4）思考

如果删除函数 srand((unsigned)time(&t)),查看运行结果。

2. 实现程序 2:改进选择排序

（1）程序清单

```
＃include "stdio. h"
＃include "stdlib. h"
＃include "time. h"
main()
{
    int i,j,num[20],t;              /＊定义整型数组变量 num[],t 变量用来作交换的中间变
                                      量＊/
    srand((unsigned)time(&t));      /＊产生随机种子＊/
    for(i=0;i<20;i++)
    num[i]=rand()％100;             /＊产生 100 以内的 20 个随机整数＊/
    for(i=0;i<19;i++)
    {
        for(j=i+1;j<20;j++)        /＊每一轮将当前 num[i]与后面的所以数比较,如果后面的
                                      比较大就交换＊/
```

```
        if(num[i]<num[j])              /*比较 num[i]与 num[j]的大小关系,如果 num[i]比 num[j]
                                        小交换两数,否则不变 */
        {
            t=num[i];                   /*将较大数与第 i 个数换位 */
            num[i]=num[j];
            num[i]=t;
        }
    }
    for(i=0;i<=9;i++)
    {
        if(i%5==0)
            printf("\n");
        printf("\t%d",num[i]);
    }
}
```

(2) 程序运行结果

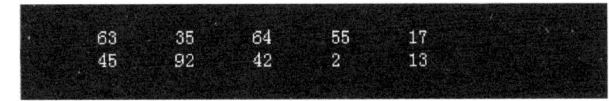

图 6.7　程序运行结果

(3) 程序说明

程序中第一个循环语句完成对数组各元素赋值,第二个循环是二层嵌套 for 循环,外层循环遍历第一个元素到倒数第二个元素,每次得到当前一轮比较的最大数;内层循环遍历当前元素的下一个元素开始到最后一个元素,每次将当前元素与后面的所有元素进行大小比较,如果后面的数比当前数大,就交换两数,直至结束,这就完成批量数据由大到小的排序。

(4) 思考

仔细研究本任务中程序 1 和程序 2,请说明两程序的区别是什么?

3. 实现程序:冒泡排序

(1) 程序清单

```
#include "stdio. h"
#include "stdlib. h"
#include "time. h"
main()
{
    int i,j,num[20],t;  /*定义整型数组变量 num[],t 变量用来作交换的中间变量 */
    srand((unsigned)time(&t));        /*产生随机种子 */
```

```
    for(i=0;i<20;i++)
    num[i]=rand()%100;              /*产生100以内的20个随机整数*/
    for(i=0;i<19-1;i++)             /*从第一个元素到倒数第二个元素,所以终值是18,这
                                       是比较的轮数,每一轮将把最小值冒泡到最下面*/

    {
        for(j=0;j<20-i;j++)         /*每一轮都得到一个固定位置的小值,所以每轮比较的
                                       元素减少,从0到19-i*/
        if(num[j]<num[j+1])         /*比较num[i]与num[j]的大小关系,如果num[i]比
                                       num[j]小交换两数,否则不变*/
        {
            t=num[j];
            num[j]=num[j+1];
            num[j+1]=t;
        }
    }
    for(i=0;i<=9;i++)
    {
        if(i%5==0)
            printf("\n");
        printf("\t%d",num[i]);
    }
}
```

（2）程序运行结果

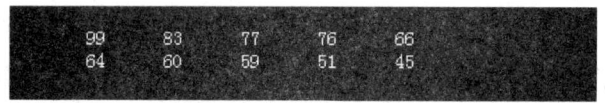

图6.8　程序运行结果

📖 任务拓展

1. 以5个数为例,画出使用冒泡排序法从大到小排序的排序过程图。

2. 有一个已经排好序的数组,现输入一个数,要求按原来的规则将它插入到数组中。

提示:首先判断此数是否大于最后一个数,然后再考虑插入中间的数的情况,插入后此元素之后的数,依次后移一个位置。

💻 任务小结

1. 选择排序的思路是选择最小值,与适当的位置交换的过程。

2. 冒泡排序的思路是将相邻两个数比较,将小的数调到前头,每次将最大值沉淀出来的过程。

任务3 检验并打印魔方矩阵

任务目标

- 理解二维数组的定义和初始化;
- 了解二维数组的存储方式;
- 能灵活读取二维数组行数据、列数据和对角线数据;
- 理解把二维数组转为一维数组的原理;
- 能编写简单程序,处理各种二维数组的运算。

任务描述

在下面的 5×5 阶魔方矩阵中,每一行、每一列、每一对角线上的元素之和都是相等的,试编写程序将这些魔方矩阵中的元素读到一个二维整型数组中,然后检验其是否为魔方矩阵,并将其按如下格式显示到屏幕上。

17	24	1	8	15
23	5	7	14	16
4	6	13	20	22
10	12	19	21	3
11	18	25	2	9

任务分析

完成本任务需要以下变量:两个变量 i,j 用作二维数组的循环控制变量。变量 sum 表示每行/每列的平均值,即为每行和、每列和、对角线和。变量 s1,s2 两次使用,分别表示每行和、每列和,对角线和、副对角线和。一个二维数组 a[MAX][MAX] 存放 5×5 矩阵,预定义 #define MAX 5,这样增强了程序的可读性和可维护性。

伪代码:

开始 main()

提示并输入 5×5 矩阵

打印输出矩阵

判断是否是魔方矩阵
结束

进入判断是否是魔方矩阵
求 sum,即求每行/每列的平均值,也应该是每行和、每列和、对角线的和
    赋 sum 初值为 0
    循环求所有元素的和
    sum 除以 5 得到每行/每列的平均值
判断每行和 s1 或者每列和 s2 是否均等于 sum,只要不等就判断为不是魔方矩阵,退出
    for 外层循环(0 至 4)
    每次外部循环前置 s1、s2 为 0,表示每行每列重新计数,从 0 累加
    for 内层循环(0 至 4)
    s1＝s1+a[i][j]   外循环 i 控制行数变化,因为行不变,所有求得是每行和
    s2＝s2+a[j][i]   外循环 i 控制列数变化,因为列不变,所有求得是每列和
    结束内层循环
    if 判断只要 s1 或 s2 不等于 sum
    打印输出不是魔方矩阵并结束
    结束外层 for 循环
判断对角线和 s1、s2 是否等于 sum,只要不等就判断为不是魔方矩阵,退出
    循环前置 s1、s2 为 0,表示对角线和重新计数,从 0 累加
    for 层循环(0 至 4)
    s1＝s1+ a[i][i];对角线是 i,j 值相同的值
    s2 += a[i][MAX−i−1];副对角线元素下标关系:i+j＝n−1
    结束层循环
    if 判断只要 s1 或 s2 不等于 sum
    打印输出不是魔方矩阵并结束
因为所有条件都符合,打印输出是魔方矩阵
结束

相关知识

6.3 二维数组

6.3.1 二维数组的定义

根据数组元素的下标个数,数组可分为一维数组和二维数组,以及多维数组。即一维数

组每个元素只有一个下标,二维数组的每个元素均有两个下标,三维数组的每个元素都有三个下标,以此类推。本任务只介绍二维数组,多维数组可由二维数组类推而得到。

二维数组中的数组元素是排成二维表格的一维下标变量,按先行后列形式排列,即第一下标表示所在行,第二下标表示所在列,同样,所有下标都从 0 开始排列。

二维数组定义的一般形式是:

类型说明符 数组名[常量表达式 1][常量表达式 2]

其中常量表达式 1 表示第一维下标的长度,常量表达式 2 表示第二维下标的长度。

例如:

int a[3][4];

定义了一个二维数组,数组名为 a,其中共有 3×4＝12 个数组元素,排列如下的 3 行 4 列:

	第 0 列	第 1 列	第 2 列	第 3 列
第 0 行	a[0][0]	a[0][1]	a[0][2]	a[0][3]
第 1 行	a[1][0]	a[1][1]	a[1][2]	a[1][3]
第 2 行	a[2][0]	a[2][1]	a[2][2]	a[2][3]

同一数组中各元素在内存中的存储空间是连续的,各元素存储空间的大小由其数据类型决定,数组名表示数组在内存中的首地址,即 a＝&a[0]。

二维数组在概念上是二维的,即是说其下标在两个方向上变化,下标变量在数组中的位置也处于一个平面之中,而不是像一维数组只是一个向量。但是,实际的硬件存储器却是连续编址的,也就是说存储器单元是按一维线性排列的。通过各元素的地址偏移量可以确定其他元素的地址。如 int a[10];a 表示 a[0] 的地址,a+1 表示 a[1] 的地址,而 a+3 表示 a[3] 的地址等。

a[0]	a[1]	a[2]	a[3]	a[4]	a[5]	a[6]	a[7]	a[8]	a[9]

二维数组中各元素在内存中的存储是按先行后列方式占据连续的存储空间。如下所示。

a[0][0]	a[0][1]	a[0][2]	a[0][3]
a[1][0]	a[1][1]	a[1][2]	a[1][3]
a[2][0]	a[2][1]	a[2][2]	a[2][3]

数组元素 a[0][0] 的地址是数组的首地址,即 a＝&a[0][0];由于第一行又可看成是数组名为 a[0] 的一维数组,而一维数组名表示其存储空间的首地址,所以 a＝a[0]＝&a[0][0]。称 a[0] 为行地址。逻辑上一维数组元素是 a[0],a[1],a[2],每个元素长度为 int 长度 *4。

$$
a \begin{bmatrix} a[0] & \longrightarrow & a[0][0] & a[0][1] & a[0][2] & a[0][3] \\ a[1] & \longrightarrow & a[1][0] & a[1][1] & a[1][2] & a[1][3] \\ a[2] & \longrightarrow & a[2][0] & a[2][1] & a[2][2] & a[2][3] \end{bmatrix}
$$

6.3.2 二维数组的引用

二维数组的元素也称为双下标变量,其表示的形式为:

数组名[下标][下标]

其中下标应为整型常量或整型表达式。

例如:

int a[3][4]

表示 a 数组 3 行 4 列的元素,最大可以访问到 a[2][3]。

下标变量和数组说明在形式中有些相似,但这两者具有完全不同的含义。数组说明的方括号中给出的是某一维的长度,即可取下标的最大值;而数组元素中的下标是该元素在数组中的位置标识。前者只能是常量,后者可以是常量、变量或表达式。

【例 6.2】一个学习小组有 5 个人,每个人有三门课的考试成绩。求全组分科的平均成绩和各科总平均成绩。

	张	王	李	赵	周
Math	80	61	59	85	76
C	75	65	63	87	77
Foxpro	92	71	70	90	85

程序分析:

可设一个二维数组 a[5][3]存放五个人三门课的成绩。再设一个一维数组 v[3]存放所求得各分科平均成绩,设变量 average 为全组各科总平均成绩。

程序清单:

```
#include "stdio.h"
main()
{
int i,j,s=0,average,v[3],a[5][3];
printf("input score\n");
for(i=0;i<3;i++)
{
    for(j=0;j<5;j++)
    {
        scanf("%d",&a[j][i]);
```

```
        s=s+a[j][i];
      }
      v[i]=s/5;
      s=0;
    }
  average =(v[0]+v[1]+v[2])/3;
  printf("math:%d\nc languag:%d\ndbase:%d\n",v[0],v[1],v[2]);
  printf("total:%d\n", average );
  }
```

程序运行结果：

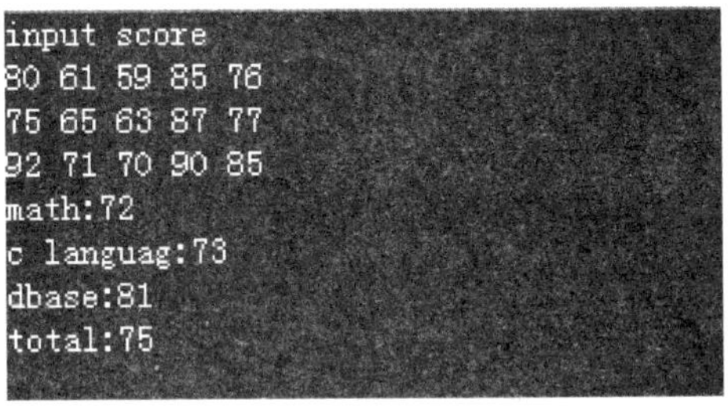

图 6.9　程序运行结果

程序说明：

程序中首先用了一个双重循环。在内循环中依次读入某一门课程的各个学生的成绩，并把这些成绩累加起来，退出内循环后再把该累加成绩除以 5 送入 v[i] 之中，这就是该门课程的平均成绩。外循环共循环三次，分别求出三门课各自的平均成绩并存放在 v 数组之中。

退出外循环之后，把 v[0]，v[1]，v[2] 相加除以 3 即得到各科总平均成绩。最后按题意输出各个成绩。

6.3.3　二维数组的初始化

二维数组初始化也是在类型说明时给各下标变量赋以初值。二维数组可按行分段赋值，也可按行连续赋值。

例如对数组 a[5][3]：

1. 分行赋值可写为：

int a[5][3]={ {80,75,92},{61,65,71},{59,63,70},{85,87,90},{76,77,85} };

2. 按行连续赋值可写为：

int a[5][3]={ 80,75,92,61,65,71,59,63,70,85,87,90,76,77,85};

这两种赋初值的结果是完全相同的。

【例 6.3】为上面例题赋初值，代码如下。

```
# include "stdio. h"
main()
```

```
    {
    int i,j,s=0,average,v[3];
    int a[5][3]={{80,75,92},{61,65,71},{59,63,70},{85,87,90},{76,77,85}};
    for(i=0;i<3;i++)
    {
      for(j=0;j<5;j++)
      {
        s=s+a[j][i];
      }
      v[i]=s/5;
      s=0;
    }
    average =(v[0]+v[1]+v[2])/3;
    printf("math:%d\nc languag:%d\ndbase:%d\n",v[0],v[1],v[2]);
    printf("total:%d\n", average);
    }
```

3. 可以只对部分元素赋初值,未赋初值的元素自动取 0 值。

例如:

int a[3][3]={{1},{2},{3}};

是对每一行的第一列元素赋值,未赋值的元素取 0 值。赋值后各元素的值为:

1 0 0

2 0 0

3 0 0

int a [3][3]={{0,1},{0,0,2},{3}};

赋值后的元素值为:

0 1 0

0 0 2

3 0 0

4. 如对全部元素赋初值,则第一维的长度可以不给出。

例如:

int a[3][3]={1,2,3,4,5,6,7,8,9};

可以写为:

int a[][3]={1,2,3,4,5,6,7,8,9};

系统会根据总个数分配存储空间,一共 9 个数据,每行 3 列,当然可以确定为 3 行。

任务实施

1. 程序清单

```c
#include  <stdio. h>
#define MAX 5

void main()
{
    /* * * * * * * * * * * * 提示并输入矩阵 * * * * * * * * * * * * * */
    int s1,s2,sum;
    int a[MAX][MAX]={0};   /* 对部分元素 a[0][0]赋初值 0,其余值自动为 0 */
    int  i=0,j=0;
    printf("请输入矩阵:");
    for(i=0; i<MAX; i++)
       for(j=0; j<MAX; j++)
            scanf("%d",&a[i][j]);
    printf("\n");



    /* * * * * * * * * * * 打印输出矩阵 * * * * * * * * * * * * * * */
    for (i=0; i<MAX; i++)
    {
       for (j=0; j<MAX; j++)
            printf("%-2d   ",a[i][j]);
       if(j==MAX-1)
            printf("\n");              //当矩阵元素输出够一行时换行
    }
    printf("\n");
    /* 判断是否是魔方矩阵 */
    /* sum 求每行/每列的平均值,也应该是每行和、每列和、对角线和 */
    sum = 0;
    for (i=0; i<MAX; i++)
        for (j=0; j<MAX; j++)
            sum+=a[i][j];          //这个二重循环是求所有元素的和
    sum /= MAX;                    //sum 是求每行/每列的平均值
    /* * * * 求每行和 s1/每列和 s2 与 sum 比较,不同则不是模仿矩阵退出 * * * * */
    for (i=0; i<MAX; i++)
```

```
    {
        s1 = s2 = 0;                  //每次外部循环前置 s1、s2 为 0
        for (j=0; j<MAX; j++)         //判断每一行每一列
        {
            s1 += a[i][j];            //外循环 i 控制行数变化 * * * * *控制变量法
            s2 += a[j][i];            //外循环 i 控制列数变化 * * * * *控制变量法
        }
        if (s1 ! = sum || s2 ! = sum)
        {
            printf("这个矩阵不是魔方矩阵\n");//一旦出现不等的情形,判断否结束
                return;
        }
    }
    / * * * *求对角线和 s1、s2 与 sum 比较,不同则不是模仿矩阵退出 * * * */
    s1 = s2 = 0;                      //这个初始化不用放在循环内
    for (i=0; i<MAX; i++)            //判断每一撇:主对角线
    {
      s1 += a[i][i];
      s2 += a[i][MAX−i−1];           //副对角线元素下标关系:i+j=n−1
    }
    if (s1 ! = sum || s2 ! = sum)
    {
        printf("这个矩阵不是魔方矩阵\n");//一旦出现不等的情形,判断否结束
        return;
    }
    printf("这个矩阵是魔方矩阵.\n");   //如果没有不相等的情况,判断是结束
}
```

2. 程序运行结果

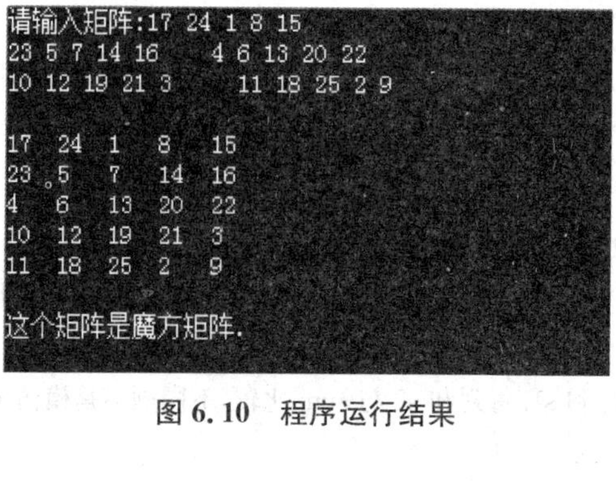

图 6.10　程序运行结果

3. 程序说明

（1）int a[MAX][MAX]＝{0}；该语句对部分元素 a[0][0]赋初值为 0，其余数组元素自动赋值为 0。

（2）sum 是统计所有元素和，除以 max 得到的每行或每列的平均值，当然也可以先计算出某行和、某列和或对角线和，作为 sum 即判断标准。

（3）控制变量法。物理学中对于多因素（多变量）的问题，常常采用控制因素（变量）的方法，把多因素的问题变成多个单因素的问题，而只改变其中的某一个因素，从而研究这个因素对事物影响，分别加以研究，最后再综合解决，这种方法叫控制变量法。它是科学探究中的重要思想方法，广泛地运用在各种科学探索和科学实验研究之中。求每行和时，使用 s1 ＋＝ a[i][j]；因为外循环 i 控制行数变化，在计算某行时，i 不变；换行时，i 变成下一行，这就是运用了控制变量法。同理，求每列和也是使用了 s2 ＋＝ a[j][i]；控制变量法。

任务拓展

编写一个 C 语言程序，将一个二维数组行和列元素互换，存放到另一个二维数组中，即实现矩阵转置。

$$a=\begin{pmatrix} 1 & 2 & 3 \\ 4 & 5 & 6 \end{pmatrix} \qquad b=\begin{pmatrix} 1 & 4 \\ 2 & 5 \\ 3 & 6 \end{pmatrix}$$

任务小结

1. 二维数组必须先定义后引用，它采用先行后列的存储方式，把具有相同数据类型的数据存储在连续的存储空间里，所以可以逻辑上看成一维数组。

2. 计算二维数组的每行和、每列和、对角线和、副对角线和。

任务 4　生 成 报 表

任务目标

● 了解字符串及二维字符数组的存储方式；

● 会将字符串初始化；

● 会输入/输出字符串；

● 了解函数 fflush(stdin)的使用；

● 理解二维数组名与存储地址的关系，知道行数组的概念；

◎ 理解报表的处理方法；

◎ 会将存储在二维数组中的数据以报表形式输出；

◎ 会根据用户要求,按规定格式设计报表；

◎ 能编写程序生成打印报表。

任务描述

编写一个 C 语言程序,生成并打印如下统计报表:

表 6.1 员工销售周统计报表

编号	姓名	星期一	星期二	星期三	星期四	星期五	累计
S001	王芳	15	17	14	20	19	85
S002	李明远	16	16	15	17	18	82
S003	冯志	25	23	24	20	28	110
	合计	56	56	53	57	55	

不要求计算累计和合计的结果,本任务仅学会输入/输出字符串,并打印出报表格式即可。有能力的同学可以拓展完成累计和合计的计算,这是二维数组的计算,不再赘述,仅提供代码。

任务分析

要实现报表输出,必须要解决报表中所涉及的数据类型及其组织形式。报表中合计和累计可用一维数组表示,其下标分别对应日期和员工序号;而员工编号和姓名是字符数组,且是多人,须用二维字符数组,第一下标对应员工序号,第二下标对应姓名中字符串长度,这里员工和姓名分别用两种不同的字符串输入/输出方法实现;而员工销售额是一张典型的二维表格,第一下标对应员工序号,第二下标对应星期;标题为字符串。

所以需要定义三个二维数组和两个一维数组:员工编号 no[3][4],姓名 name[3][20],每人周销售量 sales[3][5],每人累计销售量 weeksum[3],日销售统计 daysum[5];其中 no、name 和 sales 数组中数据由程序运行时用户输入,这是我们任务的重点,weeksum 和 daysum 通过引用 sales 数组元素计算得到,用循环语句实现,这里仅提供思路。

代码改进:3 是员工人数,为了便于测试和维护使用常量 #define SIZE_SALER 3,一星期五天是固定的,所以定义周销售量 sales[SIZE_SALER][5]。

键盘输入:

提示和输入每位员工的数据

员工编号存储在数组 no[SIZE_SALER][5]中

员工姓名存储在数组 name[SIZE_SALER][5]中

员工销售量存储在数组 sales[SIZE_SALER][5]中

屏幕输出：

打印周销售报表

处理要求：

（1）提示和输入员工编号、姓名和日销售量,并存储到相应数组中。

（2）统计日销售量和周销售量。

（3）打印周销售报表。

相关知识

6.4　字符数组

6.4.1　字符数组的简单应用

用来存放字符数据的数组称为字符数组。字符数组中的一个元素存放一个字符。

1. 字符数组的定义

字符数组可作为一般数组使用,也可用于处理字符串。当用于处理字符串时,字符数组中必须有一个元素的值为'\0'。它是字符串的结束标志。

字符数组作为一般数组使用与前面介绍的数组类似。例如:

char c[5];

c[0]='h';c[1]='e';c[2]='l';c[3]='l';c[4]='o';

定义 c 为字符数组,包含 5 个元素。在赋值以后数组的状态:

$$h \quad e \quad l \quad l \quad 0$$

由于字符型和整型通用,也可以定义为 int c[5],但这时每个数组元素占 2 个字节的内存单元。

int c[5];

c[0]='h';/＊合法但浪费存储空间＊/

2. 字符数组的初始化和字符串结束标志

方法一:字符数组每个元素赋值与引用方式与普通字符型变量相同。例如:

c[2]='p';　/＊对字符数组 c 的第 3 个元素赋值为 p ＊/

方法二:字符数组允许在定义时作初始化赋值。例如:

char c[10]={'c', ' ','p','r','o','g','r','a','m'};

赋值后各元素的值为:

c[0]的值为'c'

c[1]的值为' '

c[2]的值为'p'

c[3]的值为'r'

c[4]的值为'o'

c[5]的值为'g'

c[6]的值为'r'

c[7]的值为'a'

c[8]的值为'm'

其中 c[9]未赋值,系统自动赋予 0 值。

当对全体元素赋初值时也可以省去长度说明。例如:

char c[]={'c', ' ', 'p', 'r', 'o', 'g', 'r', 'a', 'm'};

这时 C 数组的长度自动定为 9。

如作为字符串处理时加入结束符'\0'。例如

char c[]={'c', ' ', 'p', 'r', 'o', 'g', 'r', 'a', 'm', '\0'};

方法三:字符数组除了可用一般数组的初始化外,还可使用双引号直接输入字符串:

char c[]="c program";

也可写为:

char c[]={"C program"};

用字符串方式赋值比用字符逐个赋值要多占一个字节,用于存放字符串结束标志'\0'。

上面的数组 C 在内存中的实际存放情况为:C　　p r o g r a m \0

'\0'是由 C 编译系统自动加上的。由于采用了'\0'标志,所以在用字符串赋初值时一般无须指定数组的长度,而由系统自行处理。

这种方式的好处是可以不必用人工计数字符的个数,而且不必输入太多的单引号。注意:普通字符数组初始化方式中每个元素是用单引号界定,即 char c[]={'c', ' ', 'p', 'r', 'o', 'g', 'r', 'a', 'm'};而用字符串常量初始化是用双引号对所以字符界定的。两种方法的结果不同。

用一般初始化方式初始化结果:

　　　　c　p　r　o　g　r　a　m

用字符串常量初始化的结果:

　　　　c　p　r　o　g　r　a　m　　\0

3. 字符数组的引用

字符数组也可以是二维或多维数组。例如:

char c[5][10];

即为二维字符数组。

【例 6.4】

```
main()
{
int i,j;
char a[][5]={{'B','A','S','I','C',},{'d','B','A','S','E'}};
for(i=0;i<=1;i++)
{
for(j=0;j<=4;j++)
printf("%c",a[i][j]);
printf("\n");
}
}
```

本例的二维字符数组由于在初始化时全部元素都赋以初值,因此一维下标的长度可以不加以说明。

6.4.2 字符串的输入/输出

在采用字符串方式后,字符数组的输入/输出将变得简单方便。

除了上述用字符串赋初值的办法外,还可用 printf 函数和 puts 函数一次性输出,使用 scanf 函数输入和 gets 函数一次性输入。一个字符数组中的字符串,而不必使用循环语句逐个地输入/输出每个字符。

1. printf()函数和 scanf()函数

【例 6.5】

```
main()
{
char c[]="BASIC\ndBASE";
printf("%s\n",c);
}
```

注意在本例的 printf()函数中,使用的格式字符串为"%s",表示输出的是一个字符串。而在输出表列中给出数组名则可。不能写为:

```
printf("%s",c[]);
```

若使用格式符"%c",只能逐个输出,可以写为:

```
for(i=0;i<11;i++)
printf("%c",c[i]);
```

【例 6.6】

```
main()
{
```

```
char st[15];
printf("输入字符串:\n");
scanf("%s",st);
printf("%s\n",st);
    }
```

本例中由于定义数组长度为15,因此输入的字符串长度必须小于15,以留出一个字节用于存放字符串结束标志'\0'。应该说明的是,对一个字符数组,如果不作初始化赋值,则必须说明数组长度。还应该特别注意的是,当用scanf()函数输入字符串时,字符串中不能含有空格,否则将以空格作为串的结束符。

例如当输入的字符串中含有空格时,运行情况为:

输入字符串:

this is a book

输出为:

this

从输出结果可以看出空格以后的字符都未能输出。为了避免出现这种情况,可多设几个字符数组分段存放含空格的串。

程序可改写如下:

【例6.7】

```
main()
    {
char st1[6],st2[6],st3[6],st4[6];
printf("输入字符串:\n");
scanf("%s%s%s%s",st1,st2,st3,st4);
printf("%s %s %s %s\n",st1,st2,st3,st4);
    }
```

本程序分别设了四个数组,输入的一行字符的空格分段分别装入四个数组,然后分别输出这四个数组中的字符串。

输入字符串:

this is

a book

输出为:

this is a book

在前面介绍过,scanf()的各输入项必须以地址方式出现,如 $\&a$,$\&b$ 等。但在前例中却是以数组名方式出现的,这是为什么呢?

这是由于在C语言中规定,数组名就代表了该数组的首地址。整个数组是以首地址开头的一块连续的内存单元。

如有字符数组 char c[10],在内存可表示为：

数组c的首地址

| C[0] | C[1] | C[2] | C[3] | C[4] | C[5] | C[6] | C[7] | C[8] | C[9] |

设数组 c 的首地址为 2000,也就是说 c[0]单元地址为 2000。则数组名 c 就代表这个首地址。因此在 c 前面不能再加地址运算符 &。如写作 scanf("%s",&c);则是错误的。在执行函数 printf("%s",c) 时,按数组名 c 找到首地址,然后逐个输出数组中各个字符直到遇到字符串终止标志'\0'为止。

2. 字符串输出函数 puts()

格式：puts (字符数组名)

功能:把字符数组中的字符串输出到显示器,即在屏幕上显示该字符串。

注意:用于输入/输出的字符串函数,在使用前应包含头文件"stdio.h"。

【例6.8】

```
#include"stdio.h"
main()
{
char c[]="BASIC\ndBASE";
puts(c);
}
```

从程序中可以看出 puts() 函数中可以使用转义字符,因此输出结果成为两行。puts()函数完全可以由 printf()函数取代。当需要按一定格式输出时,通常使用 printf()函数。

3. 字符串输入函数 gets()

格式:gets (字符数组名)

功能:从标准输入设备键盘上输入一个字符串。

本函数得到一个函数值,即为该字符数组的首地址。

【例6.9】

```
#include"stdio.h"
main()
{
char st[15];
printf("输入字符串:\n");
gets(st);
puts(st);
}
```

可以看出当输入的字符串中含有空格时,输出仍为全部字符串。说明 gets()函数并不

以空格作为字符串输入结束的标志，而只以回车作为输入结束。这是与 scanf( ) 函数不同的。

6.4.3　fflush(stdin)函数

函数名：fflush

功能：清除文件缓冲区，文件以写方式打开时将缓冲区内容写入文件

原型：int fflush(FILE ＊ stream)

stdin 就是标准输入，std 即 standard(标准)，in 即 input(输入)，合起来就是标准输入。一般就是指键盘输入到缓冲区里的东西。

函数：fflush(stdin)

功能：清空输入缓冲区，通常是为了确保不影响后面的数据读取(例如在读完一个字符串后紧接着又要读取一个字符，此时应该先执行 fflush(stdin);)。

注意：此函数仅适用于部分编译器(如 Visual C++ 6)，但是并非所有编译器都要支持这个功能(如 gcc3.2)。这是一个对 C 标准的扩充。

请实验下面代码的效果：

```c
#include  <stdio.h>
#define SIZE_SALER 2
main()
{   char title[]={"\t\t\t\t 员工销售周统计报表"};
    char no[SIZE_SALER][4];
    char name[SIZE_SALER][20];
    int sales[SIZE_SALER][5];
    int row,col;
    /＊输入员工姓名,销售业绩＊/
    for(row=0;row<SIZE_SALER;row++)
    {
        printf("\n 请输入员工编号,格式为 S000:");
        scanf("%s",no[row]);
        printf("%s",no[row]);
        //fflush(stdin);
        printf("\n 请输入员工姓名:");
        gets(name[row]);
        printf("%s",name[row]);
    }
}
```

程序运行结果：

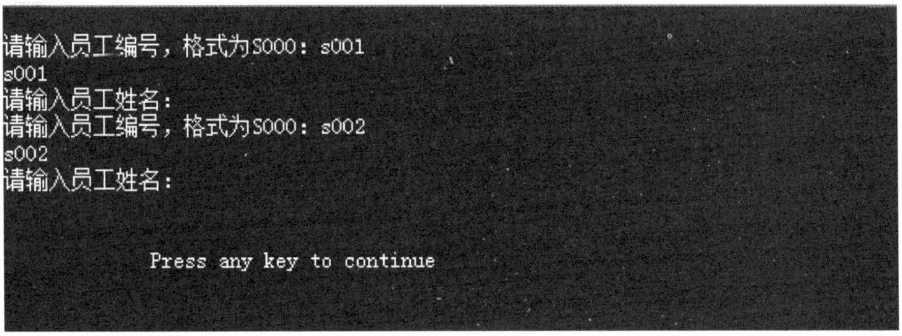

```
请输入员工编号，格式为S000：s001
s001
请输入员工姓名：
请输入员工编号，格式为S000：s002
s002
请输入员工姓名：


        Press any key to continue
```

图 6.11 程序运行结果

因为没有清理缓存，所以姓名接收到的是回车，不能正确打印输出。

6.4.4 打印报表

打印报表是软件设计中非常重要的功能。对于管理类软件、数据统计、数据查询和报表输出等是这类软件的重要组成部分。

1. printf("\t%d",sales[row][col])中的'\t'控制符表示输出一个制表位，如要输出两个制表位只要调用函数 printf("\t\t")即可，而\n 表示输出一个换行。

2. 报表打印通过循环引用数组元素实现，所以知道数组在内存中的存储形式是非常重要的。数组在内存中的存储空间是连续区域，其第一元素(下标为 0 地址是数组在内存中的存储首地址，通常一维数组名就是首地址；二维数组是以先行后列的方式在内存中存储数组元素的，每一行相当于一个一维数组，如 sales[0][0]，sales[0][1]，sales[0][2]，所以程序中 sales[0]，sales[1]，sales[2]是每一行的首地址。

任务实施

1. 程序清单

```
#include  <stdio.h>
#include  <stdlib.h>
#define SIZE_SALER 3
main()
{
    char title[]={"\t\t\t\t员工销售周统计报表"};
    char no[SIZE_SALER][5];
    char name[SIZE_SALER][20];
    int sales[SIZE_SALER][5];
    int row,col;
    /*输入员工姓名，销售业绩*/
```

```
    for(row=0;row<SIZE_SALER;row++)
    {
        printf("\n 请输入员工编号,格式为 S000:");
        scanf("%s",no[row]);
        fflush(stdin);
        /* 若使用 gets(no[row]);读取整行字符串,则不必清除缓存 */
        printf("\n 请输入员工姓名:");
        gets(name[row]);
        fflush(stdin);
        for(col=0;col<5;col++)
        {
            printf("\n 请输入第%d 员工第%d 天的销售量:",row+1,col+1);
            scanf("%d",&sales[row][col]);
            fflush(stdin);
        }
    }
/* * * * * * * * * * * * * *打印销售报表* * * * * * * * * * * * * * * * * * * */
    system("cls");    /* 清除屏幕命令,需要头文件 #include "stdlib. h"  */
    puts(title);
    printf("\n\t\t 编号\t 姓名\t 周一\t 周二\t 周三\t 周四\t 周五\t 累计\n");
    for(row=0;row<SIZE_SALER;row++)
    {
        printf("\t\t%s",no[row]);
        printf("\t%s",name[row]);
        for(col=0;col<5;col++)
        {
            printf("\t%d",sales[row][col]);
        }
        printf("\n");
    }
    printf("\t\t 合计");
}
```

2. 数据录入

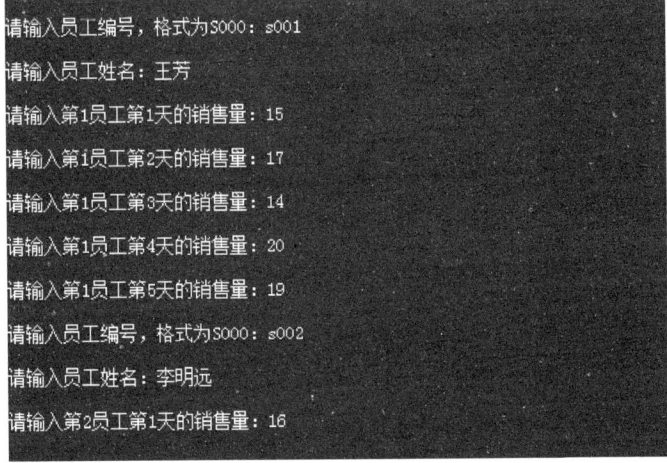

图 6.12　数据录入

3. 程序运行结果

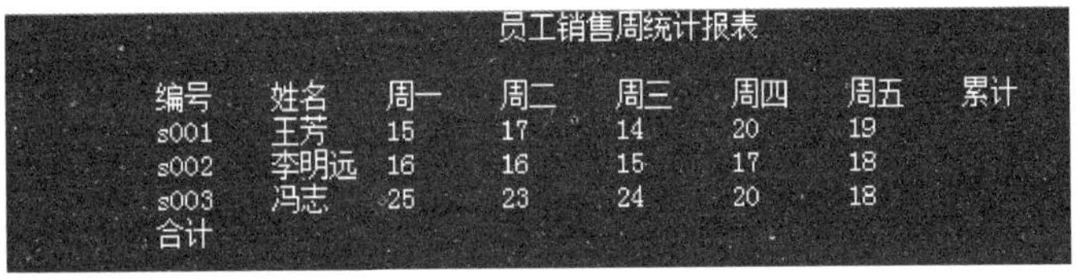

图 6.13　程序运行结果

4. 程序说明

（1）函数 fflush(stdin)清除键盘缓冲区，通常在使用 scanf()函数接收数据后，要用该函数清除键盘缓冲区。

（2）当屏幕内容太多，要使用清除屏幕命令 system("cls");时必须包含头文件 ♯include "stdlib.h"。

任务拓展

1. 函数语句 gets(name[row])的功能是什么？你会改写该语句吗？

2. 如果要输出结果以表格形式输出，如何修改程序？

3. 累计和合计的方法是什么？请编写代码予以实现。

4. 调试程序，理解字符串处理方法。

```c
♯include "stdio.h"
main()
{
    char s1[80],s2[40];
    int i=0,j=0;
```

```
        printf("\n请输入第一个字符串!");
        scanf("%s",s1);
        printf("\n请输入第二个字符串!");
        scanf("%s",s2);
        while(s1[i]! = '\0')
        i++;
        while(s2[j]! = '\0')
        s1[i++]=s2[j++];
        s1[i]= '\0';
        printf("\n连接后的字符串为:%s",s1);
    }
```

5. 编写一个 C 语言程序打印下列报表。

表 6.2 成绩单

学号	姓名	C 语言程序设计	C♯程序设计	ASP. NET 程序设计	总分
07001	李晓	90	76	88	254
07002	张丽	89	87	91	267
07003	刘璐	91	89	81	261
07004	王芳	86	84	82	252

任务小结

1. 普通字符数组和字符串差别在于结束标志'\0',使用字符串处理字符数据非常方便,可以使用 puts()、gets()、printf()、scanf()函数一次性输入/输出,请多加练习。

2. 理解字符数首地址的概念。

任务 5 字符串处理

任务目标

● 了解字符串及二维字符数组的存储方式;

● 会将字符数组输入/输出;

● 会使用字符数组处理字符串问题;

● 学会常用字符串函数 strlen()、strcat()、strcmp()、strcpy()、strlwr()、strupr()等使用方法;

● 理解选择排序方法;

◉ 理解交换排序方法。

任务描述

编写三个 C 语言程序,对字符串分别实现不同处理:

子任务 1:截取字符串

比如这样一首歌:"M:\Mp3\(李圣杰)痴心绝对.wma",怎样把歌名截取出来? 截取后应该为"(李圣杰)痴心绝对"。该程序一定要有通用性,就是说给出任何歌曲的绝对路径都能把歌名截取出来。

子任务 2:任意输入多个国家的名称(比如 5 个),按字母顺序排列输出——选择排序字符串。

子任务 3:任意输入多个学生的姓名(比如 5 个),按字母顺序排列输出——交换排序字符串。

任务分析

1. 截取歌名

编程思路如下:截取歌名需要两个字符串,s 存放歌名的绝对地址"M:\Mp3\(李圣杰)痴心绝对.wma",关键点,C 语言存储\需要使用转义字符\\,所以 s 字符串应存储为"M:\\Mp3\\(李圣杰)痴心绝对.wma";t 存放截取后的歌曲名"(李圣杰)痴心绝对"。

本任务第一个关键点是找到歌曲名的首位置,即第二个\\下一位,用 pos 记录。用循环寻找 pos 的位置。

第二个关键点是复制 s[pos]后面的字符到 t 中,直到. 前结束,所以用 s[i]！＝'.'作为结束条件。s 与 t 的位置对应关系是 pos →0,pos+1 →1,所以用 t[i － pos] = s[i];实现复制。

2. 选择排序国家名

编程思路如下:5 个国家名应由一个二维字符数组来处理。然而 C 语言规定可以把一个二维数组当成多个一维数组处理。因此本题又可以按 5 个一维数组处理,而每一个一维数组就是一个国家名字符串。用字符串比较函数比较各一维数组的大小,并排序,输出结果即可。

本任务使用两个 for 循环,第一个 for 语句中,用 gets() 函数输入 5 个国家名字符串。上面说过 C 语言允许把一个二维数组按多个一维数组处理,本程序说明 cs[5][20] 为二维字符数组,可分为 5 个一维数组 cs[0],cs[1],cs[2],cs[3],cs[4]。因此在 gets() 函数中使用cs[i]是合法的。

在第二个 for 语句中又嵌套了一个 for 语句组成双重循环。这个双重循环完成按字母顺序排序的工作。在外层循环中把字符数组 cs[i]中的国名字符串拷贝到数组 st 中,并把下标 i 赋予 p。进入内层循环后,把 st 与 cs[i]以后的各字符串作比较,若有比 st 小者则把该字符串拷贝到 st 中,并把其下标赋予 p。内循环完成后如 p 不等于 i 说明有比 cs[i]更小的字符串出现,因此交换 cs[i]和 st 的内容。至此已确定了数组 cs 的第 i 号元素的排序值。然后输出该字符串。在外循环全部完成之后即完成全部排序和输出。

3. 交换排序人名

编程思路如下:使用二维字符数组来处理多个字符串,这里定义二位字符数组 name,大小为 5×16,即 5 行 16 列,每行可以容纳 16 个字符。如前所述,可以把 name[0]、name[1]、name[2]、name[3]、name[4]看作为 5 个一维字符数组,它们各有 16 个元素。处理时使用 gets 读入 5 个字符串,使用交换法进行升序排列即可。注意在进行字符串的比较与互换时要使用字符串比较函数和字符串拷贝函数,一维数组 t 的作用是在互换时对字符串进行暂存。因此其大小与二维数组的列数相同。

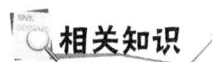 **相关知识**

6.5 字符串函数

C 语言提供了丰富的字符串处理函数,大致可分为字符串的输入、输出、合并、修改、比较、转换、复制、搜索几类。使用这些函数可大大减轻编程的负担。用于输入/输出的字符串函数,在使用前应包含头文件"stdio. h",使用其他字符串函数则应包含头文件"string. h"。下面介绍几个最常用的字符串函数。

1. 字符串连接函数 strcat()

格式:strcat (字符数组名 1,字符数组名 2)

功能:把字符数组 2 中的字符串连接到字符数组 1 中字符串的后面,并删去字符串 1 后的串标志"\0"。

返回值:字符数组 1 的首地址。

【例 6.10】

```
#include"string. h"
main()
{
static char st1[30]="My name is ";
int st2[10];
printf("input your name:\n");
gets(st2);
strcat(st1,st2);
puts(st1);
}
```

本程序把初始化赋值的字符数组与动态赋值的字符串连接起来。要注意的是,字符数组 1 应定义足够的长度,否则不能全部装入被连接的字符串。

2. 字符串拷贝函数 strcpy()

格式:strcpy(字符数组名 1,字符数组名 2)

功能:把字符数组 2 中的字符串拷贝到字符数组 1 中。串结束标志"\0"也一同拷贝。字符数名 2,也可以是一个字符串常量。这时相当于把一个字符串赋予一个字符数组。

【例 6.11】

```
#include"string. h"
main()
{
char st1[15],st2[]="C Language";
strcpy(st1,st2);
puts(st1);printf("\n");
}
```

本函数要求字符数组 1 应有足够的长度,否则不能全部装入所拷贝的字符串。

3. 字符串比较函数 strcmp

格式:strcmp(字符数组名 1,字符数组名 2)

功能:按照 ASCII 码顺序比较两个数组中的字符串,并由函数返回值返回比较结果。

字符串 1=字符串 2,返回值=0;

字符串 2>字符串 2,返回值>0;

字符串 1<字符串 2,返回值<0。

本函数也可用于比较两个字符串常量,或比较数组和字符串常量。

【例 6.12】

```
#include"string. h"
main()
{ int k;
static char st1[15],st2[]="C Language";
printf("input a string:\n");
gets(st1);
k=strcmp(st1,st2);
if(k==0) printf("st1=st2\n");
if(k>0) printf("st1>st2\n");
if(k<0) printf("st1<st2\n");
}
```

本程序中把输入的字符串和数组 st2 中的字符串比较,比较结果返回到 k 中,根据 k 值再输出结果提示串。当输入为 dbase 时,由 ASCII 码可知"dBASE"大于"C Language",故

k>0,输出结果"st1>st2"。

4. 测字符串长度函数 strlen()

格式：strlen(字符数组名)

功能：测字符串的实际长度(不含字符串结束标志'\0')，并作为函数返回值。

【例6.13】

```
#include"string. h"
main( )
{ int k；
static char st[]="C language"；
k=strlen(st)；
printf("The lenth of the string is %d\n",k)；
}
```

任务实施

1. 截取歌名

(1) 程序清单

```
/*注意：在C/C++中，\\表示反斜线，如果转换前的串中是单写的，则需要手工编辑后再截取
截取前：M:\Mp3\(李圣杰)痴心绝对. wma
截取后：(李圣杰)痴心绝对
Press any key to continue*/
#include <stdio. h>
main( )
{   char s[] = "M:\\Mp3\\(李圣杰)痴心绝对. wma"；
    char t[80]；         //字符数组 t 存放截取的歌曲名
    int pos,i；          //pos 是歌曲名的首位置
    printf("截取前：%s\n",s)；
    for(i=0;s[i];++i)
        if(s[i] == '\\')
        pos = i；
    pos++；
    for(i = pos; s[i] ! = '.'; ++i)
        t[i - pos] = s[i]；
    t[i - pos] = '\0'；
    printf("截取后：%s\n",t)；
}
```

（2）程序运行结果

截取前 ： M:\Mp3\〈李圣杰〉痴心绝对.wma
截取后 ： 〈李圣杰〉痴心绝对

图 6.14 程序运行结果

（3）程序说明

注意字符串下标与字符串间的对应关系。

2. 选择排序

（1）程序清单

```c
//C 语言编程:任意输入五个国家的名称按字母顺序排列输出
//选择排序法
#include <stdio. h>
#include <string. h>
#define NAME_SIZE 5
main()
{
  char st[20],cs[NAME_SIZE][20];
  int i,j,p;            //字符数组存放字母排序最大的国家名,p 为该国家在 cs 数组中的下标
  printf("请%d 输入国家名:\n",NAME_SIZE);
  for(i=0;i<NAME_SIZE;i++)
    gets(cs[i]);
  printf("\n");
  for(i=0;i<NAME_SIZE;i++)
  {
    p=i;strcpy(st,cs[i]);       //初始化,假定字母排序最小的国家为第一个国家
    for(j=i+1;j<5;j++)
      if(strcmp(cs[j],st)<0) //比较国家名,遇到字母排序更小的,更新 st 和 p
      {
        p=j;strcpy(st,cs[j]);
      }
    if(p! =i)                  //将排序位置最小的国家名放在恰当的位置 cs[i]中
      {
        strcpy(st,cs[i]);
        strcpy(cs[i],cs[p]);
        strcpy(cs[p],st);
      }
    puts(cs[i]);               //输出排序在前的国家
```

C 语言程序设计

```
    }
    printf("\n");
}
```

（2）程序运行结果

图 6.15　程序运行结果

（3）程序说明

选择排序法的关键点是,先设定第一个国家名——"中国"就是排序最小的国家,然后与后面的比较,只要发现更小的就更新这个最小值,直到最后选出真正的最小值"巴西",然后"中国"与"巴西"进行一次交换。以后以此类推。数据交换过程图如图 6.16 所示:

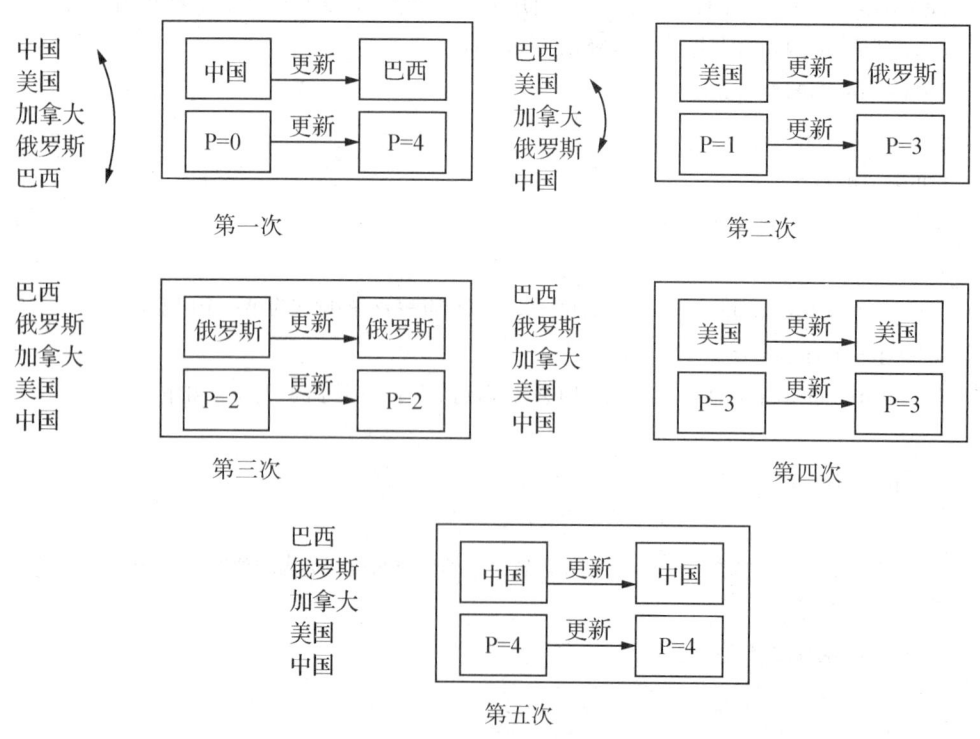

图 6.16　选择排序法数据交换过程图

3. 交换排序

（1）程序清单

```
//C 语言编程:任意输入 5 个人的姓名,按字母顺序升序排列
#include <stdio.h>
#include <string.h>
#define NAME_SIZE 5
main()
{
    char name[NAME_SIZE][16],t[16];
    int i,j;
    printf("请输入%d 个人的姓名:",NAME_SIZE);
    for(i=0;i<NAME_SIZE;i++)                    //输入姓名
        gets(name[i]);
    for(i=0;i<NAME_SIZE-1;i++)                  //冒泡法排序
        for(j=i+1;j<NAME_SIZE;j++)
            if(strcmp(name[i],name[j])>0)       //两个字符串的比较
            {
                strcpy(t,name[j]);
                strcpy(name[j],name[i]);
                strcpy(name[i],t);
            }
    printf("\n 按字母顺序排序");
    for(i=0;i<NAME_SIZE;i++)                     //输出,用"、"隔开名字,最后一个名字在后面没
                                                 有"、"
        if(i! =NAME_SIZE-1)
            printf("%s、",name[i]);
        else
            printf("%s",name[i]);
}
```

（2）程序运行结果

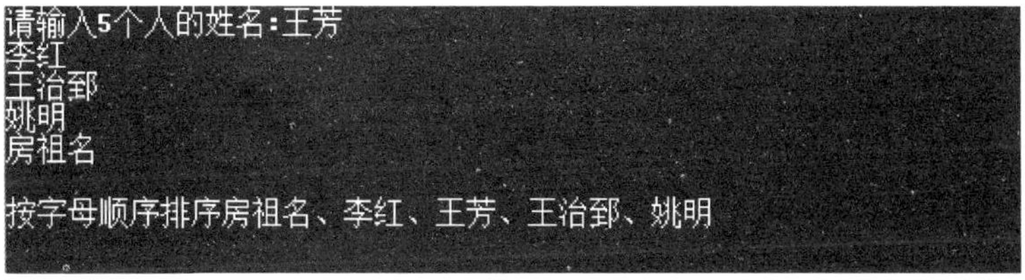

```
请输入5个人的姓名:王芳
李红
王治郅
姚明
房祖名

按字母顺序排序房祖名、李红、王芳、王治郅、姚明
```

图 6.17　程序运行结果

(3)程序说明

因为是 gets()输入姓名,所以必须换行输入才能有效。为实现用"、"隔开姓名,而最后一个名字后面没有"、",使用 if 判断实现。该交换排序法使用 name[0]与 name 中其他元素比较交换,很精巧,与我们前面学习的冒泡排序略有不同,注意理解。试画出程序执行的数据交换过程图。

任务拓展

1. 分析子任务 3 的交换排序法,写出交换排序法思路,画出相应的数据交换过程图。

2. 使用我们学过的冒泡排序法,编写一个 C 语言程序,实现输入若干学生姓名,按升序排序。

3. 输入任意两个字符串(如:"hello world!"和"abcde"),并存储在两个数组中。然后把较短的字符串放在前一个数组,较长的字符串放在后一个数组,并输出。

任务小结

1. 借助字符串下标截取字符串。
2. 字符串函数的使用方法。
3. 使用选择排序、冒泡排序、交换排序实现字符串排序。

任务 6 电子辞典

任务目标

● 熟练掌握字符串及二维字符数组的存储方式;

● 会将字符数组初始化;

● 会使用字符数组处理字符串问题;

● 理解常用字符串函数 gets()、puts()、strcmp()、strcpy()等使用方法;

● 理解查询方法;

● 能编写简单的电子辞典程序;

● 了解字符指针的使用方法;

● 掌握程序规范。

任务描述

编写一个 C 语言程序,实现电子辞典功能:要求用户输入某个缩略词,系统查辞典后能给出该词的完整型式,若辞典查无此词,也给出相应的提示信息。

任务分析

1. 制作电子辞典

本任务要实现电子辞典功能,首先要建立一个简易的辞典。存储辞典使用两个二维字符数组:

a[5][5]——保存辞典中的全部缩写词(假设 5 个要查询的缩略词,均以 a 开头);

b[5][50]——保存辞典中的缩写词对应的完整型式(对应保存 5 个以 a 开头的单词的完整型式)。

2. 实现查询准备工作

要达到查询的效果,应使用一个字符数组来接收要查询的字符串,一个整型变量做标志,检测是否查询到缩略词。

s[5]——输入用户要查询的缩略词,需要使用字符串函数 strupr() 转化成大写字母;

i——控制循环次数;

flag——是否查到的标志(0—未查到,1—查到)。

3. 实现查询方法

首先查询,将 s 串依次与 a 数组中从第 0 行到第 4 行的缩略词比较,如果相等,则设置 flag 标志为 1,并退出循环;如果不相等,继续下一轮循环,直到 i 转到 5 退出。

然后判断,如果 flag 的值为 1,说明中途退出循环,即找到了 a 数组中的缩略词,此时 i 变量即为该缩略词的对应行,可直接输出 b 数组中对应行单词的完整型式;如果 flag 不为 1,说明循环自然结束,即没找到 a 数组中的缩略词,故输出"没找到"的提示。

相关知识

6.6　查询

6.6.1　数据查询

数据查询是数据处理中常用的方法,定位和查询数组的某些数据项,以显示或更新内容。数组查找是定位存储于数组特定数据的过程。

数据查找有直接引用和顺序搜索两种方式:通过下标直接定位数据为直接引用;而顺序搜索至少有两个并行数组(如:一个用于存储记录关键字建立一一对应关系的引用;另一个用于存储对应数据,通过诸如项目编号、人员编号等关键字建立一一对应关系的两个数组),顺序搜索将输入的关键字与关键字数组中的各个元素进行比较,直至找到匹配元素或者遇到数组结束标记为止。找到匹配元素时,程序使用关键字数组的下标访问存储于数据数组的对应元素。

【例6.14】

```
#include  <stdio.h>
main()
{
    int num;
    float amount,sales[5]={85.95,134.72,57.10,250.00,76.43};
    /*输入查找序号 0—4*/
    printf("\n请输入销售人员编号(0—4),-1表示退出:");
    scanf("%d",&num);
    /*当输入编号不是-1,输入该编号员工销售业绩并累加销售额*/
    while(num! =-1)
    {
        if(num>4||num<0)
        {
            printf("\n错误,没有该员工! 系统退出");
            break;
        }
        printf("\n请输入第%d员工的销售业绩:",num);
        scanf("%f",&amount);
        sales[num]=sales[num]+amount;
        printf("\n第%d号员工的现在销售业绩为%.2f",num,sales[num]);
        printf("\n请输入销售人员编号(0—4),-1退出:");
        scanf("%d",&num);
    }
}
```

程序运行结果:

```
请输入销售人员编号（0-4），-1表示退出：1

请输入第1员工的销售业绩：20

第1号员工的现在销售业绩为154.72
请输入销售人员编号（0-4），-1退出：1

请输入第1员工的销售业绩：1

第1号员工的现在销售业绩为155.72
请输入销售人员编号（0-4），-1退出：4

请输入第4员工的销售业绩：2

第4号员工的现在销售业绩为78.43
请输入销售人员编号（0-4），-1退出：
```

图 6.18 程序运行结果

【例 6.15】

```
#include  <stdio.h>
main()
{
    int salesnum,j=0,match=-1;
    int ikey[5]={100,200,300,400,500};  /*定义员工员号数组*/
    float amount,sales[5]={85.95,134.72,57.10,250.00,76.43};/*定义员工销售业绩数组*/
    /*输入查找员工号(100-500):*/
    printf("\n请输入查找员工号(100-500):");
    scanf("%d",&salesnum);  /*输入员工号*/
    while(j<5&&match==-1)              /*从ikey数组下标0开始搜索待查询的员工号*/
    {
        if(salesnum==ikey[j])         /*如果找到匹配,将下标记录在match变量中*/
        {
            match=j;
        }
        j++;
    }
    if(match==-1)                     /*如果标记match=-1,则没找到对应员工*/
    {
        printf("\n员工没找到!");
    }
    else
    {
        printf("\n请输入销售业绩:");
        scanf("%f",&amount);          /*输入员销售业绩*/
        sales[match]=sales[match]+amount;  /*累加销售总额*/
        printf("\n编号为%d的员工的销售业绩累计为%.2f:",ikey[match],sales[match]);
    }
}
```

程序运行结果:

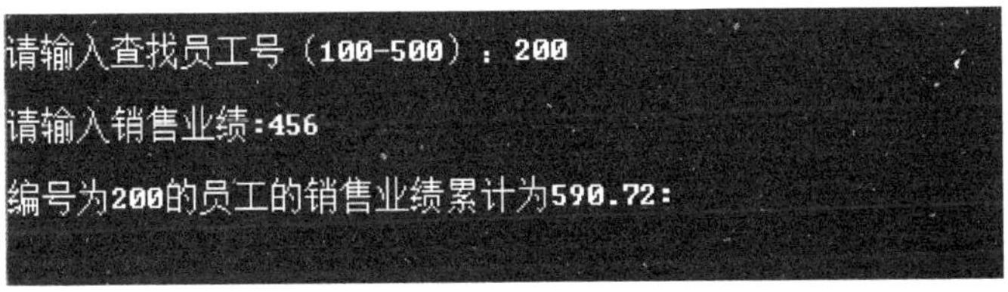

```
请输入查找员工号（100-500）：200
请输入销售业绩:456
编号为200的员工的销售业绩累计为590.72:
```

图 6.19　程序运行结果

6.6.2 代码书写规范

1. 程序风格

（1）严格采用阶梯层次组织程序代码：各层次缩进的风格采用 VC 的缺省风格，即每层次缩进为 4 格，括号位于下一行。要求相匹配的大括号在同一列，后续行则要求再缩进 4 格。

（2）提示信息字符串的位置

在程序中需要给出的提示字符串，为了支持多种语言的开发，除了一些给调试用的临时信息外，其他所有的提示信息必须定义在资源中。

（3）对变量的定义，尽量位于函数的开始位置。

2. 命名规则

（1）变量名的命名规则

变量名的命名规则要求用"匈牙利法则"。即开头字母用变量的类型，其余部分用变量的英文意思或其英文意思的缩写，尽量避免用中文的拼音，要求单词的第一个字母应大写。

即：变量名＝变量类型＋变量的英文意思（或缩写）。对非通用的变量，在定义时加入注释说明，变量定义尽量可能放在函数的开始处。例如：

bool(BOOL) 用 b 开头 bIsParent

byte(BYTE) 用 by 开头 byFlag

short(int) 用 n 开头 nStepCount

long(LONG) 用 l 开头 lSum

char(CHAR) 用 c 开头 cCount

float(FLOAT) 用 f 开头 fAvg

double(DOUBLE) 用 d 开头 dDeta

void(VOID) 用 v 开头 vVariant

unsigned int(WORD) 用 w 开头 wCount

unsigned long(DWORD) 用 dw 开头 dwBroad

HANDLE(HINSTANCE) 用 h 开头 hHandle

DWORD 用 dw 开头 dwWord

LPCSTR(LPCTSTR) 用 str 开头 strString

用 0 结尾的字符串 用 sz 开头 szFileName

（2）常量命名

对常量（包括错误的编码）命名，要求常量名用大写，常量名用英文表达其意思。例如：

＃define CM_FILE_NOT_FOUND CMMAKEHR(0X20B)　　其中 CM 表示类别

＃define SIZE_DICT 5　 意思是个数_缩略词

＃define MAX_LENGTH_INPUT 256　 意思是最大_长度_输入字符串

const 是一个 C 语言的关键字,它限定一个变量不允许被改变。使用 const 在一定程度上可以提高程序的安全性和可靠性。对 const 的变量要求在变量的命名规则前加入 c_,即: c_＋变量命名规则;例如:const char ＊ c_szFileName;

3. 注释规范

(1) 变量的注释

对于变量的注释紧跟在变量的后面说明变量的作用。原则上对于每个变量都应加以注释,但对于意义非常明显的变量,如:i,j 等循环变量可以不注释。例如:

long lLineCount //线的根数。

(2) 文件的注释

文件应该在文件开头加入以下注释:

///

// 工程:文件所在的项目名

// 作者:＊＊,修改者:＊＊

// 描述:说明文件的功能

// 主要函数:…………

// 版本:说明文件的版本,完成日期

// 修改:说明对文件的修改内容、修改原因以及修改日期

// 参考文献:……

///

为了头文件被重复包含,要求对头文件进行定义如下:

＃ifndef __FILENAME_H__

＃define __FILENAME_H__

其中 FILENAME 为头文件的名字。

(3) 其他注释

在函数内我们不需要注释每一行语句,但必须在各功能模块的每一主要部分之前添加块注释,注释每一组语句,在循环、流程的各分支等,尽可能多加以注释。其中的循环、条件、选择等位置必须注释。对于前后顺序不能颠倒的情况,建议在注释中增加序号。例如:在其他顺序执行的程序中,每隔 3—5 行语句,必须加一个注释,注明这一段语句所组成的小模块的作用。对于自己的一些比较独特的思想要求在注释中标明。

任务实施

1. 程序引入

(1) 实现程序 1

```
/＊ 电子辞典 ＊/
```

```
#include "stdio. h"
#include "string. h"
void main()
{
    char a[5][5]={"AGP","ALU","AM","API","ASF"},
         b[5][50]={"accelerated graphics port",
                   "arithmetic and logical unit",
                   "amplitude modulation",
                   "application program interface",
                   "advanced stream format"};
    char s[5];
    int i,flag=0;
    printf("\n输入要查找的字符串:");
    gets(s);
    strcpy(s,strupr(s));
    for(i=0;i<=4;i++)
      if(strcmp(s,a[i])==0)
      {
          flag=1;
          break;
      }
      if(flag==1)
      {
          puts("意思是");
          puts(b[i]);
      }
      else
      puts("没找到!");
}
```

（2）程序运行结果

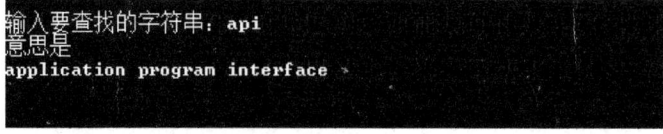

图 6.20　程序运行结果

（3）程序说明

①程序中定义和使用了两个二维字符数组 a 和 b,a 数组用来存储缩略词,b 数组存储完

整词组。

②对于二维数组,实质是描述一张二维表格,每一行又是一维数组,所以 a[0],a[1]等分别可视为一维数组名,是字符串的首地址。语句"puts(b[i]);"将第 i 行输出。

③程序中调用了 strcpy()、strupr()、strcmp()等字符串处理函数。

2. 程序改进

在程序 1 基础上,考虑屏幕显示格式的改进和给用户再次尝试查词的机会,程序可以加入 system("cls")函数和循环语句。

(1) 实现程序 2

```
/* 电子辞典 */
# include "stdio. h"
# include "string. h"
# include "conio. h"
# include   "stdlib. h"
void main()
{
  char a[5][5]={"AGP","ALU","AM","API","ASF"},
      b[5][50]={"accelerated graphics port",
                "arithmetic and logical unit",
                "amplitude modulation",
                "application program interface",
                "advanced stream format"};
  char s[5],try='y';
  int i,flag;
  while(try! ='n'&& try ! ='N'){
  flag=0;
  printf("\n请输入要查找的字符串:");
  gets(s);
  strcpy(s,strupr(s));        /*将字符串转化成大写字符存储在 s 字符数组中 */
  for(i=0;i<=4;i++)
    if(strcmp(s,a[i])==0) /*如果字符数组 s 与 a[i]中存储的字符串相等 */
    {
    flag=1;
    break;
    }
    if(flag==1)
    {
```

```
        puts("该词意思是:");
        puts(b[i]);
    }
    else
    puts("没找到!");
    puts("再次查找(y/n)?");
    try=getch();
    system("cls");
    }
}
```

（2）程序运行结果

图 6.21　程序运行结果

当用户输入 Y 或 y,可以继续查找下一个词：

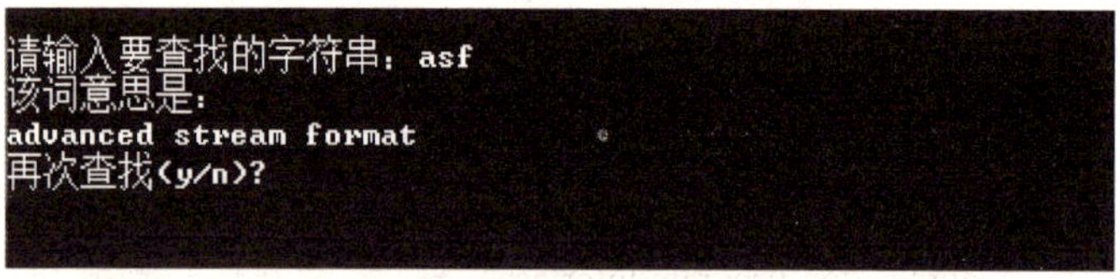

图 6.22　程序运行结果

直到用户输入 N 或 n,程序才结束。

（3）程序说明

①程序使用户每一次查询缩略词的过程都控制在屏幕上 5 行内显示,结果简单清晰,并通过循环语句给用户提供多次查询机会。

②函数 getch()

功能:从控制台读取一个字符

原型:int getch(void)

返回值:读取的字符

注意:包含在头文件 conio. h 中

例如: #include "conio. h"

　　　char ch;或 int ch;

　　　getch();或 ch=getch();

3. 程序规范

（1）实现程序 3

```
#include "stdio. h"
#include "string. h"
#include "conio. h"
#include "stdlib. h"
#define SIZE_DICT 5
#define MAX_LENGTH_INPUT 256
void main()
{
    const char * a[SIZE_DICT] = {"AGP","ALU","AM","API","ASF"};
    const char * b[SIZE_DICT] =      {
        "accelerated graphics port",
        "arithmetic and logical unit",
        "amplitude modulation",
        "application program interface",
        "advanced stream format"
    };
    char s[MAX_LENGTH_INPUT],try='y';
    int i,flag;
    int length = 0;
    while(try! ='n' && try ! ='N'){
    flag=0;
    printf("\n 请输入要查找的字符串:");
    // gets(s);
    fgets(s, MAX_LENGTH_INPUT, stdin);
    length = strlen(s);
    strncpy(s,strupr(s),MAX_LENGTH_INPUT);   /* 将字符串转化成大写字符存储在 s 字符
                                                 数组中 */

    s[length-1] = '\0';                      /* 因为数组下标从 0 开始计数,所以最后一
                                                 个元素下标是 length-1 */

    for(i=0;i<SIZE_DICT;i++)
       if(strcmp(s,a[i])==0)                 /* 如果字符数组 s 与 a[i]中存储的字符串
                                                 相等 */

       {
          flag=1;
          break;
       }
       if(flag==1)
```

```
        {
            puts("该词意思是:");
            puts(b[i]);
        }
        else
        puts("没找到!");
        puts("再次查找(y/n)?");
        try=getch();
        system("cls");
    }
}
```

（2）程序说明

在尽量少改动程序 2 的情况下，做了以下改进：

①define SIZE_DICT and MAX_LENGTH_INPUT，提高维护性。

SIZE_DICT 为 5 表示缩略词、完整型式的个数，MAX_LENGTH_INPUT 为缩略词完整型式的个数。如果有增减会更方便。

②MAX_LENGTH_INPUT 从 50 提高到 256。

const char * b[SIZE_DICT] = 这是从二维字符数组改成了字符指针的一维数组。通常的实现方法，常数字符串都在数据段，适合用在不需要修改这些字符串的情况。如果你还不想接触指针的话，可以用你以前数组的写法，这将在后面的章节再作讲解。

const char   b[SIZE_DICT][MAX_LENGTH_INPUT] =

使用数组的写法，问题在：

1) 不同字符串长度不同，都制定相同的长度，必然设置最大值，浪费存储空间。

2) 如果你要改变数值，如果设置小了，你还需要手动改最大字符串长度。

这里只为开阔读者的编程思路，提高编程技巧。如果不能理解，就按照数组的方式完成。

③gets()改为 fgets()，提高安全性

在编程中发现 gets 和 fgets()一些区别总结一下：

1) fgets()比 gets()安全，使用 gets()编译时会警告。

fgets()函数

功能：从文件流、文件中读取一字符串。

原型：char * fgets(char * string, int n, FILE * stream);

fgets()函数的调用形式:fgets(s,n,stdin);

此处，stdin 是标准输入即键盘输入到缓冲区里的东西；s 是存放在字符串的首地址；n 是一个 int 类型变量。函数的功能是从 stdin 键盘输入缓冲区中读入 n−1 个字符放入 s 为

起始地址的空间内;如果在未读满 n-1 个字符之时,已读到一个换行符,则结束本次读操作,读入的字符串中最后包含读到的换行符。因此,确切地说,调用 fgets 函数时,最多只能读入 n-1 个字符。读入结束后,系统将自动在最后加'\0',并以 s 作为函数值返回。gets() 将删除新行符,fgets()则保留新行符。要去掉 fgets()最后带的"\0",只要用 s[strlen(s)-1]='\0';即可。fgets 不会像 gets 那样自动地去掉结尾的\n,所以程序中手动将\n 位置处的值变为\0,代表输入的结束。

结论:为了安全,gets()少用,因为其没有指定输入字符的大小,限制输入缓冲区的大小。如果输入的字符大于定义的数组长度,会发生内存越界,堆栈溢出,后果非常可怕。fgets()会指定大小,如果超出数组大小,会自动根据定义数组的长度截断。

2) 用 strlen 检测两者的输入的字符串长度,结果不一样。

```c
#include "stdio. h"
#include "string. h"
#define SIZE_DICT 5
#define MAX_LENGTH_INPUT 256
void main( )
{
    char s[MAX_LENGTH_INPUT];
    int length = 0;
    printf("\n 请输入要查找的字符串:");
    fgets(s, MAX_LENGTH_INPUT, stdin);
    length = strlen(s);
    printf("用 fgets 读取%s,长度是%d",s,length);
    printf("\n 请输入要查找的字符串:");
    gets(s);
    length = strlen(s);
    printf("用 gets 读取%s,长度是%d",s,length);
}
```

程序运行结果:

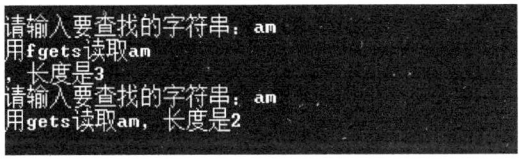

图 6.23 程序运行结果

可以看到,语句 printf("用 gets/fgets 读取%s,长度是%d",s,length)同样是输入 am,gets()没有换行;fgets()有一次换行,是其本身把回车换行符存入了字符串里。所以,gets()

的长度只有 2 和输入的字符串长度一样,fgets 是 3,多出来的是回车换行符。

④strcpy()改为 strncpy()提高安全性

strcpy()改为 strncpy(),区别是 strncpy()可以指定 copy 字符的个数,如果因为某种原因,源字符串没有正确的以'\0'结尾,不会一直不停地 copy 下去。

strncpy(s,strupr(s),MAX_LENGTH_INPUT);

s[length] = '\0';　　或者　　s[length−1] = \0;

puts(s);

注意:使用 length 还是 length−1 取决于输入字符串的形式,用 gets()获取字符串使用 length,用 fgets()获取字符串使用 length−1。

⑤加上更多的大括号提高可读性

⑥更好的写法可能是定义结构体 struct

struct item{

char [MAX_LENGTH_INPUT] a;

char [MAX_LENGTH_INPUT] b;

};

然后 item[size_dict]={ ... }

把相关的东西放一起,这将在后面的章节再作讲解。

现在的写法有可能造成 a 和 b 的个数不一样,手动维护的时候,造成最后程序运行出现奇怪的问题。

任务拓展

1. 调试 6.6.1 中的两个程序,并写出程序的伪代码。

2. 编写一个 C 语言程序,输入若干个字符串,求出每个字符串的长度,并打印最长一个字符串内容。以"stop"作为输入的最后一个字符串。

3. 调试任务 6,制作自己的电子辞典。

任务小结

1. 数据查询有直接引用和顺序搜索两种方式,分别用编程实现。

2. 书写代码应注意规范性、可维护性、安全性。

实训 学生成绩统计

实训目的

◉ 能使用一维数组存储同类型数据；

◉ 能使用循环对一维数组赋值、统计；

◉ 会编程统计一批数据的总数或平均数；

◉ 能按需求生成打印报表；

◉ 理解字符串及二维字符数组的存储方式；

◉ 会将字符数组按格式输入/输出；

◉ 能用选择、排序法冒泡排序法,编写简单程序对批量数据进行排序输出。

实训要求

练习一维数组的存储方法,批量数据统计方法,报表打印方法,达到熟练应用的目的。在熟练应用一维数组的基础上,练习拓展训练,增加字符串和排序的使用技能。

实训内容

从键盘输入一个班(全班最多不超过 30 人)学生某门课的成绩,当输入成绩为负值时,输入结束,分别实现下列功能:

(1) 统计不及格人数并打印不及格学生名单;

(2) 统计成绩在全班平均分及平均分之上的学生人数,并打印这些学生的名单;

(3) 统计各分数段的学生人数及所占的百分比。

数据录入:

```
Please enter num and score until score<0:
1 34 2 98 3 56 4 57 5 -1
```

图 6.24 数据录入

程序运行结果:

```
All:
number--score
1------34
2------98
3------56
4------57
Total students:4
Fail:
number--score
1------34
3------56
4------57
Fail students = 3
aver = 61
Above aver:
number--score
2------98
Above aver students = 1
< 60      3   75.00%
60--69    0   0.00%
70--79    0   0.00%
80--89    0   0.00%
90--99    1   25.00%
   100    0   0.00%
```

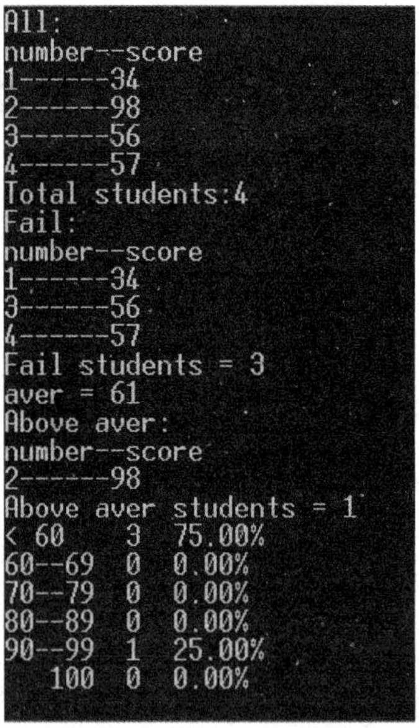

图 6.25   程序运行结果

思考：

在编程实现对数据的统计任务时，需要注意什么问题？

实训过程

1. 分析实训，把实训分解成 6 个子任务，写出主函数伪代码

主函数 main()

变量定义

成绩录入

打印成绩报表并统计人数

打印不及格成绩报表并统计人数

计算平均成绩并打印

打印平均分以上成绩报表并统计人数

统计各分数段百分比并打印报表

结束

2. 分析子任务 1：成绩录入，写出伪代码，调试完成代码

3. 分析子任务 2：打印成绩报表并统计人数，写出伪代码，调试完成代码

4. 分析子任务 3：打印不及格成绩报表并统计人数，写出伪代码，调试完成代码

5. 分析子任务 4：计算平均成绩并打印，写出伪代码，调试完成代码

6. 分析子任务 5：打印平均分以上成绩报表并统计人数，写出伪代码，调试完成代码

7. 分析子任务 6：统计各分数段百分比并打印报表，写出伪代码，调试完成代码

实训总结

对一维数组的数据存储统计分析,是非常基础的技能。请独立完成,并分析出伪代码。

实训拓展

1. 在完成实训的基础上,除了输入/输出学号、成绩,再增加姓名一项。

2. 建立选择菜单。

```
* * * * * * * * * * * * * * * * * * * * * * * * * * * * * * * *
     1——————————————————————————————输入成绩
     2——————————————————————————————成绩统计
     3——————————————————————————————成绩排序
     4——————————————————————————————退出
* * * * * * * * * * * * * * * * * * * * * * * * * * * * * * * *
```

3. 编写代码,实现成绩排序。

知识梳理与总结

1. 一维数组的定义、初始化、引用方法

2. 二维数组的定义、初始化、引用方法

3. 字符串数组的定义、初始化、引用方法

4. 选择排序法

5. 冒泡排序法

习 题

1. 用筛选法求 100 以内的素数。

2. 用选择法对 10 个整数排序。

3. 求 10×10 矩阵对角线元素之和。

4. 打印出以下杨辉三角。

```
1
1 1
1 2 1
1 3 3 1
1 4 6 4 1
1 5 10 10 5 1
   ......
```

5. 找出二维数组中的鞍点，即该位置上的元素在该行上最大，在该列上最小。也可能没有鞍点。

6. 有一篇文章，共有 3 行文字，每行有 80 个字符。要求分别统计出其中英文大写字母、小写字母、数字、空格以及其他字符的个数。

7. 编写程序，将两个字符串连接起来，不要用 strcat 函数。

8. 输入身份证号码，从中截取出生日期和性别，并显示出来。

第 7 章 函 数

 知识导读

  C 语言程序由函数组成,函数是 C 语言程序的基本单位。每个程序中,主函数 main( ) 是必须的,所有程序的执行都是从 main( ) 开始。通常 main( ) 函数由系统调用。main( ) 函数 可以调用用户定义函数,但不能被用户定义函数调用,而其他用户定义的函数可以互相调 用。所有的函数都可以调用库函数。

  用户可把自己的算法编成一个个相对独立的函数模块,然后用调用的方法来使用函数, 这就是用户定义函数。可以说 C 语言程序的全部工作都是由各式各样的函数完成的,所以 也把 C 语言称为函数式语言。由于采用了函数模块式的结构,C 语言易于实现结构化程序 设计,使程序的层次结构清晰,便于程序的编写、阅读、调试。函数也是多人团队合作开发大 型程序的接口,十分实用。

能力目标

- 能按需求声明、定义、调用函数;
- 理解形参、实参及它们的传递方式;
- 能编写程序,实现数据的查询和更新;
- 能编写程序,实现数据的加密和解密。

任务设置

任务 1   给小学生出加法考试题

任务 2   数据查询与更新

任务 3   数据加密与解密

实训   成绩排名

任务 1   给小学生出加法考试题

 **任务目标**

  ◉ 了解函数的特点和分类;

● 会定义函数；

● 会调用函数；

● 会声明函数；

● 理解形参与实参；

● 理解函数参数传递的规则，值传递和地址传递；

● 能把以前的复杂程序改写成函数形式。

任务描述

编写一个C语言程序，给小学生出一道加法运算题，然后判断学生输入的答案对错与否，按下列要求以循序渐进的方式编程。

程序1　通过输入两个加数给学生出一道加法运算题，如果输入答案正确，则显示"Right!"，否则显示"Not correct! Try again!"，程序结束。

程序2　通过输入两个加数给学生出一道加法运算题，如果输入答案正确，则显示"Right!"，否则显示"Not correct! Try again!"，直到做对为止。

程序3　通过输入两个加数给学生出一道加法运算题，如果输入答案正确，则显示"Right!"，否则提示重做，显示"Not correct! Try again!"，最多给三次机会，如果三次仍未做对，则显示"Not correct! You have tried three times! Test over!"，程序结束。

任务分析

程序1：要实现给小学生出加法考试题需分三步：第一步输入两个整数，生成考试题；第二步，计算出正确答案，与小学生输入的答案比较判断其是否正确；第三步，把判断的对错结果，打印在屏幕上。因为仅出一道考试题，所以第一步在main()中输入两个数即可，所以需要两个函数。函数加法判断int AddTest(int a, int b)实现第二步，两个参数a和b是考试题要相加的两个数；返回值为1表示计算结果与屏幕输入相同，即为正确，反之返回值为0表示错误。函数打印结果void Print(int flag)实现第三步，参数flag接收AddTest的返回值，即1正确，显示"Right!"，反之显示"Not correct! Try again!"。

相关知识

7.1　函数概述

7.1.1　函数介绍

C语言程序由函数组成，函数是C语言程序的基本单位。通过对函数模块的调用实现特定的功能。C语言中的函数相当于其他高级语言的子程序。每个程序中，主函数main()是必须的，所以程序的执行都是从main()函数开始。通常main()函数调用其他用户定义函数,但不能被其他用户函数调用,而其他用户函数可以互相调用。所以函数都可以调用库函数,比如 scanf()、printf()等。C 语言提供了极为丰富的库函数(如 Turbo C,MS C 都提供了 300 多个库函数)。这里我们来介绍其他用户函数(也成为用户自定义函数)的定义和调用方法。

用户定义函数:是由用户按需要编写的函数。对于用户自定义函数,不仅要在程序中定义函数本身,而且在主调函数模块中还必须对该被调函数进行函数声明,然后才能使用。否者被调函数必须书写在主调函数前面。用户可把自己的算法编成一个个相对独立的函数模块,然后用调用的方法来使用函数。可以说 C 程序的全部工作都是由各式各样的函数完成的,所以也把 C 语言称为函数式语言。由于采用了函数模块式的结构,C 语言易于实现结构化程序设计。使程序的层次结构清晰,便于程序的编写、阅读、调试。

先举一个简单的函数调用的例子。

【例 7.1】

```c
#include "stdio. h"
main()
{
    printstar();              /* 调用 printstar 函数 */
    print_message();          /* 调用 print_message */
    printstar();              /* 调用 printstar 函数 */
}
printstar()                   /* printstar 函数 */
{
    printf("* * * * * * * * * * * * * * * * * * * * * * * * * * * * *\n");
}
print_message()               /* print_message */
{
    printf("        我是函数,你理解了吗? \n");
}
```

程序运行结果:

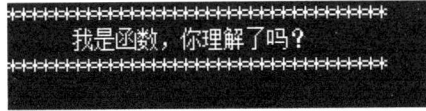

图 7.1 程序运行结果

程序说明:

(1) printstar()和 print_message()都是用户定义的函数名,分别用来输出一排"＊"号和一行信息。

（2）函数调用过程

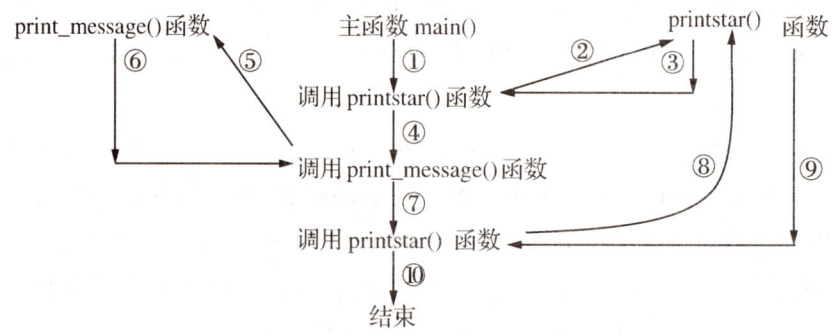

图 7.2　函数调用过程

（3）这样书写代码可以运行，但是有四条警告性错误，这也是初学函数读者很容易犯的错误。警告如下：

```
c:\users\admini~1\appdata\local\temp\temp42\noname0.c(5) : warning C4013: 'printstar' undefined; assuming extern returning int
c:\users\admini~1\appdata\local\temp\temp42\noname0.c(6) : warning C4013: 'print_message' undefined; assuming extern returning int
c:\users\admini~1\appdata\local\temp\temp42\noname0.c(12) : warning C4716: 'printstar' : must return a value
c:\users\admini~1\appdata\local\temp\temp42\noname0.c(16) : warning C4716: 'print_message' : must return a value
```

图 7.3　"警告"

前两条提示 undefined 意思是未声明。解决方法有两种，一是把两个函数写到 main()前面，二是在 main()前声明两个函数，代码如下：

＃include "stdio.h"

printstar()；　　　　　　　　　／＊声明 printstar 函数 ＊／

print_message()；　　　　　　／＊声明 print_message 函数 ＊／

main()

相比之下，第二种方法更具有可读性。

后两条提示 must return a value 意思是必须返回一个值。原因是默认需要返回一个整型数据，即使函数等价于 int printstar()；这样声明。解决方法有两种，一是声明函数 void printstar()；　当然定义函数的时候也需要写上空类型 void，表示不返回任何值。二是在函数体结束符号｝前写一条返回语句 return 1;，表示返回整数 1。

函数说明：

（1）一个源程序由一个或多个函数组成，至少有一个函数 main()。main()函数是主函数，它可以调用其他函数，而不允许被其他函数调用。因此，C 程序的执行总是从 main()函数开始，完成对其他函数的调用后再返回到 main()函数，最后由 main()函数结束整个程序。一个 C 源程序必须有，也只能有一个主函数 main()。

（2）从函数定义的角度看，函数可分为库函数和用户定义函数两种。

①标准函数，即库函数：由 C 系统提供，用户无须定义，也不必在程序中作类型说明，只需在程序前包含有该函数原型的头文件即可在程序中直接调用。在前面各章的例题中反复

用到 printf()、scanf()、getchar()、putchar()、gets()、puts()、strcat() 等函数均属此类。

②用户定义函数:由用户按需要写的函数。对于用户自定义函数,不仅要在程序中定义函数本身,而且在主调函数模块中还必须对该被调函数进行类型说明,然后才能使用。

(3) C 语言的函数兼有其他语言中的函数和过程两种功能,从这个角度看,又可把函数分为有返回值函数和无返回值函数两种。

①有返回值函数:此类函数被调用执行完后将向调用者返回一个执行结果,称为函数返回值。如数学函数即属于此类函数。由用户定义的这种要返回函数值的函数,必须在函数定义和函数说明中明确返回值的类型。默认返回值是整型"int"。

②无返回值函数:此类函数用于完成某项特定的处理任务,执行完成后不向调用者返回函数值。这类函数类似于其它语言的过程。由于函数无须返回值,用户在定义此类函数时可指定它的返回为"空类型",空类型的说明符为"void"。

(4) 从函数形式看,即主调函数和被调函数之间数据传送方式,又可分为无参函数和有参函数两种。

①无参函数:函数定义、函数说明及函数调用中均不带参数。主调函数和被调函数之间不进行参数传送。此类函数通常用来完成一组指定的功能,可以返回或不返回函数值。

②有参函数:也称为带参函数。在函数定义及函数说明时都有参数,称为形式参数(简称为形参)。在函数调用时也必须给出参数,称为实际参数(简称为实参)。进行函数调用时,主调函数将把实参的值传送给形参,供被调函数使用。

(5) 还应该指出的是,在 C 语言中,所有的函数定义,包括主函数 main() 在内,都是平行的。也就是说,在一个函数的函数体内,不能再定义另一个函数,即不能嵌套定义。但是函数之间允许相互调用,也允许嵌套调用。习惯上把调用者称为主调函数。函数还可以自己调用自己,称为递归调用。

7.1.2　函数的定义和返回值

1. 无参函数的定义形式

返回值的数据类型　函数名()

```
{
    变量声明部分;
    语句体;
    return 表达式;
}
```

其中,返回值的数据类型和函数名称为函数头。函数返回值的类型实际上是函数的类型。函数名是由用户定义的标识符,函数名后有一个空括号,其中无参数,但括号不可少。

{}中的内容称为函数体。在函数体中声明部分,是对函数体内部所用到的变量的类型说明。在很多情况下都不要求无参函数有返回值,此时函数类型符可以写为 void。

2. 有参函数定义的一般形式

返回值的数据类型 函数名(数据类型 1 形参 1,数据类型 2 形参 2,…)

{

　　变量声明部分 ;

　　语句体;

　　return 表达式;

}

有参函数比无参函数多了一个内容,即形式参数列表,即数据类型和形参序列,各参数之间用逗号隔开。在进行函数调用时,主调函数将赋予这些形式参数实际的值。形参既然是变量,必须在形参表中给出形参的类型说明。

【例 7.2】

```
/*求圆柱体的表面积和体积*/
#include "stdio.h"
#define PI 3.1415
main()
{
    float   area(float r,float h);
    float   volume(float r,float h);
    float   radius;          /*定义圆柱体的半径*/
    float   high;             /*定义圆柱体的高*/
    printf("请输入圆柱体的半径和高\n");
    scanf("%f%f",&radius,&high);
    printf("圆柱体的表面积是:%f\n",area(radius,high));
    printf("圆柱体的体积是:%f\n",volume(radius,high));
}
float   area(float r,float h)
{
    float s;
    s=2*PI*r*r+2*PI*h;
    return   s;
}
float   volume(float r,float h)
{
    float v;
    v=PI*r*r*h;
    return v;
```

}

程序运行结果：

请输入圆柱体的半径和高
3 13
圆柱体的表面积是：138.226000
圆柱体的体积是：367.555500

图 7.4　程序运行结果

程序说明：

（1）float　area(float r,float h)说明 area() 函数是一个浮点型函数，其返回的函数值是一个浮点型数据。形参为 r,h,均为浮点型量，存放圆柱体的半径和高度。r,h 的具体值是由主调函数在调用时传送过来的。在{}中的函数体内，除形参外还声明了一个变量 s,存放圆柱体表面积。在 area() 函数体中的 return 语句是把 s 的值作为函数的值返回给主调函数。有返回值函数中至少应有一个 return 语句。

注意：函数 area() 中共有三个局部变量 r,h,s,这三个变量仅在 area() 函数中起作用。另外，在 main 前面函数声明语句 float　area(float r,float h);中仅需要声明形参类型，即可以写成 float　area(float,float);而在函数定义 float　area(float r,float h){}中必须写明形参标识符 r,h,因为这里相当于声明了两个局部变量。

（2）float　volume(float r,float h)说明 volume() 函数是一个浮点型函数，其返回的函数值是一个浮点型数据。形参为 r 和 h 存放圆柱体半径和高，在{}中的函数体内，声明部分变量 v 存放圆柱体体积。在 volume() 函数体中的 return 语句是把 v 的值作为函数的值返回给主调函数。

（3）在 C 程序中，一个函数的定义可以放在任意位置，既可放在主函数 main() 之前，也可放在 main() 之后。放在主函数 main() 前最好在主函数前声明函数，否则会有警告错误，但仍能运行。

3. "空函数"的定义形式

返回值的数据类型　函数名(形参表)

{　}

例如：

float　area(float r,float h)

{　}

调用此函数时，什么工作也不做，没有任何实际作用。在主调函数中写上 area(radius,high)表明这里要调用一个函数，而现在这个函数没有起作用，等以后扩充函数功能时补充上，程序可以稳定运行。在程序设计中往往根据需要确定若干模块，分别由一些函数来实现。而在第一阶段只设计最基本的模块，其他一些次要功能或者锦上添花的功能则在以后需要时陆续补上。在编写程序的开始阶段,可以在将来准备补充功能的地方写上一个空函数,函数名取将来采用的实际函数名,只是这些函数未编好,先占一个位置,以后用一个编好的函数取代它。这样做,程序的结构清楚,可读性好,以后扩充新功能方便,对程序结构影响不大。空函数也是多人团队合作开发大型程序的接口,很实用。

4. 函数的返回值

函数的返回值是指函数被调用执行完成之后,将一个执行结果的值返回给主调函数。

return 语句的一般形式:return 表达式;或 return(表达式);。

该语句的功能是计算表达式的值,并返回给主调函数。在函数中允许有多个 return 语句,但每次调用只能有一个 return 语句被执行,因此只能返回一个函数值。

(1) 函数的值只能通过 return 语句返回主调函数。

(2) 函数值的类型和函数定义中函数的类型应保持一致。如果两者不一致,则以函数类型为准,自动进行类型转换。

(3) 默认函数返回类型是整型,如函数值为整型,在函数定义时可以省去类型说明。

(4) 不返回函数值的函数,可以明确定义为"空类型",类型说明符为"void"。一旦函数被定义为空类型后,就不能在主调函数中使用被调函数的函数值了。为了使程序有良好的可读性并减少出错,凡不要求返回值的函数都应定义为空类型。

7.1.3 函数的调用

1. 函数调用的一般形式

函数名(实际参数表)

对无参函数调用时则无实际参数表。实际参数表中的参数可以是常数,变量或其他构造类型数据及表达式。各实参之间用逗号分隔且与形参一一对应,即数据类型和个数要一致。

2. 函数调用的方式

在 C 语言中,可以用函数语句、函数表达式、函数参数几种调用方式。

(1) 函数语句:函数调用的一般形式加上分号即构成函数语句。例如:printf("%d",a);scanf("%d",&b);都是以函数语句的方式调用函数。

(2) 函数表达式:函数作为表达式中的一项出现在表达式中,以函数返回值参与表达式的运算。这种方式要求函数是有返回值的。例如:z= area(radius,high)是一个赋值表达式,把 area()的返回值赋予变量 z。

(3) 函数实参:函数作为另一个函数调用的实际参数出现。这种情况是把该函数的返回值作为实参进行传送,因此要求该函数必须是有返回值的。例如:printf("圆柱体的表面积是:%f\n",area(radius,high));即是把 area()调用的返回值又作为 printf()函数的实参来使用的。

3. 实参向形参传递数据

C 语言规定,实参对形参的数据传递是"值的传递",即单向传递。在函数调用 ,使用变量、常量、表达式、函数或数据元素作为函数实参时，只是将实参变量的值传给形参，形参变量的值可以改变，但是它的变化不会影响实参变量的值。

函数的形参和实参具有以下特点：

（1）形参变量只有在被调用时才分配内存单元，在调用结束时，即刻释放所分配的内存单元。

因此，形参只有在函数内部有效。函数调用结束返回主调函数后则不能再使用该形参变量。

（2）实参可以是变量、常量、表达式、函数或数据元素等，无论实参是何种类型的量，在进行函数调用时，它们都必须具有确定的值，以便把这些值传送给形参。因此应预先用赋值、输入等办法使实参获得确定值。

（3）实参和形参在数量上、类型上、顺序上应严格一致，否则会发生类型"不匹配"的错误。

（4）函数调用中发生的数据传送是单向的。即只能把实参的值传送给形参，而不能把形参的值反向地传送给实参。因此在函数调用过程中，形参的值发生改变，而实参中的值不会变化。

7.1.4　函数的声明

在主调函数中调用某函数之前应对该被调函数进行说明（声明），这与使用变量之前要先进行变量说明是一样的。在主调函数中对被调函数作说明的目的是使编译系统知道被调函数返回值的类型、函数名、函数参数等。

函数声明的一般形式为：返回值的数据类型 被调函数名（类型 形参，类型 形参…）；

或为：

返回值的数据类型 被调函数名（类型，类型…）；

括号内给出了形参的类型和形参名，或只给出形参类型。这便于编译系统进行检错，以防止可能出现的错误。另外，对库函数的调用不需要再作说明，但必须把该函数的头文件用include 命令包含在源文件前部。例如：

```
#include "stdio. h"
printstar( ) ;              /* 声明 printstar 函数 */
print_message( ) ;         /* 声明 print_message 函数 */
```

任务实施

1. 程序清单

程序 1：

通过输入两个加数给学生出一道加法运算题，如果输入答案正确，则显示"Right!"，否则显示"Not correct! Try again!"；

　　/* 函数功能： 计算两整型数之和，如果与用户输入的答案相同，则返回 1，否则返回 0

函数参数：整型变量 a 和 b,分别代表被加数和加数

函数返回值:当 a 加 b 的结果与用户输入的答案相同时,返回 1,否则返回 0

```c
*/
#include "stdio.h"
int   AddTest(int a, int b)
{
    int   answer;
    printf("%d+%d=",a,b);
    scanf("%d",&answer);
    if (a+b == answer)
        return 1;
    else
        return 0;
}
void   Print(int flag)
{
    if (flag)
        printf("Right! \n");
    else
        printf("Not correct! \n");
}
main()
{
    int a, b, answer;
    printf("Input a,b:");
    scanf("%d%*c%d", &a, &b);
    answer = AddTest(a, b);
    Print(answer);
}
```

程序 2:

通过输入两个加数给学生出一道加法运算题,如果输入答案正确,则显示"Right!",否则显示"Not correct! Try again!",直到做对为止。

```c
main()
{
    int a, b, answer;
    printf("Input a,b:");
    scanf("%d%*c%d", &a, &b);
```

```
    do{
        answer = AddTest(a, b);
        Print(answer);
    }while (answer == 0);
}
```

程序 3:

通过输入两个加数给学生出一道加法运算题,如果输入答案正确,则显示"Right!",否则提示重做,显示"Not correct! Try again!",最多给三次机会,如果三次仍未做对,则显示"Not correct. You have tried three times! Test over!"程序结束;加粗字体为控制三次机会的代码,请注意分析。

```
    main()
    {
        int a, b, answer,chance;
        printf("Input a,b:");
        scanf("%d%*c%d", &a, &b);
        chance = 0;
        do{
            answer = AddTest(a, b);
            Print(answer);
            chance++;
        }while (answer == 0 && chance < 3);
    }
```

2. 数据录入

使用语句 scanf("%d%*c%d", &a, &b);接收两个整数时,%*c 表示可以接收空格、回车、逗号、字母等任何一个字符。比 scanf("%d,%d", &a, &b);更灵活。

3. 程序运行结果

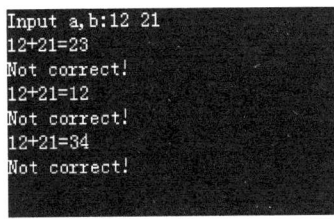

图 7.5　程序运行结果

4. 程序说明

把函数体写在 main()前面对于小程序没什么问题,但对于大型程序就显得很难维护,阅读性极差。更好的程序书写习惯是在 main()前面加上函数声明,把函数体放在 main()后

面,这里阅读性更好。

```c
/* 函数功能:  计算两整型数之和,如果与用户输入的答案相同,则返回1,否则返回0
   函数参数:  整型变量a和b,分别代表被加数和加数
   函数返回值:当a加b的结果与用户输入的答案相同时,返回1,否则返回0
*/
#include "stdio.h"
void   Print(int flag);
int    AddTest(int a, int b);
main()
{
  int a, b, answer,chance;
  printf("Input a,b:");
  scanf("%d% * c%d", &a, &b);
  chance = 0;
  do{
    answer = AddTest(a, b);
    Print(answer);
chance++;
  }while (answer == 0 && chance < 3);
}
int   AddTest(int a, int b)
{
    int   answer;
    printf("%d+%d=",a,b);
    scanf("%d",&answer);
    if (a+b == answer)
        return 1;
    else
        return 0;
    }
    void   Print(int flag)
    {
    if (flag)
        printf("Right! \n");
    else
        printf("Not correct! \n");
}
```

任务拓展

1. 运行下面的程序，说明程序功能。指明哪条语句是函数定义、函数声明，从函数调用的角度来分析整个程序，阐述参数传递和返回值的过程。

```
int max(int a,int b)
{
if(a>b)return a;
else return b;
}
main()
{
int max(int a,int b);
int x,y,z;
printf("input two numbers:\n");
scanf("%d%d",&x,&y);
z=max(x,y);
printf("maxmum=%d",z);
}
```

2. 如果要求将整数之间的四则运算题改为实数之间的四则运算题，那么程序该如何修改呢？请读者修改程序，并上机测试程序运行结果。

3. 编写一个 C 语言程序，用函数 int fun(int n)打印水仙花数（一个三位数，其各位数字的立方和等于该数本身）。

4. 模拟任务 1 编写一个 C 语言简单的口令检查程序，要求包含口令判断、打印信息两个函数。按下述要求编写口令检查程序（假设正确的口令为 8888）。

（1）若输入口令正确，则提示"You are welcom!"，程序结束；

（2）若输入口令不正确，则提示"Wrong password!"，同时检查口令是否已输入三次，若未输入三次，则提示"Enter again:"，且允许用户再次输入口令，相反，若已输入了三次，则提示"You have entered three times! You are not welcom!"，且不允许用户再输入口令，程序结束。

提示：设置一个计数器，每输入一次口令，计数器计数一次，同时，设置标志变量 flag，当输入口令正确或虽然输入不正确但已输入三次时，置标志变量 flag 置为 0，不允许再输入，结束程序，反之，如果标志变量未发生改变（即为 1）时，则请求用户继续输入口令。

任务小结

1. C 语言程序由函数组成，函数是 C 语言程序的基本单位。理解函数的数据类型、形参、实参、返回值的使用方法。

2. 函数声明、调用、定义、返回值的具体方法。

3. C语言规定,实参对形参的数据传递是"值的传递",即单向传递。在函数调用,使用变量、常量、表达式、函数或数据元素作为函数实参时,只是将实参变量的值传给形参,形参变量的值可以改变,但是它的变化不会影响实参变量的值。

任务2 数据查询与更新

任务目标

- 理解报表的维护和更新;
- 理解通过下标关联的数组之间的关系;
- 进一步理解数组处理数据方法;
- 掌握 return 语句的使用;
- 会利用关联数组,在一个数组中查找数据,更新另一个数组的对应数据;
- 能编写程序,根据姓名进行数据更新。

任务描述

某公司员工一天的生产业绩如表 7.1 所示:

表 7.1 生产业绩统计

序号	姓名	销售业绩
0	Marry	15
1	Janson	29
2	Nanci	25
3	Randy	23
4	Cindy	17

现要根据姓名,更新数据表中的数据,如 Marry 的销售量不是 15 而是 150,编写一个 C 语言程序,用户可以输入姓名和销售量直接更新数据表。

任务分析

由于生产业绩表中的数据之间有关联,即姓名和对应雇员业绩通过序号关联,而姓名是 5 组字符串,存储在二位字符数组中,对应雇员的生产业绩存储在一维数值数组中。用户输入姓名后,遍历字符数组中的每一个元素(字符串),找到后便将对应序号保存在变量中,最后通过引用该变量,更新报表。

输入(键盘)：

Employee name(雇员姓名)

Production output(产量)

输出(屏幕)：

打印生产业绩报表

处理要求：

定义姓名和产量数组,并进行初始化

提示和输入雇员姓名和更新产量

查找雇员姓名：

如未找到,打印找不到然后继续执行下一语句

如找到,更新产量数组

更新数据后,打印数组内容

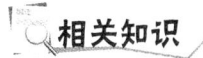相关知识

7.2 函数的使用

7.2.1 函数的嵌套调用

C 语言中不允许作嵌套的函数定义。因此各函数之间是平行的,不存在上一级函数和下一级函数的问题。但是 C 语言允许在一个函数的定义中出现对另一个函数的调用。这样就出现了函数的嵌套调用。即在被调函数中又调用其他函数。这与其他语言的子程序嵌套的情形是类似的。其关系可表示如图 7.6 所示。

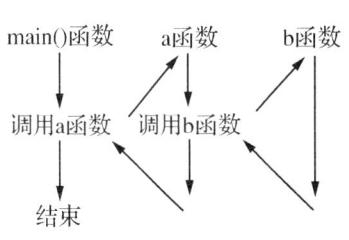

图 7.6 函数的嵌套调用

该图表示了两层嵌套的情形(连 main()函数共 3 层函数)。其执行过程是:执行 main()函数中调用 a 函数的语句时,即转去执行 a 函数,在 a 函数中调用 b 函数时,又转去执行 b 函数,b 函数执行完毕返回 a 函数的断点继续执行,a 函数执行完毕返回 main()函数的断点继续执行。

循环嵌套过程分析：

本任务中共有两层嵌套的情况(连 main()函数共 3 层函数),但运行过程相对更复杂。

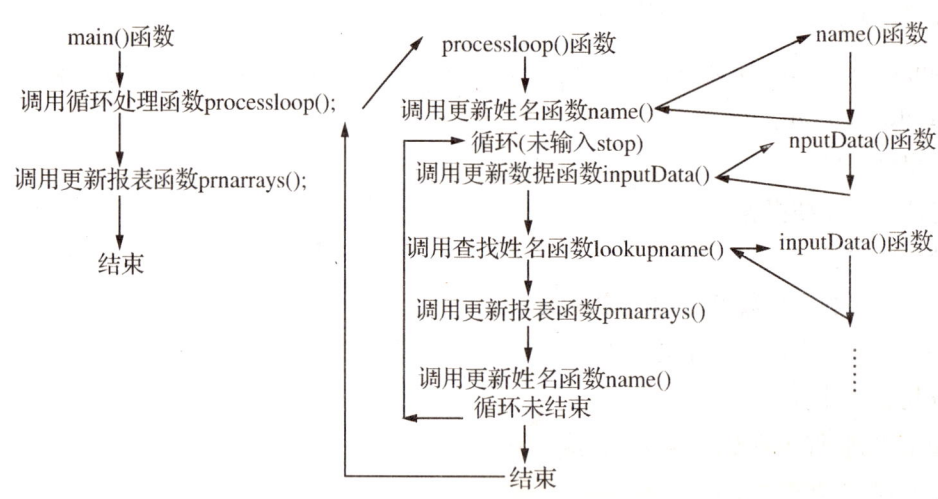

图 7.7 循环嵌套运行过程

7.2.2 函数的递归调用

一个函数在它的函数体内调用它自身称为递归调用。这种函数称为递归函数。C 语言允许函数的递归调用。在递归调用中,主调函数又是被调函数。执行递归函数将反复调用其自身,每调用一次就进入新的一层。递归调用属于嵌套调用的一种特例。例如有函数 f 如下:

```
int f(int x)
{
int y;
z=f(y);
return z;
}
```

这个函数是一个递归函数。但是运行该函数将无休止地调用其自身,这当然是不正确的。为了防止递归调用无终止地进行,必须在函数内有终止递归调用的手段。常用的办法是加条件判断,满足某种条件后就不再作递归调用,然后逐层返回。下面举例说明递归调用的执行过程。

【例 7.3】用递归法计算 n!。

用递归法计算 n!,可用下述公式表示:

n! =1 (n=0,1)

n×(n−1)! (n>1)

程序清单:

```
    long ff(int n)
    {
    long f;
```

```
if(n<0) printf("n<0,input error");
else if(n==0||n==1) f=1;
else f=ff(n-1)*n;
return(f);
}
main()
{
int n;
long y;
printf("\ninput a inteager number:\n");
scanf("%d",&n);
y=ff(n);
printf("%d! =%ld",n,y);
}
```

程序运行结果：

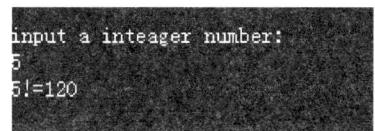

图 7.8　程序运行结果

程序说明：

程序中给出的函数 ff 是一个递归函数。主函数调用 ff 后即进入函数 ff 执行,如果 n<0,n==0 或 n=1 时都将结束函数的执行,否则就递归调用 ff 函数自身。由于每次递归调用的实参为 n-1,即把 n-1 的值赋予形参 n,最后当 n-1 的值为 1 时再作递归调用,形参 n 的值也为 1,将使递归终止。然后可逐层退回。

下面我们再举例说明该过程。设执行本程序时输入为 5,即求 5!。在主函数中的调用语句即为 y=ff(5),进入 ff 函数后,由于 n=5,不等于 0 或 1,故应执行 f=ff(n-1)*n,即 f=ff(5-1)*5。该语句对 ff 作递归调用即 ff(4) 进行四次递归调用后,ff 函数形参取得的值变为 1,故不再继续递归调用而开始逐层返回主调函数。ff(1) 的函数返回值为 1,ff(2) 的返回值为 1*2=2,ff(3) 的返回值为 2*3=6,ff(4) 的返回值为 6*4=24,最后返回值 ff(5) 为 24*5=120。

7.2.3　局部变量和全局变量

在讨论函数的形参变量时曾经提到,形参变量只在被调用期间才分配内存单元,调用结束立即释放。这一点表明形参变量只有在函数内才是有效的,离开该函数就不能再使用了。这种变量有效性的范围称变量的作用域。不仅对于形参变量,C 语言中所有的量都有自己的作用域。变量说明的方式不同,其作用域也不同。C 语言中的变量,按作用域范围可分为两种,即局部变量和全局变量。

1. 局部变量

局部变量也称为内部变量。局部变量是在函数内作定义说明的。其作用域仅限于函数内,离开该函数后再使用这种变量是非法的。

例如:

```
int f1(int a) / * 函数 f1 * /
{
int b,c;                    ⎫
……                         ⎬ a,b,c 有效
}                           ⎭

int f2(int x) / * 函数 f2 * /
{
int y,z;                    ⎫
……                         ⎬ x,y,z 有效
}                           ⎭

main()          / * 主函数 main() * /
{
int m,n;                    ⎫
……                         ⎬ m,n 有效
}                           ⎭
```

说明:

在函数 f1 内定义了三个变量,a 为形参,b,c 为一般变量。在 f1 的范围内 a,b,c 有效,或者说 a,b,c 变量的作用域限于 f1 内。同理,x,y,z 的作用域限于 f2 内。m,n 的作用域限于 main() 函数内。关于局部变量的作用域还要说明以下几点:

(1) 主函数中定义的变量也只能在主函数中使用,不能在其它函数中使用。同时,主函数中也不能使用其它函数中定义的变量。因为主函数也是一个函数,它与其它函数是平行关系。

(2) 形参变量是属于被调函数的局部变量,实参变量是属于主调函数的局部变量。

(3) 允许在不同的函数中使用相同的变量名,它们代表不同的对象,分配不同的单元,互不干扰,也不会发生混淆。如在前例中,形参和实参的变量名都为 n,是完全允许的。

(4) 在一个函数内部,可以在复合语句中也可定义变量,其作用域只在复合语句范围内。这种复合语句也可称为"分程序"或"程序块"。

例如:

```
main()
{
int s,a;
……
    {
        int b;
        s=a+b;
        ……
    }
……
}
```

s,a 作用域

b 作用域,在此范围内有效

【例 7.4】复合语句中局部变量作用域

```
main()
{
int i=2,j=3,k;
k=i+j;
{
int k=8;
printf("%d\n",k);
}
printf("%d\n",k);
}
```

程序运行结果:

图 7.9　程序运行结果

程序说明:

本程序在 main() 中定义了 i,j,k 三个变量,其中 k 未赋初值。而在复合语句内又定义了一个变量 k,并赋初值为 8。应该注意这两个 k 不是同一个变量。在复合语句外由 main() 定义的 k 起作用,而在复合语句内则由在复合语句内定义的 k 起作用。因此程序第 4 行的 k 为 main() 所定义,其值应为 5。第 7 行输出 k 值,该行在复合语句内,由复合语句内定义的 k 起作用,其初值为 8,故输出值为 8,第 9 行输出 i,k 值。i 是在整个程序中有效的,第 7 行对 i 赋值为 3,故输出也为 3。而第 9 行已在复合语句之外,输出的 k 应为 main() 所定义的 k,此 k 值由第 4 行已获得为 5,故输出也为 5。

2. 全局变量

全局变量也称为外部变量,它是在函数外部定义的变量。它不属于哪一个函数,它属于一个源程序文件。其作用域是整个源程序。全局变量可以为本文件中其他函数所共用。它的有效范围为从定义变量的位置开始到本源文件结束。

例如：

```
int a,b;          /*全局变量*/
void f1()         /*函数 f1*/
{
......
}
float x,y;        /*全局变量*/
int fz()          /*函数 fz*/
{
......
}
main()            /*主函数*/
{
......
}
```

全局变量 a,b 有效

全局变量 x,y 有效

从上例可以看出 a、b、x、y 都是在函数外部定义的外部变量,都是全局变量。但 x,y 定义在函数 f1 之后,而在 f1 内又无对 x,y 的说明,所以它们在 f1 内无效。a,b 定义在源程序最前面,因此在 f1,f2 及 main()内不加说明也可使用。

【例 7.5】 输入正方体的长宽高 l,w,h。求体积及三个面 $x*y, x*z, y*z$ 的面积。

```
int s1,s2,s3;
int vs( int a,int b,int c)
{
int v;
v＝a*b*c;
s1＝a*b;
s2＝b*c;
s3＝a*c;
return v;
}
main()
{
int v,l,w,h;
printf("\ninput length,width and height\n");
scanf("%d%d%d",&l,&w,&h);
```

```
v=vs(l,w,h);
printf("\nv=%d,s1=%d,s2=%d,s3=%d\n",v,s1,s2,s3);
}
```

【例 7.6】 外部变量与局部变量同名。

```
int a=3,b=5;  /* a,b 为外部变量 */
max(int a,int b)  /* a,b 为外部变量 */
{int c;
c=a>b? a:b;
return(c);
}
main()
{int a=8;
printf("%d\n",max(a,b));
}
```

如果同一个源文件中,外部变量与局部变量同名,则在局部变量的作用范围内,外部变量被"屏蔽",即它不起作用。

7.2.4　函数 void 类型、变量作用域、参数间"值传递"

1. 函数除了 void 类型之外,均有函数返回值。返回值的数据类型就是函数类型,通过 return 语句可从被调用函数中返回一个值到主调函数中。

2. C 程序中各个函数都是互相独立的。函数内部的变量或语句属于函数本身,其他函数不能使用,即在函数内部说明的数据的类型和变量,只有该函数才能使用。

3. 函数参数间数据传递的方式采用"值传递"方式

高级语言中的变量有三种属性,即变量名称、变量在内存中对应的单元地址、变量值。每个内存单元都有编号,称为内存地址,每个变量与内存单元对应,即与相应的内存地址对应。程序运行中,是取变量的值参与运算。参数值传递如图 7.10 所示:

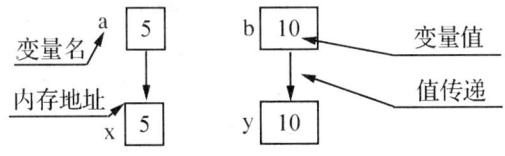

图 7.10　函数参数间数据传递

【例 7.7】 数据交换

```
#include "stdio. h"
main()
{
    void swap(int x,int y);
```

```
        int a,b;
        a=5;b=10;
        printf("\n\tBefore swap a=%d,b=%d\n",a,b);
        swap(a,b);
        printf("\n\tAfter swap a=%d,b=%d\n",a,b);
    }
    void swap(int x,int y)
    {
        int temp;
        temp=x;
        x=y;
        y=temp;
        printf("\n\t 在 swap 程序中 x=%d,y=%d\n",x,y);
    }
```

请思考该实例运行结果是怎样的？为什么？

任务实施

1. 程序清单

```
#include "stdio. h"
#include "conio. h"
#include "stdlib. h"
#include "string. h"
void processloop(void);              /*处理循环*/
void name(void);                      /*输入更新者姓名*/
void inputData(void);                 /*输入更新数据*/
int lookupname(void);                 /*查找雇员姓名*/
void updateprod(int);                 /*更新销售业绩数据*/
void prnarrays(void);                 /*打印更新报表*/
char snamein[21];                     /*输入姓名保存在一维字符数组中*/
int iprodin;                          /*生产业绩变量*/
char sname[5][21]={"Marry","Janson","Nanci","Randy","Cindy"};
                                      /*5个姓名,每个名字存放的字符数组长度为21*/
int iprod[5]={15,16,25,23,17};       /*5元素整型数组*/
void main()
{
    printf("\n         本程序功能是输入公司员工姓名和销售量,然后");
    printf("\n         自动更新数据库库中数据并输出报表!");
```

```
    getch();                  /* 从控制台读取一个字符,需要头文件 conio. h */
    system("cls");            /* 清除屏幕命令,需要头文件 stdlib. h */
    processloop();
    prnarrays();
}
void processloop(void)        /* 处理循环 */
{
    int match;                /* 姓名匹配下标 */
    name();
    while(strcmp(snamein,"stop")! =0)
    {
        inputData();
        match=lookupname();
        updateprod(match);
        prnarrays();
        getch();
        system("cls");
        name();
    }
}
void name(void)               /* 输入更新者姓名 */
{
    printf("\n 请输入雇员姓名(注意字母大小写)或输入 stop 退出:");
    scanf("%s",&snamein);
    fflush(stdin);            /* 清理键盘缓冲区 */
    return;
}
void inputData(void)          /* 输入更新数据 */
{
    printf("\n 将该员工销量更新为:");
    scanf("%d",&iprodin);
    fflush(stdin);            /* 清理键盘缓冲区 */
    return;
}
int lookupname(void)          /* 查找雇员姓名 */
{
    int isub=0;
```

```
        int match=-1;
        while(isub<5 && match==-1)              /*当下标 isub 小于五且 match 等于-1 重复*/
        {
            if(strcmp(snamein,sname[isub])==0)/*如果输入的姓名与数据表中姓名相同*/
            {
                match=isub;                     /*将下标保存在 match 中*/
            }
            isub++;
        }
        return match;
    }
    void updateprod(int match)                  /*更新销售业绩数据*/
    {
        char cwait;
        if(match==-1)
        {
            printf("\n 找不到:%-20s",snamein);
            printf("\n 按任意键继续...\n");
            cwait=getch();
        }
        else
            iprod[match]=iprodin;
        return;
    }
    void prnarrays(void)                        /*打印更新报表*/
    {
        int isub;
        printf("\n 销售报表更新为:");
        printf("\n 序号\t 姓名\t\t 销售业绩");
        printf("\n------------------------------");
        for(isub=0;isub<5;isub++)
        {
            printf("\n%2d %-20s %2d",isub,sname[isub],iprod[isub]);
        }
        return;
    }
```

2. 程序运行结果

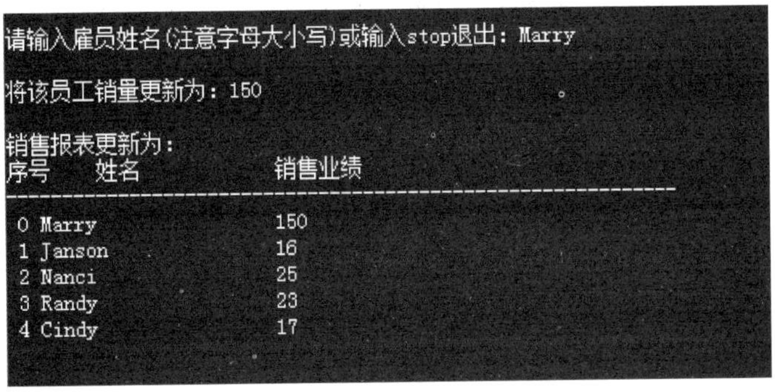

图 7.11 程序运行结果

3. 程序说明

（1）程序中定义了 6 个函数 void processsloop(void)，void name(void)，void inputData (void)，int lookupname(void)，void updateprod(int)，void prnarrays(void)分别用来循环处理数据更新问题、姓名输入处理模块、业绩输入模块、查找姓名模块、业绩更新模块和报表更新打印模块。在主函数中调用 processsloop(void)和 prnarrays(void)两个函数实现项目要求。

（2）程序中将员工姓名、业绩销售定义成全局变量，可以为程序中各函数使用。而在 processsloop(void)中定义了局部变量 int match(在函数内定义，为本函数使用的变量)。

（3）函数 int lookupname(void)是整型返回值的函数，函数内定义了局部变量 int match，记录查找到姓名后对应的行下标，通过语句 return match 将得到的 match 值传递给调用函数，如语句 match＝lookupname()便实现了此功能。

（4）函数 void updateprod(int match)具有形式参数 int match，调用该函数时，必须制定实际参数。如在函数 void processsloop(void)调用 updateprod(match)语句。

（5）表达式 isub++相当于赋值表达式 isub＝isub+1。

任务拓展

1. 修改任务 2，实现增量更新的功能：如将姓名为 Marry 的销量在当前 15 的基础上增加 150。

2. 修改任务 2 中的员工销售业绩报表，编写程序按员工销售业绩排序输出。

任务小结

1. C 语言允许在一个函数的定义中出现对另一个函数的调用，这就是函数的嵌套调用。如果函数定义中调用该函数本身，就是函数的递归调用，递归调用是嵌套调用的一种特例。

2. 局部变量又称内部变量，仅在本函数内部范围内有效。全局变量又称外部变量，可以为所有函数公用,它的有效范围从定义变量的位置开始到整个文件结束均有效。当外部变量与内部变量重名时,屏蔽外部变量,局部变量有效。

3. 函数参数间数据传递的方式采用"值传递"方式,体会值传递的传值过程。

任务3　数据加密与解密

任务目标

● 了解加密、解密方法;

● 会使用数组名作为参数进行函数传递;

● 能设计简单的加密算法,编写程序将数据加密;

● 能设计简单的解密算法,编写程序将数据解密;

● 能用 C 语言编写简单的数据加密、解密程序。

任务描述

编写一个 C 语言程序,将任意一个自然数按如下方法加密并输出:取出每一位数字加 5,得到一个列数,取各数的各位数字,再将首尾两数交换后输出。输入已加密的数值,解密成原来的数据。

任务分析

工作任务中已经明确具体算法。

需要解决如下问题:

1. 对于任何一个自然数,如何得到各个数位上的数字?

2. 各个数位上的数字如何记录?

3. 如何交换首尾两个数字。

4. 单词加密解密怎么拼写?

5. 加密时,如果数据大于 9,怎样处理?

6. 解密怎么实现?

方法:用整型来表示一个自然数;定义一个整型数组来存储各位数字;除 10 取余得到各位数字;加密是 encryption,解密是 decryption;如果某位数加 5 大于 9 了,则对改为数取余;解密是加密的反过程,现将首尾两个数交换,然后每位数字减 5,如果某位数小于 5 则加 5。

相关知识

7.3 数组在函数中的应用

7.3.1 数组元素作为函数参数

数组元素就是数组名"下标变量",它与普通变量并无区别。因此它作为函数实参使用时与普通变量是完全相同的,在发生函数调用时,把它作为实参的数组元素的值传送给形参,实现单向的"值传送"。

【例 7.8】判别一个整数数组中各元素的值,若大于 0 则输出该值,若小于等于 0 则输出 0 值。

程序清单:

```c
#include "stdio. h"
void nzp(int v)
{
  if(v>0)
  printf("%d ",v);
  else
  printf("%d ",0);
}
main()
{
  int a[5],i;
  printf("input 5 numbers\n");
  for(i=0;i<5;i++)
  {
    scanf("%d",&a[i]);
    nzp(a[i]);
  }
}
```

程序运行结果:

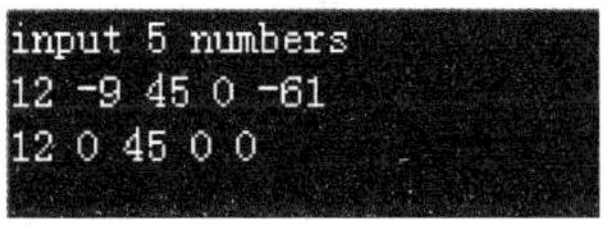

```
input 5 numbers
12 -9 45 0 -61
12 0 45 0 0
```

图 7.12 程序运行结果

程序说明：

本程序中首先定义一个无返回值函数 nzp，并说明其形参 v 为整型变量。在函数体中根据 v 值输出相应的结果。在 main 函数中用一个 for 语句输入数组各元素，每输入一个就以该元素作实参调用一次 nzp 函数，即把 a[i] 的值传送给形参 v，供 nzp 函数使用。

7.3.2　数组名作为函数参数

可以用数组名作为函数参数，此时实参与形参都应该是数组名（或用指针变量，见后续章节）。

【例 7.9】数组 a 中存放了一个学生 5 门课程的成绩，求平均成绩。

程序清单：

```
# include "stdio. h"
float aver(float a[5])
{
    int i;
    float av,s=a[0];
    for(i=1;i<5;i++)
        s=s+a[i];
    av=s/5;
    return av;
}
void main()
{
    float sco[5],av;
    int i;
    printf("\ninput 5 scores:\n");
    for(i=0;i<5;i++)
        scanf("%f",&sco[i]);
    av=aver(sco);
    printf("average score is %5.2f",av);
}
```

程序运行结果：

```
input 5 scores:
100 56 98.5 87 78
average score is 83.90
```

图 7.13　程序运行结果

程序说明：

本程序首先定义了一个实型函数 aver(),有一个形参为实型数组 a,长度为 5。在函数 aver 中,把各元素值相加求出平均值,返回给主函数。主函数 main()中首先完成数组 sco 的输入,然后以 sco 作为实参调用 aver()函数,函数返回值送 av,最后输出 av 值。从运行情况可以看出,程序实现了所要求的功能。

说明:

1. 用数组名作为函数参数,应该在主调函数和被调函数分别定义数组,例中 a 是形参数组名,sco 是实参数组名,分别在所在函数中定义,不能只在一方定义。

2. 用数组名作函数参数时,要求形参和相对应的实参都必须是类型相同的数组(如都是 float 型),二者不一致时,即会发生错误。

3. 在被调用函数中声明了形参数组的大小为 5,但是实际上,指定其大小是不起任何作用的,因为 C 编译对形参数组大小不做检查,只是将实参数组的首地址传给形参数组。因此,a[5]和 sco[5]指的是同一单元。

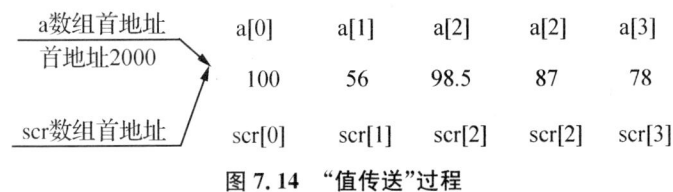

图 7.14 "值传送"过程

4. 形参数组也可以不指定大小,在定义数组时在数组名后面跟一个空的方括号,为了在被调函数中处理数组元素的需要,可以另设一个参数,传递数组元素的个数,把例 7.9 数组定义为 float aver(float a[],int n);,主函数调用为 av=aver(sco,5);。

5. 用数组名作函数参数时,不是把数组的值传递给形参,而是把实参数组的首地址传递给形参,是地址传递。实际上是形参数组和实参数组为同一数组,共同拥有一段内存空间。图 7.14 说明了这种情形。图中设 scr 为实参数组,假设类型为整型。scr 占有以 2000 为首地址的一块内存区。a 为形参数组名。当发生函数调用时,进行地址传送,把实参数组 scr 的首地址传送给形参数组名 a,于是 a 也取得该地址 2000。于是 scr,a 两数组共同占有以 2000 为首地址的一段连续内存单元。从图中还可以看出 scr 和 a 下标相同的元素实际上也占相同的两个内存单元(整型数组每个元素占二字节)。例如 scr[0]和 a[0]都占用 2000 和 2001 单元,当然 scr[0]等于 a[0]。类推则有 scr[i]等于 a[i]。在形参中修改 a 数组,scr 数组的值自然也跟着变化。把例 7.8 改为例 7.10 的形式,可说明这一点。

【例 7.10】题目同例 7.8,改用数组名作函数参数。

程序清单:

```
# include "stdio. h"
void nzp(int a[5])
{
    int i;
```

```
    printf("\n 函数中数组 a 的值是:\n");
    for(i=0;i<5;i++)
    {
      if(a[i]<0) a[i]=0;
      printf("%d ",a[i]);
    }
}
main()
{
    int b[5],i;
    printf("\n 请输入五个成绩:\n");
    for(i=0;i<5;i++)
      scanf("%d",&b[i]);
    printf("传递前数组 b 的值是:\n");
    for(i=0;i<5;i++)
      printf("%d ",b[i]);
    nzp(b);
    printf("\n 传递后数组 b 的值是:\n");
    for(i=0;i<5;i++)
      printf("%d ",b[i]);
}
```

程序运行结果:

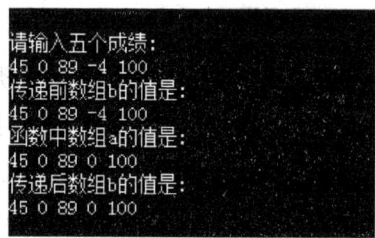

图 7.15　程序运行结果

程序说明:

本程序中函数 nzp 的形参为整数组 a,长度为 5。主函数中实参数组 b 也为整型,长度也为 5。在主函数中首先输入数组 b 的值,然后输出数组 b 的初始值。然后以数组名 b 为实参调用 nzp 函数。在 nzp 中,按要求把负值单元清 0,并输出形参数组 a 的值。返回主函数之后,再次输出数组 b 的值。从运行结果可以看出,数组 b 的初值和终值是不同的,数组 b 的终值和数组 a 是相同的。这说明实参与形参为同一数组,它们的值同时得以改变。

7.3.3　用多维数组名作为函数参数

多维数组也可以作为函数的参数。在函数定义时对形参数组可以指定每一维的长度，也可省去第一维的长度。因此，以下写法都是合法的，而且是等价的。

int MA(int a[3][10])

或

int MA(int a[][10])。

任务实施

1. 程序清单

```c
#include"stdio.h"
#define n 8
void encryption(int key[],int count);          /*加密函数*/
void decryption(int num[],int count);          /*解密函数*/
void output(int out[],int count);              /*输出函数*/
int code_key(int code,int key[]);              /*转换函数*/
void main()
{
    int code,count;  /*code是需要加密的数*/
    int key[n],num[n];
    printf("请输入密码:");
    scanf("%d",&code);
    count=code_key(code,key);    /*将code各位数分别记录在数组key中,调用转换函数*/
    printf("\t======数据加密=======\n");
    encryption(key,count);
    printf("\n请输入加密数据:");
    scanf("%d",&code);
    count=code_key(code,num);
    printf("\t======数据解密=======\n");
    decryption(num,count);
}

void encryption(int key[],int count)
{
    int i,temp;

    for(i=0;i<count;i++)
```

```
    {
        key[i]+=5;
        key[i]=key[i]%10;
    }
    printf("\n");
    temp=key[0];
    key[0]=key[count-1];
    key[count-1]=temp;
    printf("加密数据为:");
    output(key,count);
}


void decryption(int num[],int count)
{
    int temp,i;
    temp=num[0];
    num[0]=num[count-1];
    num[count-1]=temp;
    for(i=0;i<count;i++)
    {
        if (num[i]<=4)
        {
        num[i]=(5+num[i]);
        }
        else
        {
          num[i]=(num[i]-5);
        }
    }
    printf("解密数据为:");
    output(num,count);
}
int code_key(int code,int key[])
{
    int i=0,count=0;
    while(code! =0)          /* 当code不等于0,取值整数code的各数位上数字 */
    {
```

```
            key[i]＝code％10;

            code＝code/10;

            i＋＋;                    /＊i 是数组的下标＊/

            count＋＋;                /＊count 是 code 的位数＊/

        }

        return count;

    }

    void output(int out[],int count)

    {

        int i;

        for(i＝0;i＜count;i＋＋)

        {

            printf("％d",out[i]);

        }

        printf("\n");

    }
```

2. 程序运行结果

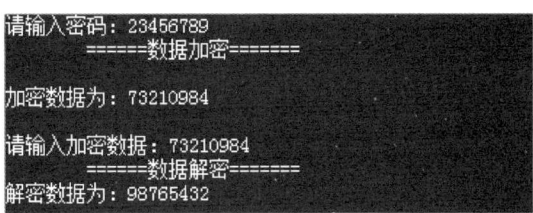

图 7.16　程序运行结果

3. 程序说明

（1）程序中第 2 行♯define n 8 是宏定义,表示定义 n 为 8,程序运行时将程序中所有的 n 都换成 8。和♯include 命令一样,♯include 也是编译预处理命令。

（2）int code 定义了一个整型变量,用来描述任意一个自然数。

（3）程序中定义了两个整型数组,用来存储自然数各个数位上数字。加密是用数组 key[],当某位数据加 5 之后,大于 9 时,key[i]＝key[i]％10 表示将 key[i]除以 10 得到的余数赋给 key[i]。解密是用数组 num[],以 4 为界,小于 4 数据加 5,大于 4 数据减 5。

（4）函数声明语句在第 3、4 行,void encryption(int key[],int count);和 void decryption(int key[],int count);。函数定义在 main()后。函数调用语句为 encryption(key,count);和 decryption(num,count);。这里使用数组名作为参数传递数据。虽然形参和实参标识符相同,但是这里一共有四个数组,四个变量。加密函数中的两个数组首地址相同,解密函数中的两个数组首地址相同。加密函数的两个变量,变量名相同,但是作用域不用,都只在自己的函数里有效,解密函数相同。

(5) 输出加密的密码和解密的译码程序是一样的,所以设计了一个输出函数 void output(int out[],int count);也是使用数组名作为参数传值的。

(6) 转换函数是将屏幕输入要加密的密码和要解密的译码的各位数字记录在一个数组中的转化算法,函数定义为 int code_key(int code,int key[])。

任务拓展

1. 调试实现任务 3,理解其加密与解密的方法。

2. 按照如下方法编写加密函数:输入一个字符串,将其中的所有大写字符加 3,且要求字母首尾相接,即 X+3—>A,Y+3—>B,Z+3—>C,然后再输出转换后的字符串。(提示:用字母的 ASCII 码)编写解密函数,对上面的密码进行解密。

3. 自行设计一个加密算法,并编写一个 C 语言程序,谈谈你的体会。

4. 改写检验并打印魔方矩阵,用函数判断其是否是魔方矩阵。

任务小结

1. 数组可以作为函数的参数使用,进行数据传送。数组用作函数参数有两种形式,一种是把数组元素即数组名[下标变量]作为实参使用;另一种是把数组名作为函数的形参和实参使用。

2. 加密往往是一种运算算法,解密是起反运算算法。

实 训   成 绩 排 名

实训目的

● 会定义函数;

● 会调用函数;

● 会声明函数;

● 理解形参与实参;

● 理解函数参数传递的规则,值传递和地址传递;

● 能灵活统计、排序二维数组数据;

● 能维护和更新报表;

● 能处理数组作为参数传递给被调函数。

实训要求

练习函数编程,练习二维数组的存储方法,批量数据统计方法,报表打印方法,排序方法,查询方法,达到熟练应用的目的。在熟练应用函数、二维数组的基础上,练习拓展训练,增强字符串使用技能。

实训内容

某班期末考试科目为数学(MT)、英语(EN)和物理(PH),有最多不超过 30 人参加考试。考试后要求:

(1) 计算每个学生的总分和平均分;

(2) 按总分成绩由高到低排出成绩的名次;

(3) 打印出名次表,表格内包括学生编号、各科分数、总分和平均分;

(4) 任意输入一个学号,能够查找出该学生在班级中的排名及其考试分数。

程序运行结果:

```
Please enter the total number of the students(n<=30):3
Enter No. and score as: MT  EN  PH
1 34 56 78 2 98 87 76 3 65 74 83
Before sort:
 NO  |   MT      EN      PH      SUM      AVER
-----|------------------------------------------------
1    |   34      56      78      168      56
2    |   98      87      76      261      87
3    |   65      74      83      222      74
After sort:
Before sort:
 NO  |   MT      EN      PH      SUM      AVER
-----|------------------------------------------------
2    |   98      87      76      261      87
3    |   65      74      83      222      74
1    |   34      56      78      168      56
```

图 7.17　程序运行结果

名次查询结果:

```
Please enter the total number of the students(n<=30):3
Enter No. and score as: MT  EN  PH
1 87 96 98 2 34 35 65 3 98 67 57
Before sort:
 NO  |   MT      EN      PH      SUM      AVER
-----|------------------------------------------------
1    |   87      96      98      281      94
2    |   34      35      65      134      45
3    |   98      67      57      222      74
After sort:
Before sort:
 NO  |   MT      EN      PH      SUM      AVER
-----|------------------------------------------------
1    |   87      96      98      281      94
3    |   98      67      57      222      74
2    |   34      35      65      134      45
Please enter searching number:2
position:       NO      MT      EN      PH      SUM      AVER
    3           2       34      35      65      134      45
```

图 7.18　名次查询结果

思考:

如果增加一个要求:要求按照学生的学号由小到大对学号、成绩等信息进行排序,那么程序将如何修改呢?

实训过程

1. 分析实训,把实训分解成 5 个子任务,用 5 个函数来实现,写出主函数伪代码。

函数声明

主函数 main()

变量定义

提示输入参加考试人数

调用函数 1:输入学号和各科成绩函数

调用函数 2:计算总分和平均分函数

调用函数 3:打印输出报表函数,显示排序前报表

调用函数 4:排名次函数

调用函数 3:打印输出报表函数,显示排序后报表

提示输入要查询的学生名次

调用函数 5:名次查询函数

显示查询到的成绩,或者提示未找到

结束

2. 分析函数 1:定义输入学号和各科成绩函数,写出伪代码,调试完成代码。

3. 分析函数 2:定义计算总分和平均分函数,写出伪代码,调试完成代码。

4. 分析函数 3:定义打印输出报表函数,写出伪代码,调试完成代码。

5. 分析函数 4:定义排名次函数,写出伪代码,调试完成代码。

6. 分析函数 5:定义名次查询函数,写出伪代码,调试完成代码。

实训总结

对二维数组的数据存储、统计、排序、查找,使用函数传递数组进行地址传递。请独立完成,并分析出伪代码。

实训拓展

1. 除了学号和成绩,在打印报表中增加显示姓名的功能。

2. 按照学号由小到大排序。

3. 要求程序运行后先打印出一个菜单,提示用户选择:

```
* * * * * * * * * * * * * * * * * * * * * * * * * * * * * * * * *
    1————————————————————————————————成绩录入
    2————————————————————————————————成绩排序
    3————————————————————————————————学号排序
    4————————————————————————————————成绩查找
    5————————————————————————————————退出
* * * * * * * * * * * * * * * * * * * * * * * * * * * * * * * * *
```

在选择某项功能后执行相应的操作,修改程序。

☞**知识梳理与总结**

1. 函数的定义、声明、调用方法

2. 函数参数传递方法

3. 变量作用域

4. 二维数组的参数传递

5. 二维数组的定义、初始化、引用方法

6. 查询方法

习　　题

1. 写两个函数,分别求两个整数的最大公约数和最小公倍数,用主函数调用这两个函数,并输出结果,两个整数由键盘输入。

2. 写一函数,使输入的一个字符串按反序存放,在主函数中输入和输出字符串。

3. 写一函数,输入一个4位数字,要求输出这4个数字字符,但每两个数字间空一格空格。如1990,应输出"１９９０"。

4. 写一函数,输入一行字符,将此字符串中最长的单词输出。

5. 写几个函数:①输入10个职工的姓名和职工号;②按职工号由小到大顺序排序,姓名顺序也随之调整;③要求输入一个职工号,查找出该职工的姓名,从主函数输入要查找的职工号,输出该职工姓名。

6. 将实训任务改写成函数形式。

第8章 指 针

知识导读

　　指针是C语言非常重要的一种数据类型,同时也是C语言的一个重要特色。利用指针变量可以表示各种数据结构,能够很方便地操作数组和字符串。有了指针,C语言能够像汇编语言一样处理内存地址,从而编制出更精炼而高效的程序,这对于设计系统软件是很重要的一环。对于每一个学习和使用C语言进行程序开发的人来说,不掌握指针意味着没有掌握C语言的精华。因此,学习指针是学习C语言中很重要的一环,但是,指针也是C语言中最为难学的一部分。由于指针的概念比较复杂,使用也比较灵活,因此初学者常会出错,所以在学习中除了要正确理解基本概念,还必须要多实践、多上机调试。只有这样才能熟练掌握指针的使用方法。

　　本章主要通过几个具体任务引出了指针的基本概念,包括指针变量的定义、引用,指针与数组的关系(包括指针与一维和二维数组的关系、指针与字符串的关系等),指针与函数的关系等。

能力目标

- 掌握地址、指针与指针变量的概念;
- 理解变量、数组指针的概念;
- 掌握指向变量、一维数组的指针变量的定义与引用方法;
- 了解多级指针的概念;
- 掌握指针变量作为函数参数时的传递内容和过程;
- 熟练掌握指向二维数组指针的指针变量的定义与引用方法;
- 能正确地利用指针变量来引用所指向的二维数组;
- 了解指针数组的概念;
- 能理解指针数组的操作方法;
- 能正确地利用指针变量来引用所指向的字符数组和字符串;
- 能正确应用指针编写相应程序来解决实际问题。

任务设置

　　任务1　N个整数,将它们按照输入时的顺序逆序排列后输出

任务 1   N 个整数,将它们按照输入时的顺序逆序排列后输出

任务目标

◉ 掌握地址、指针与指针变量的概念;

◉ 理解变量、数组指针的概念;

◉ 掌握指向变量、一维数组的指针变量的定义与引用方法;

◉ 了解多级指针的概念;

◉ 掌握指针变量作为函数参数时的传递内容和过程。

任务描述

首先从键盘输入 N 个数据,输入数据之后,直接在屏幕上显示出逆序之后的数据。例如:从键盘输入:1 2 3 4 5 6 7 8 9 10,则逆序后的数据序列为:10 9 8 7 6 5 4 3 2 1。

任务分析

首先设置一个长度合适的数组 a[N] 来存放这 N 个数据,本题的思路就转换成数组元素的逆序存放。数组元素的逆序算法比较简单,其核心思路为:先将第一个元素和最后一个元素交换(也即 a[0] 和 a[N−1]),然后再交换第二个元素和倒数第二个元素,再交换第三个和倒数第三个元素……以此类推,直到交换到最中间的两个元素。

具体的做法有很多种,本任务采用的第一种做法是设置两个下标 i 和 j,分别对应数组的第一个元素和最后一个元素,只要 i<j,就交换 a[i] 和 a[j],然后修改下标,使 i 加 1,j 减 1,使它们分别对应数组的第二个元素和倒数第二个元素,后面的操作以此类推,直到 i 等于 j 或大于 j 为止。

本任务采用的第二种做法是设置两个指针变量 p 和 q,分别指向数组的第一个元素和最后一个元素,只要 p<q,就交换 *p 和 *q,然后修改 p 和 q,使 p++ 和 q− −,使它们分别指向数组的第二个元素和倒数第二个元素,后面的操作以此类推,直到 p 等于 q 或大于 q 为止。

8.1 指针概念及基本操作

8.1.1 指针与指针变量

引子:在一栋教学楼里有很多个教室,每个教室都有个编号,比如:3301、3402等。这样学生和老师们根据课表的安排到指定的教室去上课。试想一下:如果在这栋教学楼里,有两个教室的编号都是3302,会出现什么样的麻烦呢?

1. 指针的概念

(1) 内存和地址

实际上,在计算机中,所有的数据都是存储在内存中。一般把内存中的一个字节作为一个数据存储单位,称为一个内存单元。为了正确地访问这些内存单元,就必须为每个内存单元编号,根据一个内存单元的编号就可以很快找到这个内存单元。这个内存单元的编号,我们称为地址。这个地址的作用就类似于上例中教室的编号,由此可见,地址也必须是唯一的。

内容	地址
30	2000
31	2001
00	2002
20	2003
5	2004

图 8.1 内存和地址

在内存中,有时候为了存储更大的数据,可以把几个连续的字节连起来合并成一个大的存储单元。例如,在C语言中,基本整型 int 类型的数据就需要占用2个字节,而长整型 long 则需要占用4个字节。但是不管一个数据具体占用几个字节,该数据所占用内存单元的地址以首地址为准。也即,比如一个 int 类型的数据占用了2002和2003内存单元,该数据的地址为2002。

(2) 地址和内容

在图 8.1 中,右边一列表示的内存单元的地址,而左边单元格内则是存储在内存单元中的数据,即内存单元的内容。例如,地址为2001的内存单元的存储内容为31。从前面所学,我们知道内存地址是唯一的,知道一个内存单元的地址,就可以找到这个内存单元,进而对其内容进行读取或者修改等操作。但是这个地址值是一串数字,要编程人员每次在操作某个内存单元时都准确无误地给出这一串数字,也不太现实。所以,为了提高程序的方便性,在 C 语言或其他高级语言可以通过给出变量名来访问内存单元。如:int a=3;执行这条语句,实际上有 2 步操作,在系统编译时会首先给 a 变量在内存中分配 2 个内存单元,然后再将 3 这个值存储在分配好的内存单元中。

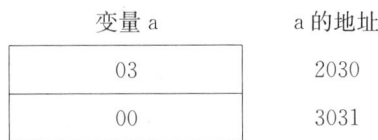

图 8.2　变量 a 的存储

（3）变量地址的获取

由于变量的地址是由编译软件或程序运行时由系统自动分配的,所以,变量的地址不能由程序员人为决定。因此,如果在编程的过程中,需要获取某个变量的地址,我们该怎么办呢? C 语言中为我们提供了一个专用的运算符:取地址运算符 &。该运算符可以得到指定变量的地址,具体使用方法如下:

例如:

int a;

scanf("%d",&a);

需要注意的是:& 运算符只能获取变量的地址,并不能获取常量和表达式的地址。

（4）指针和指针变量

如前所述,每一个内存单元都有个唯一的编号,这个编号称为内存单元的地址。而指针就是地址。换句话说,指针只是地址的另外一个名称。

在 C 语言中,有一种特殊的变量,专门存放别的变量(或其他程序实体)的地址,这种变量称为指针变量。有了指针变量,我们可以采用指针的方式来访问变量。

例如:想实现图 8.2 中使变量 a 的值为 3,可采用如下操作:

int a;

a=3;

上例中是通过直接给出变量名来访问变量 a,程序执行时系统首先会分配 2 个字节给 a(假设地址为图 8.2 中所示:2030),然后系统根据变量名与内存地址的对应关系,将 3 这个数值存储在 2030 开始的 2 个字节中。这种通过变量名直接访问变量的方式称为"直接访问"方式。

而如果我们使用如下语句:

p=&a;

则变量 p 和 a 有如下对应关系:变量 p 中存储的是 a 的地址,也即 p 指向 a。p 和 a 的关系如图 8.3 所示。

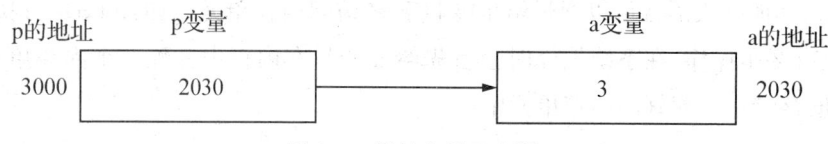

图 8.3 指针变量示意图

如图 8.3 所示,变量 p 里存储的是变量 a 的地址。这样,通过变量 p 就可以找到变量 a。因此称变量 p 指向变量 a,变量 p 就是指针变量,它存放的地址就是"指针"。因此,我们现在就可以通过 p 来访问 a。这种通过指针变量访问它所指向的变量的方式称为"间接访问"方式。对上例中 a=3;的操作,可以用如下操作取代:*p=3;(这里的 * 为取内容运算符)。

2. 指针变量的定义与引用

(1) 指针变量的定义

对指针变量的定义包括 3 个方面的内容:指针类型说明、指针变量名、指针变量所指向的变量的数据类型。

指针变量定义的一般形式为:类型说明 *变量名;

例如:int * p;

其中 * 是指针类型标志符,表明其后的变量名是一个指针变量;而类型说明为 int 型,表示 p 所指向的变量是一个整型变量。上例中表示 p 是一个指针变量,它的值是某个整型变量的地址,或者说 p 指向一个整型变量。至于 p 具体指向哪个整型变量,则由给 p 赋的值所决定。

需要注意的是:

• 指针变量的类型实际上是指针变量所指向对象的类型,比如 float * p1;char * p3;指针变量 p1 和 p3 区别是:一个指向的是 float 型变量,一个指向的是 char 型变量,而 p1 和 p3 本身所占据的内存单元的大小是相同的。

• 一个指针变量只能指向同一类型的变量。

• 定义指针变量时,指针变量名前面的"*"是指针标志,并不是指针变量名的一部分,而且也要注意与取内容运算符"*"相区别。

(2) 指针变量的初始化

如果想让一个指针变量 p,指向整型变量 a,有下面两种方式:

int a=3;

int * p;

p=&a;

或者,在定义指针变量的同时赋值:

int a=3;

int * p=&a;

需要注意:

• a 变量须在指针变量定义之前定义。

• 指针变量在初始化之前不能使用,也即未经赋值的指针变量不能使用,否则将造成系统混乱。也有的 C 语言教材中把没有赋值的指针变量称为野指针。野指针具体指向哪里是无法预测的。如果程序目前确实不能给指针变量以明确指向,那么,可以采用空指针(NULL)。NULL 作为一个特殊的指针变量,表示有确定的地址值又不指向任何地方。使用方法为 p=NULL;NULL 指针在实际程序设计中还是非常有用的,它提供了一种方法,表示某个特定的指针目前并未指向任何东西。

• 只能用地址值给指针变量赋值,不允许赋予其他类型数据。

（3）指针变量的引用

与指针变量的引用相关的有两个运算符:取地址运算符 & 和取内容运算符 *,掌握了这两个运算符以后才可以正确地引用指针变量。

&:取地址运算符,是单目运算符,右结合,功能是获取变量的内存地址。

*:取内容运算符,或者称为"指针运算符"、"间接访问运算符"、"指向运算符",也是单目运算符,和指针变量配合使用,表示指针变量所指向的变量。例如:

int a=4, * p;

p=&a;

printf("%d", * p);

在本例中, * p 和 a 等价,因此输出 * p 的值,也即是输出 a 的值。

【说明】

& 运算符和 * 运算符是互逆运算符,因此 * (&a)==a,&(* p)==p。

知道了指针变量的作用以及相关的运算符以后就可以引用指针变量了。请以例 8.1 为例理解利用各种不同的方式访问内存单元的方法。

【例 8.1】利用不同的方式访问内存单元。

```
#include<stdio.h>
main()
{
    int x,y, * p, * q;
    p=&x;
    q=&y;
    x=4;
    y=5;
    / * 对变量 x 和 y 的直接访问 * /
    printf("x 的地址是%x\n",&x);          / * 以十六进制显示变量 x 和 y 的内存地址 * /
    printf("y 的地址是%x\n",&y);
    printf("x=%d,y=%d\n",x,y);          / * 显示变量 x 和 y 的内容 * /
```

```
        printf("――――――――――\n");          /* 对变量 x 和 y 的间接访问 */
        printf("p 的地址是%x\n", &x);         /* 以十六进制显示指针变量 p 和 q 的内存地址 */
        printf("q 的地址是%x\n", &y);
        printf("p=%x, q=%x\n", p, q);          /* 显示变量 p 和 q 的内容 */
        printf("*p=%d, *q=%d\n", *p, *q);      /* 显示变量 p 和 q 分别指向的变量的内容 */
    }
```

程序运行结果如图 8.4 所示：

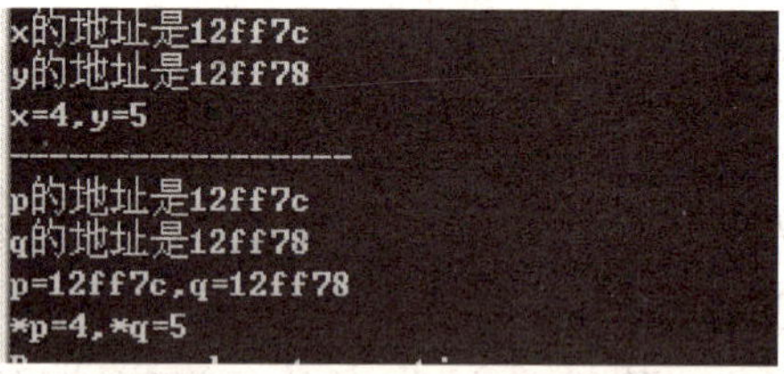

```
x的地址是12ff7c
y的地址是12ff78
x=4,y=5
――――――――――
p的地址是12ff7c
q的地址是12ff78
p=12ff7c,q=12ff78
*p=4,*q=5
```

图 8.4　例 8.1 的程序运行结果

【例 8.2】从键盘输入两个整数 a 和 b，按从小到大的顺序将 a,b 输出，要求利用指针来操作。也即是：将小数存放到 a 中，大数放在 b 中，最后按顺序输出 a,b 的值就可以实现要求。

方法一：可以定义两个指针变量 p1、p2，并分别让 p1 指向 a,p2 指向 b,然后比较 a 和 b 的值,如果 a>b 则利用 p1 和 p2 交换 a、b 的值后,再输出 a、b。对应的程序如下：

```c
#include<stdio.h>
main()
{
int a, b, *p1, *p2, t;
    p1=&a; p2=&b;
    printf("请输入两个整数:\n");
    scanf("%d,%d", p1, p2);  /* 利用指针变量输入 a、b 的值 */
    if(a>b){t=*p1; *p1=*p2; *p2=t;}  /* 利用指针变量的指向操作交换 a、b 的值 */
    printf("a=%d,b=%d\n", a, b);
}
```

运行程序,键盘输入:100,99 后,输出程序运行结果如图 8.5 所示。

```
请输入两个整数:
100,99
a=99,b=100
Press any key to continue
```

图 8.5　例 8.2 方法一程序运行结果

方法一的程序执行过程如图 8.6 所示。

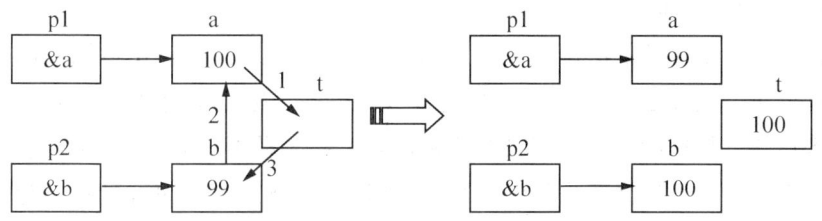

图 8.6 例 8.2 方法一程序执行过程示意图

方法二:再设置一个临时指针变量 p,如果 a>b,利用 p 交换指针变量 p1 和 p2 的值(也即是交换 &a 和 &b),交换后:p1 的值为 &b,p2 的值为 &a,也即修改了 p1 和 p2 指针的指向。不过需要注意的是:此时变量 a 和 b 的值并没有发生变化,因此,如果采用该方法,输出时则必须应用指针变量间接访问才能实现从小到大顺序输出。方法二的程序如下:

```
#include<stdio.h>
main()
{
int a, b, * p1, * p2, * p;
    p1=&a; p2=&b;
    printf("请输入两个整数:\n");
    scanf("%d,%d",p1,p2);           / *  利用指针变量输入 a、b 的值  * /
    if( * p1> * p2){p=p1;p1=p2;p2=p;}          / *  交换指针变量 p1,p2 的指向  * /
    printf("a=%d,b=%d\n", * p1, * p2);          / *  利用指针变量 p1 和 p2 间接访问  * /
}
```

运行程序,运行结果和图 8.5 结果一致。方法二的程序执行过程如图 8.7 所示。

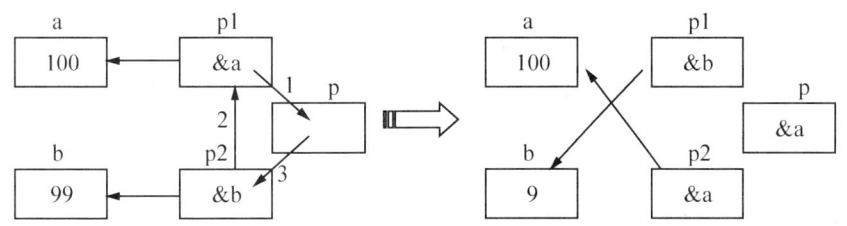

图 8.7 例 8.2 方法二程序执行过程示意图

【思考】如果将方法二中的 if(* p1> * p2){p=p1;p1=p2;p2=p;}改为:if(* p1> * p2){ * p= * p1; * p1= * p2; * p2= * p;}结果将会怎样? 还能否实现题目要求? 运行时会弹出警告,原因是 * p 指的是指针变量所指向的变量,而在这里 p 所指向的变量并没有明确,因此,在运行时会有警告。

(4)指针运算

指针变量实质上是整数,但是由于存储单元的地址是由系统分配的,所以指针的运算又不同于整数。考虑到指针的特殊性,在 C 语言中,指针变量可以进行某些赋值、算术及关系运算,但运算种类不是很多。

• 赋值运算。指针的赋值运算可以是同类型普通变量的地址,也可以是同类型已有地址值的指针变量。也即是:可以用变量的地址或是另一个指针变量给某个指针变量赋值。

• 算术运算。指针的算术运算只有两种形式。第一种形式是:指针+(或一)整数。这种形式通常用于指向数组元素的指针变量,或者说指针指向的变量存储在一片连续的存储区域。对于指向数组元素的指针,指针的值每加 1,则即是指针指向数组的下一个元素。第二种形式是:指针一指针。注意此种形式只有当两个指针变量都指向同一个数组中的不同元素时才有意义。例如指针 p1 指向 a[3],指针 p2 指向 a[5],则 p2-p1 为 2。

• 关系运算。指针的关系运算即比较指针的大小。两个指针相等即表明这两个指针指向同一存储单元。

3. 指针变量作为函数参数

在函数模块中,我们曾了解到函数参数传递有两种:值传递和地址传递。在值传递的一般情况下,实参是数值,而形参是普通变量,值传递是单向的,所以对形参的操作不会影响实参的值。而对于地址传递,比如数组名作为实参的情况,此时形参也必须是类型一致的数组。地址传递的实质是:在参数传递中,是把实参的地址传递给形参,那么形参就和实参拥有了共同的地址。由于内存单元的地址的唯一性,我们可以知道:如果有两个变量地址相同,那么这两个变量其实质就是同一个变量,占用同一个存储区域。由此,我们有理由认为:在地址传递时,实参和形参占用同一个存储空间,因此,操作形参等于在操作实参。

本节介绍用指针作为函数参数进行数据传递,指针就是地址,所以通常情况下都是地址传递。具体实现方法是:实参为地址值(变量的地址或指针变量),被调函数中的形参采用指针变量。

【例 8.3】实现功能同例 8.2,要求用函数调用实现交换变量的值。

分析:主函数解决输入、输出问题,当 a>b 时主函数调用 swap 函数交换 a,b 的值。程序如下:

```
#include<stdio. h>
void swap(int * p1, int * p2)
{
int t;
   t= * p1; * p1= * p2; * p2=t;/ * 利用指针变量的指向操作交换 a、b 的值 * /
}
main()
{
int a, b;
printf("请输入两个整数:\n");
```

```
    scanf("%d%d",&a,&b);
    if(a>b)swap(&a,&b);
    printf("a=%d,b=%d\n",a,b);
}
```

运行本例的运行结果同例 8.2。本例和例 8.2 不同之处在于:对指针变量的赋值是在函数调用参数传递时进行,实参(&a、&b)传递给了形参(p1、p2),利用形参指针变量的指向运算,操作了主调函数中变量的存储单元(a、b),交换了 a、b 的值。具体可参考图 8.8 所示。

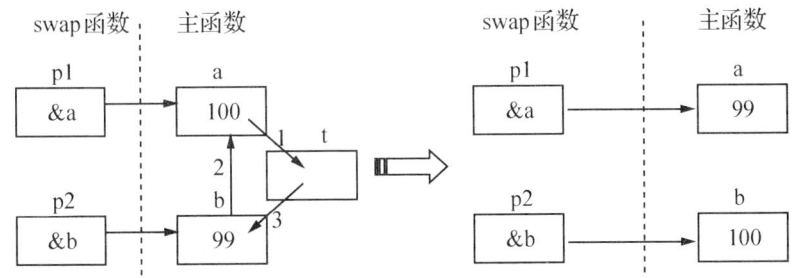

图 8.8　函数调用程序执行过程示意图

4. 多级指针

如果有如下语句:

p=&x;

则变量 p 和 x 有如下对应关系:变量 p 中存储的是 x 的地址,也即 p 指向 x。p 和 x 的关系如图 8.9 所示。

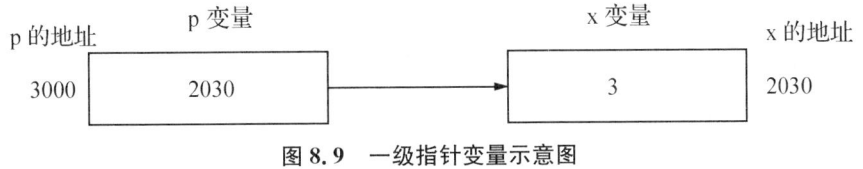

图 8.9　一级指针变量示意图

如果此时又有第三个变量 q,并用下面的语句对其进行初始化:

q=&p;

那么 q,p,x 这三个变量的关系如图 8.10 所示。那么变量 q 是什么变量呢? 由于 q 变量中存放的也是地址,显然它也是指针变量,但由于其存放的是其他指针变量(p)的地址,因此它是指向指针的指针变量,或者称为二级指针变量。

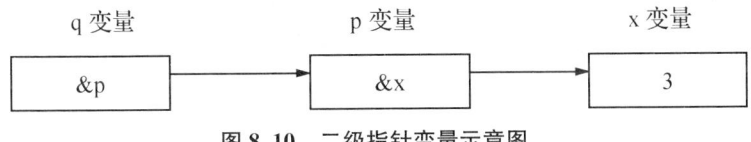

图 8.10　二级指针变量示意图

二级指针变量的定义形式为:

类型　＊＊指针变量名;

普通变量、一级指针变量、二级指针变量也可以一起定义。例如,图8.10中的定义语句可以写成:int ＊＊q,＊p,x;不过需要注意的是,在没有给指针变量赋值之前,还不能使用。比如要想使q,p,x三个变量形成如图8.10所示的关系,还应该用以下语句进行初始化:

q＝&p;

p＝&x;

x＝3;

在初始化完成之后,就可以通过二级指针变量访问普通变量了,使用形式为:＊＊q。在本例中＊＊q和x是等同的。综上所述,在二级指针已经初始化的情况下,本例中引用普通变量x共有三种方法:

x   (直接引用)

＊p   (间接引用)

＊＊q   (间接引用)

按照上述二级指针的思路,可以扩展到三级指针、四级指针等直到多级指针。定义几级指针就将指针前面放置几个＊。如定义一个三级指针n,用来放置二级指针q的地址,则定义形式为:int ＊＊＊n＝&q;

8.1.2　指针与一维数组

一个变量对应一个地址,而一个数组却包含好几个元素,每个元素都在内存中占用一个存储空间,每个存储空间都有一个地址。那么,数组的地址该如何确定呢? 用哪个元素的地址可以作为数组的地址呢? 由于数组是由连续的一片存储区域组成的,所以数组元素的地址也是从第一个元素开始逐次增加的,所以就用首个数组元素的地址,也即是数组元素的首地址,作为整个数组的地址。数组元素的首地址也是数组名。

1. 通过指针访问数组元素

(1)指向数组元素的指针

定义一个指向数组元素的指针,与前面所学的指向普通变量的指针完全相同。例如,已经有如下定义语句:

int a[5];

int ＊p;

p＝&a[0];

在本例中,把a[0]元素的地址赋给了指针变量p,也即是p指向a数组的第0号元素a[0]。需要注意的是,因为数组是int类型,所以指针变量p也应该定义成int类型。有了以上的初始化,我们就可以利用p来对a[0]进行间接访问。例如:

＊p＝3;

即是把3赋给p所指向的变量,等同于a[0]＝3。由于C语言规定,数组名就代表数组的首地址,所以上例的语句可写成:

int a[5];

int ＊p＝a;

在本例中语句 int ＊p＝a;和 int ＊p＝&a[0];完全等价,因为数组名 a 等价于 &a[0]。但是需要注意的是:此时的指针变量 p 是指向整个数组的指针。

（2）指向数组的指针

如果已有定义:

int a[10];

int ＊p＝a;

那么,p+1 则指向同一数组中的下一个元素,如图 8.11 所示。

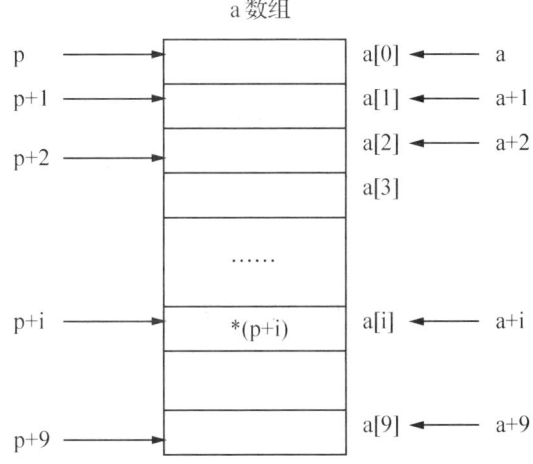

图 8.11 指针与一维数组关系示意图

如果指针变量 p 和数组 a 已经形成如图 8.11 所示的指向关系后,那么对数组元素 a[i] 的引用就可以采用如下四种方法:a[i]、＊(a+i)、＊(p+i)、p[i]。例如 a[2]可表示为 ＊(p+2)或 ＊(a+2)或者 p[2]。需要注意的是:以上四种表示法有一个前提,那就是必须让指针变量 p 指向数组 a,也即是让 p 获得数组 a 的首地址,通常的做法是:p＝a;

下面举例说明使用不同的方法输出数组中的全部元素。

【例8.4】采用下标法输出数组中全部元素。

```
＃include＜stdio.h＞
main()
{
int a[10],i;
    printf("请输入 10 个整数:\n");
for(i=0;i<10;i++)
    scanf("%d",&a[i]);
printf("\n");
```

```
for(i=0; i<10; i++)
printf("%d   ", a[i]); /* 下标法输出 */
printf("\n");
}
```

【例8.5】采用地址法输出数组中全部元素。

```
#include<stdio.h>
main()
{
int a[10], i;
    printf("请输入 10 个整数:\n");
for(i=0; i<10; i++)
    scanf("%d", a+i);
printf("\n");
for(i=0; i<10; i++)
printf("%d   ", *(a+i)); /* 地址法输出 */
printf("\n");
}
```

【例8.6】采用指针变量法输出数组中全部元素(指针移动)。

```
#include<stdio.h>
main()
{
int a[10], * p;
    printf("请输入 10 个整数:\n");
for(p=a; p<a+10; p++)
    scanf("%d", p);
printf("\n");
for(p=a; p<a+10; p++)
printf("%d   ", * p); /* 指针变量法输出,移动指针 */
printf("\n");
}
```

【例8.7】采用指针变量法输出数组中全部元素(指针不移动)。

```
#include<stdio.h>
main()
{
int a[10], i, * p=a;
    printf("请输入 10 个整数:\n");
for(i=0; i<10; i++)
```

```
        scanf("%d", &a[i]);
    printf("\n");
    for(i=0;i<10; i++)
    printf("%d  ", *(p+i)); /* 指针变量法输出,指针不移动 */
    printf("\n");
    }
```

2. 数组名作为函数参数

由于数组名代表数组的首地址,所以数组名作为函数参数的传递方式是地址传递。因此在函数中可以通过对指针的间接访问操作主调函数中的数组元素。本章中的任务 1 说明了数组作为函数参数的两种形式。其实,数组作为函数参数有以下 4 种形式:

表 8.1 数组指针作为函数参数的形式

实参	形参
数组名	数组
数组名	指针
指针	数组
指针	指针

任务实施

1. 程序清单

参考程序一:

```
#include<stdio. h>
#define N 10
void change(int b[],int n)
{
    int i=0,j=n-1;
    int temp;
    while(i<j)
    {
        temp=b[i];
        b[i]=b[j];
        b[j]=temp;
        i++;
        j--;
    }
}
```

```
main()
{
    int a[N],i;
    printf("Please input %d numbers:",N);
    for(i=0;i<N;i++)
        scanf("%d",&a[i]);
    change(a,N);
    printf("\nThe array has been inverted is:\n");
    for(i=0;i<N;i++)
        printf("%d   ",a[i]);
    printf("\n");
}
```

参考程序二：

```
#include<stdio.h>
#define N 10
void change(int * p,int n)
{
    int * q=p+n-1;
    int temp;
    while(i<j)
    {
        temp= * p;
        * p= * q;
        * q=temp;
        p++;
        q--;
    }
}
main()
{
    int a[N],i;
    printf("Please input %d numbers:",N);
    for(i=0;i<N;i++)
        scanf("%d",&a[i]);
    change(a,N);
    printf("\nThe array has been inverted is:\n");
    for(i=0;i<N;i++)
```

```
        printf("%d   ",a[i]);
    printf("\n");
}
```

2. 程序运行结果

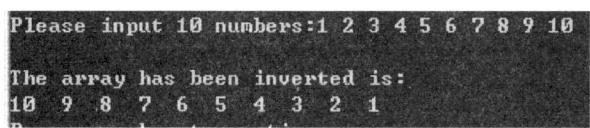

图 8.12　程序运行结果

3. 程序说明

本任务说明了数组指针作为函数参数的形式,如表 8-1 所示。由于数组名表示数组的首地址,可以将该地址赋给指针变量。因此,在函数调用时既可以使用数组名也可以使用指针变量做参数。不过需要注意的是:当用指针变量作实参时,调用前必须先取得数组的首地址。

4. 思考

参考表 8.1 中给出的四种形式,试着使用两种形式来改写任务 1。

任务小结

本任务的完成涉及到指针的基本操作、指针与一维数组、指针作为函数参数等知识,需要对相关知识进行综合运用。

任务 2　计算学生最高分、最低分以及总平均分

任务目标

- 深刻理解数组指针的含义;
- 熟练掌握指向二维数组指针的指针变量的定义与引用方法;
- 能正确地利用指针变量来引用所指向的二维数组。

任务描述

有三名学生,每个学生参加四门课程的考试,请你利用指针设计一个程序实现:输出所有成绩中的最高分、最低分以及所有成绩的总平均分。

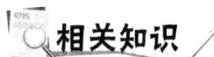 任务分析

首先要设置一个 3×4 的二维数组来存放学生成绩。于是任务 2 的要求就转变成了:求该二维数组的最大值、最小值和所有元素的平均值。由于任务要求采用指针来实现,所以,本任务的完成牵涉到指针与二维数组的相关知识。

相关知识

8.2 指针与二维数组

8.2.1 二维数组的地址表示法

假设有一个二维数组定义如下:

int a[3][4]={0,1,2,3,4,5,6,7,8,9,10,11};

那么由前面所学的数组知识可知数组 a 是个 3 行 4 列的二维数组。该二维数组各元素名称及元素的值示意图如图 8.13 所示。

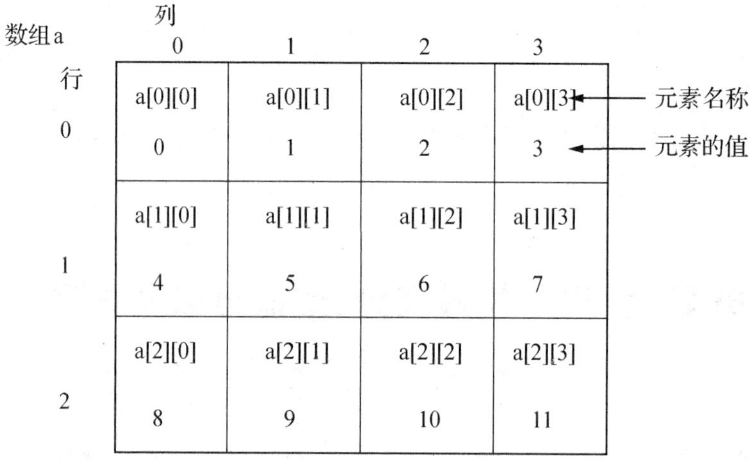

数组a	列 0	1	2	3	
行 0	a[0][0] 0	a[0][1] 1	a[0][2] 2	a[0][3] 3	← 元素名称 ← 元素的值
1	a[1][0] 4	a[1][1] 5	a[1][2] 6	a[1][3] 7	
2	a[2][0] 8	a[2][1] 9	a[2][2] 10	a[2][3] 11	

图 8.13 二维数组元素示意图

由前面所学的数组知识,C 语言把二维数组看成是由若干个一维数组组成的。因此,a 数组可分解为 3 个一维数组,这 3 个一维数组名分别是:a[0],a[1],a[2]。而每个一维数组又各含有 4 个元素。例如,数组 a[0]包含 4 个数组元素分别为:a[0][0],a[0][1],a[0][2],a[0][3]。因此二维数组及数组元素的地址表示如下:

从二维数组的角度来看,a 是二维数组名,a 也是整个二维数组的首地址,同时也是二维数组第 0 行的地址,而 a+1 则代表第 1 行的地址,a+2 代表第 2 行的地址,如图 8.14 所示。

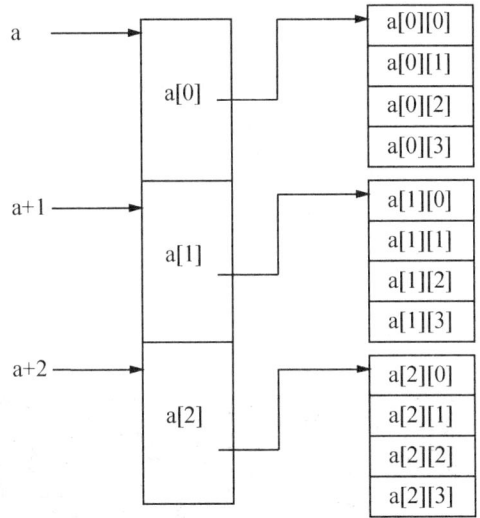

图 8.14 二维数组的地址关系

由图 8.14 可以看出：二维数组名 a 代表整个二维数组的首地址，也即是第 0 行的起始地址，是一个二级指针常量。a+1 代表第 1 行的起始地址，a+2 代表第 2 行的起始地址，因此有如下关系：a 等同于 &a[0]，a+1 等同于 &a[1]，a+2 等同于 &a[2]。对应的就有：*a 等同于 a[0]，*(a+1) 等同于 a[1]，*(a+2) 等同于 a[2]。

a[0]、a[1]、a[2] 是一维数组名，它们也分别代表对应的一维数组的首地址。由图 8.13 和图 8.14 可以看出一维数组 a[0] 的第一个元素是 a[0][0]，所以 a[0] 等同于 &a[0][0]，同理：a[1] 等同于 &a[1][0]，a[2] 等同于 &a[2][0]。因此，对应的也有：*a[0] 等同于 a[0][0]，*a[1] 等同于 a[1][0]，*a[2] 等同于 a[2][0]。

a[0]+0 是 a[0][0] 的地址，也即是 &a[0][0]。同理：a[0]+1 是 a[0][1] 的地址，也即是 &a[0][1]，a[0]+2 是 a[0][2] 的地址，也即是 &a[0][2]。因此对应有：*(a[0]+1) 等同于 a[0][1]，*(a[0]+2) 等同于 a[0][2]，*(a[0]+3) 等同于 a[0][3]。以此类推，a[1]+2 是 a[1][2] 的地址，也即是 &a[1][2]，对应有：*(a[1]+2) 等同于 a[1][2]。

综上所述，对于任意一个 m×n 的二维数组，其中的任意一个数组元素 a[i][j] 可表示为：

a[i][j]，*(a[i]+j)，*(*(a+i)+j)，(*(a+i)[j]，*(a[0]+n*i+j)，*(*a+n*i+j)

【例 8.8】分析下面的程序。

```c
#include<stdio.h>
main()
{
int a[3][4]={0,1,2,3,4,5,6,7,8,9,10,11};
printf("%u,%u\n",a, &a[0]);                          /* 第 0 行首地址 */
```

```
printf("%u,%u,%u,%u\n", *a, *(a+0),a[0],&a[0][0]);        /* 第0行0列元素的地址 */
printf("%u,%u\n",a+1, &a[1]);                              /* 第1行首地址 */
printf("%u,%u,%u\n", *(a+1), a[1], &a[1][0]);             /* 第1行0列元素地址 */
printf("%d,%d,%d\n", * *a, *a[0],a[0][0]);                /* 第0行0列元素的值 */
printf("%d,%d,%d\n",a[1][0], *a[1], *(*(a+1)+0));         /* 第1行0列元素的值 */
printf("%d,%d,%d\n", *(*(a+1)+2), *(a[1]+2), a[1][2]);

                                                           /* 第1行2列元素的值 */

}
```

程序的运行结果如图 8.15 所示。

```
1245008,1245008
1245008,1245008,1245008,1245008
1245024,1245024
1245024,1245024,1245024
0,0,0
4,4,4
6,6,6
```

图 8.15　例 8.8 程序运行结果

8.2.2　指向二维数组元素的指针变量

指向二维数组元素的指针变量是一级指针变量,指针变量的类型由数组元素的类型决定。例如可以利用该一级指针变量输出二维数组的全部元素。程序如例 8.9 所示。

【例 8.9】分析下面的程序。

```
#include<stdio.h>
main()
{
int   a[3][4]={0,1,2,3,4,5,6,7,8,9,10,11},i,j, *p;
p=a[0];                          /* 给指针变量赋初值,a[0]也可用 *a 或 &a[0][0]替
代 */
for(i=0; i<3; i++)
   for(j=0; j<4; j++) printf("%d   ", *(p+4*i+j));
                                 /*这里的 *(p+4*i+j)等同于 a[i][j] */
printf("\n");
printf("\n");
}
```

程序的运行结果如图 8.16 所示。

```
0 1 2 3 4 5 6 7 8 9 10 11
```

图 8.16　例 8.9 的程序运行结果

任务实施

1. 程序清单

```
#include <stdio. h>
main()
{
int    score[3][4], max, min, i, j, * p=score[0];        /* 定义一级指针变量 */
   float    sum=0. 0, avg;
   printf("请输入 3 个学生 4 门课的成绩(共 12 个成绩):\n");
   for(i=0; i<3; i++)
      for(j=0; j<4; j++)
         scanf("%d", p+i*4+j);                            /*   p+i*4+j 等同于 score[i][j] */
   max=min= * p;
   for(i=0; i<3; i++)
      for(j=0; j<4; j++)
         {
         if( * (p+i*4+j)>max)
             max= * (p+i*4+j);                            /* 求最高分 */
           if( * (p+i*4+j)<min)
             min= * (p+i*4+j);                            /* 求最低分 */
           sum=sum+ * (p+i*4+j);                          /* 将所有成绩求和 */
         }
   avg=sum/12. 0;                                         /* 求平均成绩 */
   printf("最高分为:%d\n", max);
   printf("最低分为:%d\n", min);
   printf("平均分为:%. 1f\n", avg);
printf("\n\n");
   }
```

2. 运行结果

程序运行结果如图 8.17 所示。

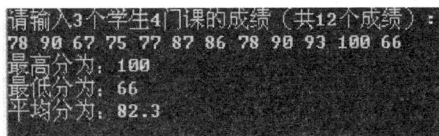

图 8.17 任务 2 的程序运行结果

3. 程序说明

程序中定义了一个指向二维数组元素的指针变量,也即是一级指针变量 p,利用指针 p 遍历访问二维数组 score[3][4] 的所有元素。程序中所采用的求最高分、最低分的算法同数组元素求最大值和最小值的方法,具体算法是:假设 score[0][0] 为最大值,并赋给 max,然后让 max 和二维数组中的其他元素逐一比较,如果有哪个元素的值比 max 大,就把该元素的值赋给 max 作为新的最大值。这样,当比较完毕,max 肯定是所有元素的最大值。求最小值的方法与求最大值的方法类似。

4. 思考

如果要求设计一个程序除了能找出最高分、最低分,还能够找到最高分和最低分所对应的学生。请想一下:该怎么修改任务 2 的程序,以实现要求的功能呢?

任务3　输入一个矩阵,输出它的转置矩阵

任务目标

● 深刻理解数组指针的含义;
● 熟练掌握指向一维数组的指针变量的定义与引用方法;
● 了解指针数组的概念;
● 能正确地利用指针变量来引用所指向的二维数组;
● 能理解指针数组的操作方法。

任务描述

输入一个 M×N 矩阵,输出转置后的矩阵。请用指针来操作。

任务分析

由线性代数的知识:把一个 M 行 N 列的矩阵的行和列互换的得到一个 N 行 M 列的矩阵,这两个矩阵互为转置矩阵。

例如:如图 8.18 所示,矩阵 A 和矩阵 B 互为转置矩阵。

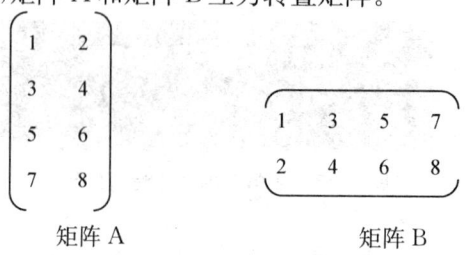

矩阵 A　　　　　　　　矩阵 B

图 8.18　转置矩阵示意图

通过仔细观察矩阵 A 和矩阵 B,不难发现:矩阵 A 中的 a[0][1] 在矩阵 B 中是 b[1][0],矩阵 A 中的 a[1][0] 在矩阵 B 中是 b[0][1]。因此,要想实现转置,只需将 a[i][j] 赋给 b[j][i]。

由于任务要求采用指针来操作二维数组,所以本任务采用两种解决方案:一是使用指向一维数组的指针变量处理二维数组;二是采用指针数组。

相关知识

8.3 指针操作二维数组元素的多种方法

8.3.1 使用指向一维数组的指针变量处理二维数组

指向一维数组的指针变量又称为行指针变量。由图 8.14 二维数组的地址分析可知:二维数组名 a 也是第 0 行数组元素的地址,同理,a+1,a+2 是第 1 行和第 2 行数组的地址,a,a+1,a+2 都是行指针(二级指针),它们分别指向一维数组 a[0],a[1],a[2]。如果有定义:

int (＊p)[4];

p＝a;

那么,p 为指针变量,指向一个含有 4 个元素的一维整型数组。注意:p 是指向整个一维数组,而不是指向某个元素,它是一个二级指针变量。因此,如果采用 p 来访问二维数组元素 a[i][j] 可以采用如下形式:

p[i][j]　　　　　＊(＊(p+i)+j)　　　　　＊(p[i]+j)　　　　　(＊(p+i))[j]

8.3.2 指针数组

由前面数组的知识,我们知道,由整型元素构成的数组称为整型数组,由字符型元素构成的数组称为字符型数组。那么如果有一个数组,它里面的元素既不是整型也不是字符型等基本类型,而全是指针变量呢? 如果一个数组的元素都是指针,那么这个数组就称为指针数组。换句话说,指针数组是一组有序的指针的集合。指针数组的所有元素都必须是指向相同数据类型的指针变量。

指针数组定义的一般形式为:

类型 ＊数组名[元素个数];

例如:int ＊p[3];

上例定义了一个指针数组 p,含有 3 个元素,每个元素都是一个指向整型变量的指针。

需要注意的是:理解指针数组和一维数组类似,指针数组名也即是真个指针数组的首地址,但是由于数组元素也是指针变量,所以指针数组的数组名就是一个二级指针变量,如上例中的 p 就是二级指针变量。

指针数组通常有下面两种用法:

1. 用指针数组处理多字符串问题

具体的使用方法及案例参见本章的任务4部分的"相关知识"模块的详细解释和说明。

2. 通过指针数组访问二维数组

具体做法是首先定义一个指针数组,然后让指针数组中的每个元素对应获得二维数组每行的首地址。例如:

```
int  * p[3],a[3][4];
p[0]=a[0];
p[1]=a[1];
p[2]=a[2];
```

当然上例可简化为:

```
int  * p[3],a[3][4],i;
for(i=0;i<3;i++)p[i]=a[i];
```

这样 a 数组中任一元素 a[i][j]可表示为:p[i][j]、*(*(p+i)+j)、*(p[i]+j)、*(p+i))[j]、*(p[0]+n*i+j)

注意:将上面的表示方式和使用指向一维数组的指针变量处理二维数组问题做比较,会发现它们在使用形式上很类似,但是它们有本质上的区别:

• 指向一维数组的指针变量是二级指针变量,指针数组名是二级指针常量。

• 指向一维数组的指针变量需要取得二维数组名首地址;指针数组则需要让每个元素分别取得列指针(如上例中 a[0]、a[1])。

【例 8.10】理解分析下面的程序。

```
#include <stdio.h>
main()
{
int  a[3][3]={0,1,2,3,4,5,6,7,8};
int  * p[3];
int  i;
  for(i=0;i<3;i++)
    p[i]=a[i];
  for(i=0; i<3; i++)
    printf("%d,%d,%d\n", a[i][2-i], * a[i], * ( * (a+i)+i));
  for(i=0; i<3; i++)
    printf("%d,%d,%d\n", * p[i], * (p[i]+1), * ( * (p+i)+2));
}
```

程序运行结果如图8.19所示。

图8.19 例8.10程序运行结果

任务实施

1. 程序清单

方案一：

```
#include <stdio.h>
#define M 4
#define N 2
main()
{
    int a[M][N],b[N][M];
    int i,j;
    int (*p)[N]=a;
    int (*q)[M]=b;
    printf("请输入一个%d行%d列的矩阵\n",M,N);
    for(i=0;i<M;i++)
    {    printf("请输入第%d行的%d个元素:",i+1,N);
        for(j=0;j<N;j++)
            scanf("%d",*(p+i)+j);
    }
    printf("原矩阵:\n");
    for(i=0;i<M;i++)
    {    for(j=0;j<N;j++)    printf("%d\t",p[i][j]);
                    printf("\n");
    }
    for(i=0;i<M;i++)
        for(j=0;j<N;j++)
            q[j][i]=p[i][j];
    printf("转置后的矩阵:\n");
    for(i=0;i<N;i++)
    {
```

```
        for(j=0;j<M;j++)
            printf("%d\t", *( *(q+i)+j));
        printf("\n");
    }
        printf("\n");
}
```

方案二：

```
#include <stdio.h>
#define M 4
#define N 2
main()
{
    int a[M][N],b[N][M];
    int i,j;
    int *p[M], *q[N];
    for(i=0;i<M;i++)p[i]=a[i];
    for(i=0;i<N;i++)q[i]=b[i];
    printf("请输入一个%d行%d列的矩阵\n",M,N);
    for(i=0;i<M;i++)
    {    printf("请输入第%d行的%d个元素:",i+1,N);
        for(j=0;j<N;j++)
            scanf("%d",p[i]+j);
    }
    printf("原矩阵:\n");
    for(i=0;i<M;i++)
    {    for(j=0;j<N;j++)    printf("%d\t", *(p[i]+j));
                printf("\n");
    }
    for(i=0;i<M;i++)
        for(j=0;j<N;j++)
            *(q[j]+i)= *(p[i]+j);
    printf("转置后的矩阵:\n");
    for(i=0;i<N;i++)
    {
    for(j=0;j<M;j++)
        printf("%d\t", *( *(q+i)+j));
    printf("\n");
```

```
        }
        printf("\n");
    }
```

2. 运行结果

程序运行结果如图 8.20 所示。

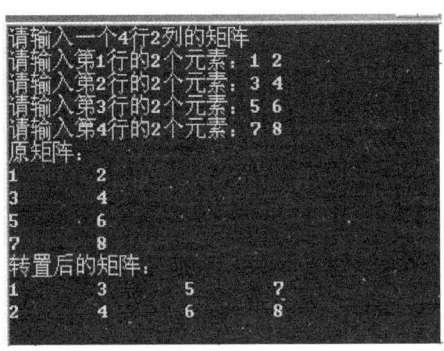

图 8.20 任务 3 的程序运行结果

3. 程序说明

方案一是使用指向一维数组的指针变量处理二维数组,方案二是采用指针数组。虽然形式类似,但读者需要注意两种方案的区别:指向一维数组的指针变量是二级指针变量,而指针数组名是二级指针常量;指向一维数组的指针变量需要取得二维数组名首地址,而指针数组则需要让每个元素分别取得列指针,如方案二中的:

for(i=0;i<M;i++)p[i]=a[i];

for(i=0;i<N;i++)q[i]=b[i];

任务 4　按英文字典顺序将 5 个国家名顺序输出

任务目标

● 了解指针数组的概念;

● 能正确地利用指针变量来引用所指向的字符数组和字符串;

● 能理解利用指针数组的操作字符串的方法;

● 能正确应用指针编写相应程序来解决实际问题。

任务描述

假设某主办方拟举办一个医学方面的国际会议,现有 5 个国家派代表参加,现在主办方正在为这几个代表的席位顺序头疼,不知道怎么排序才能让大家都满意。最后采用:按照国家的英文名来进行排序。那么请你来设计一个程序,实现把这 5 个国家名按英文字典顺序排位输出吧。

任务分析

因为有 5 个国家名,每个国家名是一个字符串常量,所以本任务就转化为:对字符串进行字典排序。由数组知识可知:需要用一个二维数组来存放这 5 个字符串。但是用二维数组来处理多字符串问题要求各行的列数相等,比较浪费存储空间。因此,本任务的字符串排序操作可以利用指针数组来实现。可以设置一个字符型指针数组 char * ps[5];通过初始化让其取得这 5 个字符串的首地址。这样通过调整指针数组元素的指向就可以对字符串进行排序。

相关知识

8.4 指针与字符串

8.4.1 用指针数组处理多字符串问题

字符型的指针数组通常可用于处理多字符串问题。通常的做法是:先定义一个长度与要处理的字符串个数相对应的字符型指针数组。例如,有 5 个字符串。那么可有如下定义并初始化:

char * ps[5]={"China","Korea","Germany","France","America"};

初始化即是让这个指针数组中的各个元素分别指向对应的字符串。于是:ps[0]指向"China",ps[1]指向"Korea",ps[2]指向"Germany",ps[3]指向"France",ps[4]指向"America"。那么,如果要输出所有的字符串,可以利用循环来实现。例如:

for(i=0;i<5;i++)puts(ps[i]);

同样,通过调整指针数组元素的指向可以实现字符串的排序。例如对上述 5 个国家名进行字典排序,可采用下面的程序段实现:

char * t;
for(i=0;i<4;i++)
　　for(j=i+1;j<5;j++)
　　　　if(strcmp(ps[i],ps[j])>0){t=ps[i];ps[i]=ps[j];ps[j]=p;}
for(i=0;i<5;i++)puts(ps[i]);

需要注意的是上例中用指针数组对字符串排序只是改变了指针数组各元素的指向,并没有改变原来字符串的实际存储位置和顺序。

8.4.2　指针与字符串

1. 用指针访问字符串的方法

在 C 语言中,字符串中的字符存储都是连续存放的,并且最后一个字符是'\0'字符。因为有这样两个特点,所以,我们可以用字符型指针变量访问并操作字符串和字符数组。例如,我们可以采用下面的程序来输出字符串。

【例 8.11】

```
#include <stdio. h>
main()
{
char   * str="This is a C Program!";      /* 定义字符型指针 str 并取得字符串首地址 */
char s1[]="CHINA", * p=s1;                /* 定义字符型指针 p,且取得字符数组首地址 */
puts(str); puts(p);                      /* 利用指针 str 和 p 分别输出两个字符串 */
}
```

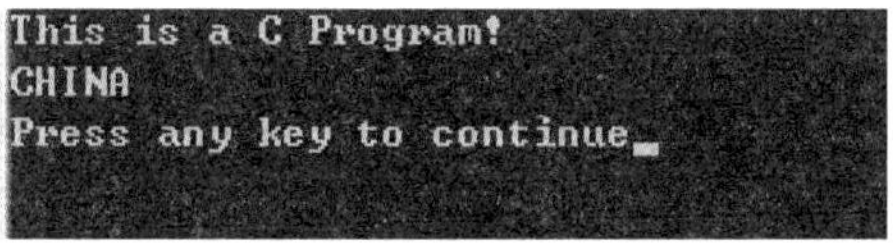

```
This is a C Program!
CHINA
Press any key to continue_
```

图 8.21　例 8.11 的程序运行结果

从上面的例子可以看出,字符数组通常用来存储字符串,因此使用指向字符数组的指针变量操作字符串是十分有用的。

【例 8.12】利用指针统计出字符串中字符的个数。

```
#include<stdio. h>
#include<string. h>
#define N 30
main()
{
    char sn[N];
    char * ps=sn;          /*字符指针变量 ps 指向字符数组 sn*/
    int len=0;             /*统计字符个数的计数器置 0*/
    printf("请输入一串字符:");
    gets(sn);              /*输入字符串存入 sn*/
    while( * ps! ='\0')    /*字符串结束标志\0作为循环判断条件*/
      {
      len++;               /*每找出一个字符,len 加 1*/
      ps++;                /*ps 指向下一个字符*/
      }
```

```
        ps＝sn;                /＊ps重新指向字符串开头＊/
        printf("字符串\"％s\"的长度是:％d\n\n",ps,len);
    }
```

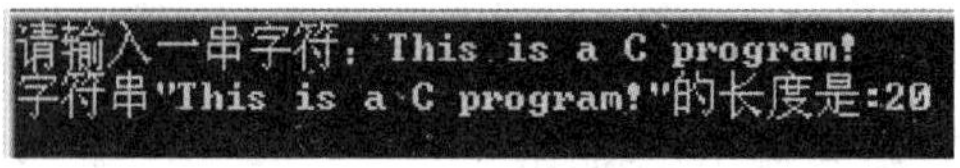

图 8.22　例 8.12 的程序运行结果

2. 字符串指针作为函数参数

字符数组名、字符型指针以及字符串常量都可以作为函数的实参,当它们作为函数的实参时,都是地址传递。因此对应的函数的形参也必须是一个地址,如:字符数组定义或者是字符型指针。这样,通过函数的参数传递,在被调函数中可以使用或修改字符串的内容,而在主调函数中可以得到修改后的字符串。具体案例可参考任务 4 的程序清单。

任务实施

1. 程序清单

```c
#include  <stdio. h>
#include  <string. h>
void  exstr(char  * ps[],  int  n);
void  orstr(char  * ps[],  int  n);
main()
{
char  * ps[]={"CHINA","KOREA","GERMAN","FRANCE","AMERICA"};
int  n=5;
printf("未排序前的国家名如下:\n");
orstr(ps, n);
exstr(ps, n);
printf("排序后的国家名如下:\n");
orstr(ps, n);
printf("\n\n");
}
void  exstr(char  * ps[],  int  n)
{
char  * t;
int  i, j;
for(i=0; i<n-1; i++)
    for(j=i+1; j<n; j++)
        if(strcmp(ps[i], ps[j])>0){t=ps[i]; ps[i]= ps[j]; ps[j]=t;}
```

```
}
void  orstr(char  *ps[],  int  n)
{
int  i;
for(i=0; i<n; i++)puts(ps[i]);
}
```

2. 程序运行结果

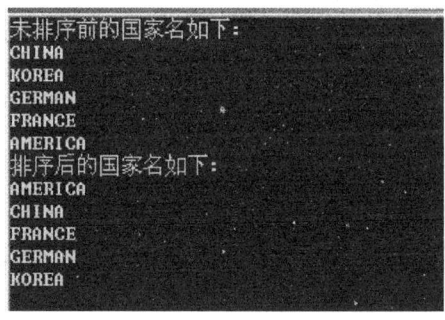

图 8.23　任务 4 的程序运行结果

3. 程序说明

本程序中使用了三个函数:主函数、orstr()函数、exstr()函数。主函数中定义了一个指针数组 ps,然后主函数分别调用 orstr()函数和 exstr()函数分别实现字符串的输出和字符串的排序功能。注意,排序只是交换了指向字符串的指针数组元素,并没有改变字符串的存储位置。

4. 思考

如果要求 5 个国家名是随机从键盘输入得到,请思考,本程序该如何修改才能符合要求呢?

实训一　指针操作实例

 **实训目的**

1. 掌握指针变量的定义与引用方法;
2. 掌握指针作为函数参数的使用方法。

实训要求

1. 正确使用指向一维数组的指针;

2. 正确使用指向二维数组的指针；

3. 对源程序进行编译、连接、运行；

4. 写出程序运行结果。

实训内容

请根据任务要求把源程序补充完整，并上机对源程序进行输入、编译、连接、运行，写出程序运行结果。

任务一：以下程序功能是：从键盘输入 10 个整数，找出其中最大的数。

```
#include<stdio.h>
void fmax(int b[],int * p,int n)
{
int k;
 * p=b[0];
for(k=1;k<n;k++)
  if( _____ ) * p=b[k];
}
main()
{
    int i,max,a[10];
    for(i=0;i<10;i++)scanf("%d",a+i);
    fmax( _____ , _____ , 10);
    printf("max=%d\n",max);
}
```

任务二：以下程序的功能是求出二维数组数字字符串的奇数下标数字组成的十进制整数和。

```
#include<stdio.h>
main()
{
    char a[2][6]={"01234","45678"}, * p[2];
int i,j,s=0;
for(i=0;i<2;i++)
  p[i]= _____ ;
for(i=0;i<2;i++)
  for(j=1;p[i][j]>='0'&&p[i][j]<='9'; _____ )
    s= _____ ;
printf("s=%d\n\n",s);
```

```
}
```

实训过程

任务一的参考完整源程序如下:

```
#include<stdio. h>
void fmax(int b[],int * p,int n)
{
int k;
 * p=b[0];
for(k=1;k<n;k++)
    if(b[k]> * p) * p=b[k];
}
main()
{
    int i,max,a[10];
    for(i=0;i<10;i++)scanf("%d",a+i);
    fmax(a,&max,10);
    printf("max=%d\n",max);
}
```

任务一程序运行结果为:

```
1 2 3 4 9 10 7 8 12 56
max=56
Press any key to continue
```

图 8.24　实训一任务一的程序运行结果

任务二的参考完整源程序如下:

```
#include<stdio. h>
main()
{
    char a[2][6]={"01234","45678"}, * p[2];
int i,j,s=0;
for(i=0;i<2;i++)
    p[i]=a[i];
for(i=0;i<2;i++)
    for(j=1;p[i][j]>='0'&&p[i][j]<='9';j+=2)
        s=s+p[i][j]-'0';
printf("s=%d\n\n",s);
}
```

任务二程序运行结果为：

s=16

图 8.25   实训一任务二的程序运行结果

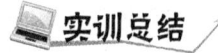实训总结

本实训的两个任务都是采用程序填空的形式，原因有两个：一是考虑到水平考试的考试形式，二是填空题在一定程度上能锻炼学生的编程能力。两个任务的算法都是以前所接触过的，只不过现在是用指针来实现而已。这两个任务可以看成是对课本案例的补充，通过这两个任务，学生能对指针的使用有进一步的认识。

实训二   利用指针处理字符串

实训目的

1. 正确使用字符型指针处理字符串问题；
2. 正确使用字符型指针数组处理多字符串问题。

实训要求

1. 能根据实训内容的要求编制出正确的程序；
2. 按步骤调试程序，并记录运行结果。

实训内容

任务一：从键盘输入的字符串中删除指定的字符

任务描述：从键盘输入一个字符串，要求删除其中的字符'i'。例如：原字符串为："Please input a string"则删除掉 i 之后的字符串变为："Please nput a strng"。经分析，本任务采用字符型指针变量操作字符串是很方便的。程序中删除字符串中的字符用 for 循环实现。

任务二：输入字符串，统计出其中元音字母的个数

任务描述：从键盘输入一个字符串，请你设计一个程序实现：统计出其中元音字母的个数，并分别输出。说明：元音字母指的是 5 个英文字母：a、e、i、o、u(大小写都可以)。例如：I am a student，这个字符串中 a 的个数是：2，e 的个数是 1，i 的个数是 1，o 的个数是 0，u 的个数是 1。

实训过程

任务一的参考源程序如下：

```
#include <stdio.h>
main()
{
char  str[100], *p1, *p2, c;
    printf("请输入一个字符串:\n");
gets(str);
printf("请输入要删除的字符:\n");
c=getchar();
p1=p2=str;
for(;*p1!=\0;p1++)
    if(*p1!=c){*p2=*p1;p2++;}
*p2=\0;
printf("处理后的字符串为:\n");
puts(str);
printf("\n\n");
}
```

程序运行结果如下：

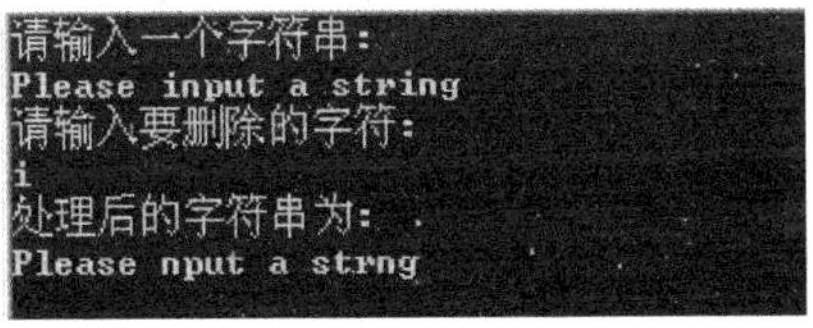

图 8.26　实训二任务一的程序运行结果

任务二的参考源程序如下：

```
#include <stdio.h>
main()
{
char str[100], *s=str;
    int na=0,ne=0,ni=0,no=0,nu=0;
    printf("请输入一个字符串:\n");
    gets(str);
    while(*s!=\0)
      {switch(*s)
        {case 'a':
```

```
        case 'A':na++;break;
        case 'e':
        case 'E':ne++;break;
        case 'i':
        case 'I':ni++;break;
        case 'o':
        case 'O':no++;break;
        case 'u':
        case 'U':nu++;}
    s++;}
printf(" a 的个数:%d\n e 的个数:%d\n i 的个数:%d\n o 的个数:%d\n u 的个数:%d\n",na,ne,
ni,no,nu);
printf("\n\n");
}
```

程序运行结果如下:

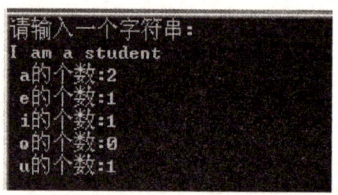

图 8.27　实训二任务二的程序运行结果

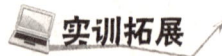 **实训拓展**

请思考:

1. 如何正确使用字符型指针处理字符串问题?

2. 如何正确使用字符型指针数组处理多字符串的问题?

☞ 知识梳理与总结

本章学习了 C 语言中一个重要的数据类型:指针。指针在 C 语言中用途非常广泛,几乎所有的数组操作、字符串操作都可以采用指针来实现。从我们在本章中所举的几个案例可以看出指针的操作非常灵活而方便,当然要想正确而灵活地应用指针也并非易事。也正因为如此,初学者在学习指针时往往会出错,所以在学习本章的知识时务必要多加练习,多思考,多上机实践,在实践中进一步掌握它。

习　题

一、选择题

1. 有如下程序段：

```
int  * p,a＝10,b＝2；
p＝&a；
a＝ * p＋b；
```

执行该程序段后，a 的值为＿＿＿＿。

A) 12　　　　　　　B) 11　　　　　　　C) 10　　　　　　　D) 编译出错

2. 对于基类型相同的两个指针变量之间，不能进行的运算是＿＿＿＿。

A) ＜　　　　　　　B) ＝　　　　　　　C) ＋　　　　　　　D) －

3. 下列程序的输出结果是＿＿＿＿。

```
main()
{
    int a[10]＝{9,8,7,6,5,4,3,2,1,0}, * p＝a＋5；
    printf("%d", * －－p);
}
```

A) 3　　　　　　　　B) 4　　　　　　　C) 5　　　　　　　D) a[4]的地址

4. 若有如下语句：

```
int c[4][5],( * p)[5]；
p＝c；
```

则能正确引用 c 数组元素的是＿＿＿＿。

A) p＋1　　　　　　B) * (p＋3)　　　　C) * (p＋1)＋3　　　D) * (p[0]＋2)

5. 设有定义：int s[]＝{1,3,5,7,9}, * p＝&s[0]；则值为 7 的表达式是＿＿＿＿。

A) * p＋3　　　　　B) * p＋4　　　　　C) * (p＋3)　　　　D) * (p＋4)

6. 下列程序段的输出结果是＿＿＿＿。

```
void fun(int  * x,int  * y)
{
    printf("%d %d ", * x, * y);
    * x＝3；ᅠ * y＝4；
}
main()
{
    int x＝1,y＝2；
```

```
    fun(&y, &x);
    printf("%d %d", x, y);
}
```

A) 2 1 4 3   B) 1 2 1 2   C) 1 2 3 4   D) 2 1 1 2

7. 运行程序：

```
main()
{
    int  a[]={4,2,10,5,20,7}, *p=a;
    p++;
    printf("%d\n", *(p+2));
}
```

则输出结果是_____。

A) 10   B) 20   C) 5   D) 3

8. 若有定义：

```
int a[10];
```

则下面表达式中不能代表数组元素 a[1] 的地址的是_____。

A) &a[0]+1   B) &a[1]   C) &a[0]++   D) a+1

9. 若有说明：

```
int n=2, *p=&n, *q=p;
```

则以下非法的赋值语句是_____。

A) p=q   B) *p=*q   C) n=*q   D) p=n

10. 下列程序执行后的输出结果是_____。

```
void func(int *a, int b[])
{
    b[0]=*a+8;
}
main()
{
    int a, b[5];
    a=0; b[0]=4;
    func(&a, b);
    printf("%d\n", b[0]);
}
```

A) 6   B) 7   C) 8   D) 9

11. 下列程序的输出结果是_____。

```
int b=5;
```

```
int func(int * a)
{
    b+= * a;
    return(b);
}
main()
{
    int a=1,res=2;
    res+=func(&a);
    printf("%d\n",res);
}
```

A) 4   B) 6   C) 8   D) 10

12. 以下程序运行后,输出结果是_____。

```
#include <stdio.h>
ss(char * s)
{
    char * p=s;
    while( * p) p++;
    return(p-s);
}
main()
{
    char * a="abded";
    int i;
    i=ss(a);
    printf("%d\n",i);
}
```

A) 8   B) 7   C) 6   D) 5

13. 若有以下调用语句,则不正确的 fun() 函数的首部是_____。

```
main()
{
    ......
    int a[20],n;
    ......
    fun(n,&a[10]);
    ......
}
```

A) void fun(int m, int x[])   B) void fun(int s, int h[30])

C) void fun(int p, int *s)   D) void fun(int n, int a)

14. 有如下函数调用语句：

   func(rec1,rec2＋rec3,(rec4,rec5));

   则该函数调用语句中,含有的实参个数是_____。

   A) 3   B) 4   C) 5   D) 有语法错

15. 下面语句不能正确进行字符串赋初值的是_____。

   A) char str[5]="good!";   B) char   str[]="good!";

   C) char *str="good!";   D) char   str[5]={'g','o','o','d','!'};

二、填空题

1. 有以下程序段,请问执行后的输出结果是_____。

   char s[10]="abcdefg", *p;

   p=s;p++;

   printf("%s",p);

2. 若有定义和语句：

   int **pp, *p,a=100,b=200;

   pp=&p;

   p=&b;printf("%d,%d\n", *p, **pp);

   则输出结果是_____。

3. 以下程序运行后,如果从键盘输入 ABCDE<回车>,则输出结果为_____。

```
#include<stdio. h>
#include<string. h>
func(char str[])
{
    int num=0;
    while( *(str+nom! ='\0'))nom++;
    return(num);
}
main()
{
    char str[10], *p=str;
    gets(p);
    printf("%d\n",func(p));
}
```

4. 以下函数返回 a 所指数组中最小的值所在的下标。

   fun(int *a,int n)

```
{
    int i,j=0;p;
    p=j;
    for(i=0;i<n;i++)
    if(a[i]<a[p])_____;
    return(p);
}
```

则应在下划线处填入的是_____。

5. 读入一行英文文本,将其中每个单词的第一个字母改为小写,然后输出此文本行。说明:单词是指由空格隔开的字符串。请填空。

```
#include <stdio.h>
void main()
{
    char s[81], * ch;
    int flag=1;
    printf("Please Input a string:\n");
    gets(s);
    ch=_____;
    while( * ch! ='\0')
    {
        if ( * ch=='') flag=1;
        else
        {
            if (flag==_____ && * ch>='A' && * ch<='Z')
                * ch= * ch+32;
            flag=0;
        }
        _____;
    }
    printf("%s\n",s);
}
```

6. 从键盘输入两个字符串,将第二个字符串连接到第一个字符串的后面,最后输出连接后第一个字符串的长度。

```
#include<stdio.h>
mian()
{
char s1[100],s2[50], * p, * q;
```

```
int n＝0；
printf("s1:")；
gets(s1)；
printf("s2:")；
gets(s2)；
p＝s1;q＝s2；
while( ＊ P)
{ _____ ;P＋＋;}
while( ＊ q)
{ ＊ p ____ ；
  p ____ ；
  q ____ ；
  len＋＋；
}
printf("％d\n",n)；
}
```

三、编程题

1. 编程实现交换长度相等的两个数组中的对应元素。

2. 编程实现通过指针操作,找出输入的几个数中最小的数并输出。

3. 编程实现输入一个字符串,然后按相反顺序输出所有的字符。

4. 输入一行字符,统计出其中大写字母、小写字母、空格、数字及其他字符的个数。

5. 输入一个 4×4 的矩阵,输出其转置矩阵。

第 9 章　结构体、共用体和枚举

知识导读

　　计算机技术的飞速发展给社会的各个领域都带来了翻天覆地的变化,很多传统产业和制造业也由于计算机控制技术的引入有了长足的进步,这一切都在很大程度上促进了生产力的提高。于是,越来越多的人都在思考如何让计算机能读懂人们的每一个命令,也即是,人们希望能用程序去描述自然界中的所有事物。

　　我们从前面所学的知识了解到了 C 语言中有基本数据类型(如整型、实型、字符型等),当然也接触到了稍微复杂一点的构造类型:数组。数组的优势是可以描述一组较多的数据,不过数组中的每个数据都必须是同一种数据类型。这就又回到了我们刚才提到的问题:自然界中的事物往往是一个有机的整体,是由不同类型的数据组合而成的复杂数据集合。比如,对于一名学生,他的信息就包含:学号、姓名、性别、年龄、班级等。因此 C 语言为我们提供了另一种构造数据类型:结构体类型。借助这种类型可以将若干个不同类型的数据存放在一起。

　　本章将详细介绍结构体型变量的定义、赋值、使用方法等,同时还简单介绍了共用体和枚举类型的使用方法。

能力目标

- 掌握结构体类型的定义;
- 掌握结构体类型变量的说明;
- 掌握结构体变量的初始化;
- 掌握结构体变量的成员引用;
- 学会结构体嵌套定义;
- 会使用结构体指针;
- 会使用结构体数组;
- 掌握共用体类型的定义;
- 了解共用体类型变量的定义;
- 了解共用体变量的成员引用;
- 学会枚举类型的定义、枚举类型变量的定义以及枚举类型变量的引用。

任务 1   选票统计及候选人信息管理程序

任务目标

- 掌握结构体类型的定义;
- 掌握结构体类型变量的说明;
- 掌握结构体变量的初始化;
- 掌握结构体变量的成员引用;
- 学会结构体嵌套定义;
- 会使用结构体指针;
- 会使用结构体数组。

任务描述

某市要举行市长选举,共有 3 名候选人参加竞选。请你编写一个 C 语言程序,实现对各个候选人得票数的统计,并输出得票最高的候选人的完整信息(姓名、性别、年龄、最终票数等)。

任务分析

本任务实际上是个简化版的投票统计程序。其算法思路是:每次输入一个得票的候选人的名字,对应的候选人票数加 1。统计出各个候选人的票数之后,再找出票数最多的那位候选人,将其信息输出,具体算法可参考找出数组元素最大值的方法。

相关知识

9.1　结构体

9.1.1　结构体类型的定义

我们知道在处理大量数据时,使用数组是很方便的。但是数组只能是同一种类型的数据组成的,这就给数组的应用带来了局限性。例如,某个学生的信息包括姓名、性别、年龄、班级等,这些数据的类型不是完全相同的,像这种情况,我们就可以使用结构体类型来处理。

结构体类型的定义形式如下:

struct　类型名

〈成员列表〉;

例如:

```
struct student
{
    char name[20];
    char sex;
    int age;
    char class1[20];
};
```

在这个结构体类型定义中,结构体类型名为 sttudent,该结构体包含 4 个成员:第一个成员为 name,字符型数组;第二个成员为 sex,字符型变量;第三个成员是 age,整型变量;第四个成员为 class,字符型数组。结构体类型定义好后就可以进行变量说明。凡是说明为 student 类型的变量都是由这 4 个成员组成。由此可见,结构体类型是一种复杂的数据类型。

9.1.2　结构体变量的说明

结构体变量的说明通常采用下面三种方法。

1. 先定义结构体类型,再用定义好的类型来说明变量。

如:

```
struct student
{
    char name[20];
    char sex;
    int age;
    char class1[20];
};
struct student st1,st2;
```

2. 可以对上述定义方法进行简化:在定义结构体类型的同时说明变量。

例如:

```
struct student
{
    char name[20];
    char sex;
    int age;
    char class1[20];
}st1,st2;
```

3. 直接说明结构体类型变量,但是不给结构体取名。

例如:

```
struct
{
    char name[20];
    char sex;
    int age;
    char class1[20];
}st1,st2;
```

注意:第三种方法和第二种的区别在于省略了结构体类型名。

9.1.3 结构体变量的初始化及引用

1. 结构体变量的初始化

在以上三种结构体变量说明的同时都可以进行初始化赋值,如:

```
struct student
{
    char name[20];
    char sex;
    int age;
    char class1[20];
}st1={"mary",'F',25,"ELEC08-2"};
```

需要注意的是:初始化数据应与类型中的各个成员保持类型和位置的完全一致。

2. 结构体变量的引用

由于结构体变量具有多个成员,而且各个成员的类型也不相同,因此,在 C 语言中,一般不能整体引用结构体变量,而只能引用结构体变量的各个成员。

引用结构体变量成员的形式如下:

结构体变量名.成员名

例如:

```
struct student
{
    char name[20];
    char sex;
    int age;
    char class1[20];
}st1={"mary",'F',25, "ELEC08-2"};
```

则成员引用如下：

st1. name;

st1. age;

如果成员本身又是个结构体类型,那么就是就是结构体类型的嵌套,则成员引用必须到最低级成员才能使用,具体使用方法可参考本章"9.1.7　结构体嵌套"部分内容。

【例 9.1】结构体变量定义及引用等基本操作。

```
#include <stdio.h>
main()
{
struct    student
    {
    char    name[20];
    char sex;
    int age;
    char class1[20];
    }st={"Jack",'M',20,"ELEC12-4"};
printf("NAME\tSEX\tAGE\tCLASSNUMBER\n");
printf("%s\t%c\t%d\t%s\n\n",st. name,st. sex,st. age,st. class1);
    }
```

程序运行结果如下：

```
NAME    SEX     AGE     CLASSNUMBER
Jack    M       20      ELEC12-4
```

图 9.1　例 9.1 的程序运行结果

9.1.4　结构体数组

从例 9.1 可以看出,结构体变量 st 只能存储一个学生的信息,如果要存储一个班级所有学生的信息就要用到结构体数组。

1. 结构体数组定义

结构体数组的定义与结构体变量的定义基本类似,形式也相同,只需要说明它为数组类

型即可,因此,也有三种方法。最常用的方法是定义结构体类型名的时候同时定义结构体数组,例如:

```
struct hum
{
    char name[20];
    char sex;
    int age;
    int count;
}leader[3];
```

定义了一个结构体数组 leader,共有 3 个元素:leader[0]、leader[1]、leader[2],每个元素都是一个 hum 类型的结构体变量。

2. 结构体数组初始化

结构体数组的每一个元素都是一个结构体变量,因此结构体数组的初始化即是对数组元素的初始化。例如:

```
struct hum
{
    char name[20];
    char sex;
    int age;
    int count;
}leader[3]={"Jack",'M',50,0,"Jane",'F',45,0,"Alex",'M',34,0};
```

3. 结构体数组的引用

与一般数组的引用相同,对结构体数组的引用就是引用结构体数组元素。对结构体数组赋值、输入和输出、各种运算均是对结构体数组元素的成员进行的。结构体数组的成员表示为:

结构体数组名[下标].成员名

例如:

leader[i]. name;

leader[i]. count;

9.1.5 结构体指针

如果一个指针变量指向的是一个结构体变量时,该指针变量称为结构体指针变量。结构体指针变量的值是它所指向的那个结构体变量的地址。由以前所学的指针知识可知:当指针和它指向的变量建立指向关系后,即可用指针访问变量。因此,通过结构体指针即可访问结构体变量。

结构体指针变量定义的一般形式为:

struct 结构体类型名 ＊指针变量名；

而结构体指针的初始化则是让结构体指针获得结构体变量的地址。

例如：

```
struct    student
    {
    char    name[20];
    char sex;
    int age；
    char class1[20]；
    }st, * p;
    p=&st;
```

这样指针 p 就指向了结构体变量 st,那么要想访问成员 age,除了可以使用 st. age 外,还可以使用：

(* p). age 或 p—＞age

同理,如果将一位结构体数组名赋给结构体指针变量,那么,该指针可以在结构体数组元素间移动。

【例 9.2】用指向结构体变量的指针访问结构体数组。

```
#include<stdio. h>
main( )
{
struct    stu
{
  long    num；
  char    name[20]；
  int age；
}st[3]={{1203,"zhang",19},{1205, "qian",18},{1208, "xiao",20}}, * p;
printf("学号\t 姓名\t 年龄\n")；
for(p=st; p<st+3; p++)
printf("%ld\t%s\t%d\n\n",p—>num, p—>name, p—>age)；
}
```

程序运行结果如下：

图 9.2　例 9.2 的程序运行结果

9.1.6 结构体与函数

在 ANSI C 标准中允许使用结构变量作为函数参数进行整体传送,不过这种传送要将全部成员逐个传送,因此会降低程序的效率。所以通常情况下进行函数调用时是使用结构体指针作为函数参数,从而在很大程度了提高了程序的效率。如例 9.3 为采用函数调用输出全部学生信息。

【例 9.3】同例 9.2,输出三个学生的全部信息。

```
#include<stdio. h>
struct   stu
{long   num;
   char   name[20];
   int age;
};
void PRINT(struct   stu * p)              /* 结构体指针变量作函数形参 */
{
int   i;
printf("学号\t 姓名\t 年龄\n");
   for(i=0;i<3;i++)
printf("%ld\t%s\t%d\n\n",(p+i)—>num,(p+i)—>name,(p+i)—>age);
}
main()
{
struct   stu   st[3]
={{1203,"zhang",19},{1205, "qian",18},{1208, "xiao",20}};
PRINT(st);                           /* 结构体数组名作函数实参 */
}
```

程序的运行结果同例 9.2,如图 9.2 所示。

9.1.7 结构体嵌套

结构体成员可以是普通变量,也可以是结构体,如果结构体的成员本身也是个结构体的话,就构成了结构体类型的嵌套。

例如有以下结构体定义:

```
struct date
{
   int mon;
   int day;
   int year;
};
```

然后又有如下结构体定义：

```
struct student
{
    char name[20];
    char sex;
    int age;
    struct date birthday;
    char class1[20];
}st1,st2;
```

在上例中结构体类型 student 含有 5 个成员，其中成员 birthday 又是个结构体类型，这就形成了结构体类型嵌套结构。birthday 结构体类型含有 3 个成员，分别是 mon，day，year，分别代表月、日、年。

对于结构体嵌套的情况，结构体成员的引用也要使用成员运算符逐级向下连接嵌套的成员直到基本成员，例如：

st1. birthday. year

任务实施

1. 程序清单

```
#include<stdio. h>
#include<string. h>
struct hum
{
    char name[20];
    char sex;
    int age;
    int count;
}leader[3]={"Jack",'M',50,0,"Jane",'F',45,0,"Alex",'M',34,0};
main()
{
    int i,j,max,maxi;
    char leadname[20];
    printf("请输入候选人姓名:\n");
    for(i=0;i<10;i++)
    {
        gets(leadname);
        for(j=0;j<3;j++)
```

```
                if(strcmp(leadname,leader[j].name)==0)leader[j].count++;
        }
        printf("各候选人票数统计如下:\n");
        printf("姓名\t票数\n");
        for(i=0;i<3;i++)
        printf("%s:\t%d\n",leader[i].name,leader[i].count);
        max=leader[0].count;
        for(i=0;i<3;i++)
                if(leader[i].count>max){max=leader[i].count;maxi=i;}
        printf("票数最高的候选人信息如下:\n");
        printf("姓名\t性别\t年龄\t票数\n");
printf("%s:\t%c\t%d\t%d\n",leader[maxi].name,leader[maxi].sex,leader[maxi].age,leader[maxi].
count);
        printf("\n");
    }
```

2. 程序运行结果

数据录入和程序运行结果如下:

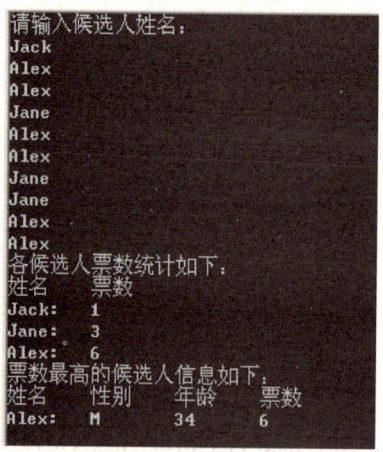

图9.3 任务一的程序运行结果

3. 程序说明

(1) 程序中定义了一个全局的结构体数组 leader,它有 3 个元素(对应三个候选人),每个元素包含 4 个成员:name,sex,age,count。其中票数在初始化数组元素时都置为0。在主函数中定义字符数组 name,它代表备选人的姓名,在 10 次循环中,每次都是先输入一个候选人的姓名,然后将其与三个候选人姓名相比较,与哪个相同,则哪个候选人的 count 值加1。

(2) 在输入和统计出候选人票数之后再判断哪个候选人得票数最高,并把票数最高的候选人的所有信息输出。求票数最高的候选人的方法同数组元素求最大值的方法：假设第一个候选人的票数（leader[0]. count）最高计为 max，则此时最大值的下标 maxi 为 0，然后把 max 和后面的元素逐一比较，若某个元素 leader[i]. count 的值比 max 还要大，则 leader[i]. count 为新的最大值，其值赋给 max，对应的 maxi 的值为 i。这样当比较结束时，max 是所有元素的最大值，而 maxi 则是最大值所对应的下标。所以要输出票数最多的候选人的所有信息，只需要分别输出：

leader[maxi]. name，leader[maxi]. sex，leader[maxi]. age，leader[maxi]. count

任务 2   变 体 记 录

任务目标

- 掌握共用体类型的定义；
- 了解共用体类型变量的定义；
- 了解共用体变量的成员引用。

任务描述

现有几个人员的信息需要记录，可分为学生和教师两类。学生的信息包括：姓名、性别、年龄、身份、班级。教师的信息包括：姓名、性别、年龄、身份、所在系部。现要把它们放入统一表格中存储，如表 9.1 所示。

表 9.1   信息存储示意表

name	sex	age	group	classnum/department
John	m	18	s	301
Mary	f	32	t	elec

任务分析

本任务为简化调试程序，假设只有 2 个人的信息需要存储：一个教师、一个学生。从表 9.1可以看出，学生和教师信息所包含的数据不是完全相同的。如果 group（身份）项为 s（学生），则最后一项为学生所在的班级（classnum）。如果 group（身份）项为 t（教师），则最后一项为教师所在的系部（department）。因此对表格中最后一项的处理可以用共用体来处理。

9.2 共用体

9.2.1 共用体类型的定义

共用体和结构体类似,也是一种由用户自己定义的数据类型,也是由几种不同的数据类型组合而成,因此也是构造数据类型,组成共用体的数据也称为成员。但是共用体和结构体还是有区别的,它们的区别在于:共用体中所有的成员占用共同的内存空间(存储区域)。共用体最主要的用途就是可以实现变体记录和节约内存。

和结构体类似,共用体类型在使用之前也必须定义,共用体类型定义的一般形式如下:

union 共用体类型名

{

    数据类型 1　成员 1;

    数据类型 2　成员 2;

    ...

    数据类型 n　成员 n;

};

例如:

union tp

{

int n;

char ch;

char s[4];

};

在上例中定义了一个 union tp 的共用体类型,它包含 3 个成员,这 3 个成员共同占用相同的一片存储区域。因此 tp 共占用 4 个字节的存储空间。需要注意的是,共用体类型中每个成员所占用的内存单元都是连续的,而且都是从分配的连续内存单元中第一个内存单元开始存放。所以,对于共用体类型,所有成员的首地址都相同。

9.2.2 共用体类型变量的定义

有三种形式,例如:

形式一:

union tp

{

```
int n;
char ch;
char s[4];
};
union tp t1,t2;
```

形式二：

```
union
{
int n;
char ch;
char s[4];
}t1,t2;
```

形式三：

```
union tp
{
int n;
char ch;
char s[4];
}t1,t2;
```

其中第三种形式最为常用。

9.2.3 共用体类型变量的引用

与结构体一样,共用体变量的引用也只能通过逐个引用共用体变量的成员进行。例如：

t1. n

t1. ch

任务实施

1. 程序清单

```
# include<stdio. h>
# define N 2
main()
{
struct
  {char   name[20];
   char   sex;
```

```
        int    age;
        char   group;
        union
        {
            int    classnum;
            char department[20];
        }categ;
    }person[N];
int i;
printf("请输入%d个人的信息:\n",N);
for(i=0;i<N;i++)
{
gets(person[i].name);
scanf("%c",&person[i].sex);
 getchar();
scanf("%d",&person[i].age);
 getchar();
scanf("%c",&person[i].group);
getchar();
    if(person[i].group=='s')
        scanf("%d", &person[i].categ.classnum);
    else   if(person[i].group=='t')
        scanf("%s",person[i].categ.department);
        getchar();
}
    printf("Name\tSex\tAge\tGroup\tClassnum/Department\n");
    for(i=0;i<N;i++)
      if(person[i].group=='s')
        printf("%s\t%c\t%d\t%c\t%d\n\n",person[i].name,person[i].sex,person[i].age,
person[i].group,person[i].categ.classnum);
      else   if(person[i].group=='t')
        printf("%s\t%c\t%d\t%c\t%s\n\n",person[i].name,person[i].sex,person[i].age,
person[i].group,person[i].categ.department);
    }
```

2. 程序运行结果

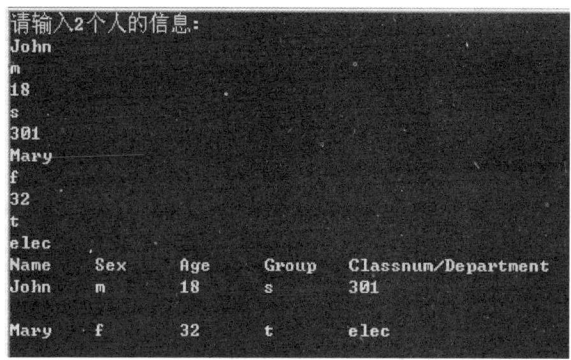

图 9.4 任务 2 的程序运行结果

3. 程序说明

在 C 语言中,"记录"就是结构体数据。如果在结构体类型中嵌套共用体成员,由于该成员可以存放不同类型的数据,这样的结构体数据就是"变体记录"。本任务正是利用结构体嵌套共用体的方法实现的"变体记录"。

而且在本程序中,我们是在主函数之前定义了结构体数组 person,在结构体类型中有一个共用体成员:categ。

任务 3 输入一周中的某一天,输出是"工作日"或"休息日"

任务目标

◉ 学会枚举类型的定义;

◉ 学会枚举类型变量的定义;

◉ 学会枚举类型变量的引用。

任务描述

本任务要求实现:从键盘输入一周中的某一天所对应的整数,如果是周一就输入 1,如果是周二就输入 2,屏幕输出该天对应的是"工作日"还是"休息日"。比如,从键盘输入 2,则输出"工作日",如果输入的是 7,则输出"休息日"。

任务分析

因为一个星期只有 7 天,像这种类型的数据如果用数来表示不如用名称表示更为直接自然。为此,C 语言提供用户定义枚举类型来解决。本任务就可以采用枚举类型来表示一周的七天。

9.3 枚举

9.3.1 枚举类型的定义

在实际问题中,有些变量的取值被限定在一个很有限的范围内,比如一个星期只有 7 天,一年只有 12 个月,一个学期只有 5 门课程等。与其把这些量用整型数据表示,还不如用一些具有实际意义的字符来表示更直观。C 语言提供了一种称为"枚举"的数据类型。简单地说,枚举类型的数据就是用户定义的一组标识符序列。

枚举类型的定义形式为:

enum 枚举类型名{枚举值列表};

例如:enum   wday{mon=1,tue,wed,thu,fri,sat,sun};

在本例中,枚举类型名为 wday,枚举值共有 7 个:mon,tue,wed,thu,fri,sat,sun。需要注意的是枚举值是常量不是变量,如果没有强制赋值,则系统会自动给予它们 0,1,2,3…值。但是,本例中 mon 的值被赋为 1,所以系统将枚举常量的值自动往后延续,即:tue,wed,thu,fri,sat,sun 的值分别为:2,3,4,5,6,7。

9.3.2 枚举类型变量的定义

枚举变量的说明同结构体变量的定义一样,可以在定义枚举类型的同时进行。例如:

enum   wday{mon=1,tue,wed,thu,fri,sat,sun}dt;

则定义了一个变量 dt 为 wday 枚举类型。

9.3.3 枚举类型变量的引用

枚举变量在定义后就可以对它赋值,赋值必须用枚举常量或者枚举常量所对应的整数值。例如,上例中 dt 可以用如下语句赋值:

dt=fri;或 dt=5;

上述两条语句效果是一样的。

9.3.4 用户自定义类型

有时候 C 语言的初学者在使用结构体类型名或共用体类型名的时候太过复杂,使用起来比较不方便。针对这种情况,C 语言允许用户根据自己的使用习惯重新定义一个替代的类型名。

1. 自定义基本类型

如果定义两个整型变量可以用:

int x,y;

为了增加程序的可读性和兼容性,我们可以使用 typedef 给 int 取个别名,例如:

typedef int INTEGER；

这样就可以使用 INTEGER 和代替 int 进行整型变量的定义。例如：

INTEGER x，y；

相当于：

int x，y；

2. 自定义数组类型

例如：

typedef char STR[10]；

上例表示 STR 是字符型数组类型，且数组长度是 10。然后如果有以下语句：

STR s1，s2，s3；

说明 s1，s2，s3 都是 STR 类型的变量，即全都是长度为 10 的字符型数组。

3. 自定义构造类型

例如：

```
typedef struct leader
{
    char name[20]；
    char sex；
    int age；
    int count；
}LD；
```

则可使用 LD 定义 leader 类型的结构体变量：

LD m1，m2，m3；

任务实施

1. 程序清单

```
#include<stdio. h>
main()
{
enum  wday{mon=1,tue,wed,thu,fri,sat,sun}dt；
    printf("请输入周几(1~7 的一个整数):\n")；
    scanf("%d",&dt)；
    switch(dt)
      {case mon：
        case tue：
        case wed：
        case thu：
```

```
    case fri:printf("工作日\n\n");break;
    case sat:
    case sun:printf("休息日\n\n");break;
    default :printf("输入错误！\n");
    }
}
```

2. 程序运行结果

图 9.5　任务 3 的程序运行结果

3. 程序说明

从本例中可以看出，采用枚举值来代替整数值进行程序设计有如下好处：一是枚举值更加直观，可以增加程序的可读性；二是枚举值的取值范围有限制，便于编译系统检查错误。

实训一　结构体综合实训

实训目的

1. 掌握结构体的基本概念；
2. 掌握结构体的类型定义、变量说明、成员引用；
3. 掌握结构体类型的应用。

实训要求

1. 复习教材中相关内容；
2. 理解各个源程序的算法及作用；
3. 能够通过实训分析理解结构体的使用方法。

实训内容

定义一个日期结构体变量，该日期具有年、月、日等信息。请编程实现能计算出某个日期在本年中是第几天，注意闰年问题。

实训过程

1. 任务分析

1月、3月、5月、7月、8月、10月、12月有31天,4月、6月、9月、11月有30天,只有2月比较特殊,一般年份是28天,闰年是29天。所以可用switch语句来设计程序。

2.参考程序

```c
#include<stdio.h>
struct date
{
    int year;
    int month;
    int day;
}dat;
main()
{
    int days;
    printf("请输入年,月,日:\n");
    scanf("%d,%d,%d",&dat.year,&dat.month,&dat.day);
    switch(dat.month)
    {
    case 1:days=dat.day;break;
    case 2:days=dat.day+31;break;
    case 3:days=dat.day+59;break;
    case 4:days=dat.day+90;break;
    case 5:days=dat.day+120;break;
    case 6:days=dat.day+151;break;
    case 7:days=dat.day+181;break;
    case 8:days=dat.day+212;break;
    case 9:days=dat.day+243;break;
    case 10:days=dat.day+273;break;
    case 11:days=dat.day+304;break;
    case 12:days=dat.day+334;break;
    }
    if((dat.year%4==0&&dat.year%100==0||dat.year%400==0)&&dat.month>=3)
days=days+1;
    printf("%d年%d月%d日是%d年的第%d天\n\n",dat.year,dat.month,dat.day,dat.year,
days);
}
```

程序运行结果如下：

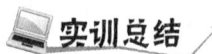

请输入年，月，日：
1987.6.22
1987年6月22日是1987年的第173天

图9.6 实训一的程序运行结果

实训总结

该任务综合运用了结构体和多分支选择结构程序设计，算法并不算难，重点在掌握结构体成员的引用方法。

实训拓展

请思考：上例中使用 switch 语句来设计程序，显得程序总体结构比较复杂，能不能在不影响程序功能的情况下，把上述程序简化一下呢？

参考程序如下：

```
#include<stdio.h>
struct date
{
    int year;
    int month;
    int day;
}dat;
main()
{
    int i,days;
    int daytab[13]={0,31,28,31,30,31,30,31,31,30,31,30,31};
    printf("请输入年,月,日:\n");
    scanf("%d,%d,%d",&dat.year,&dat.month,&dat.day);
    days=0;
    for(i=1;i<dat.month;i++)
        days+=daytab[i];
    days=days+dat.day;
    if((dat.year%4==0&&dat.year%100==0||dat.year%400==0)&&dat.month>=3)
days=days+1;
    printf("%d年%d月%d日是%d年的第%d天\n\n",dat.year,dat.month,dat.day,dat.year,days);
}
```

程序运行结果如图9.6所示。

实训二 共用体综合实训

实训目的

1. 掌握共用体的基本概念；
2. 掌握共用体的类型定义、变量说明、成员引用；
3. 掌握共用体类型的应用。

实训要求

1. 复习教材中相关内容；
2. 理解源程序的算法及作用；
3. 能够通过实训分析理解共用体的使用方法。

实训内容

设置一个共用体类型，包含一个无符号整型成员和一个含 4 个元素的字符数组成员。用该共用体类型说明变量后，输入四个字符，输出由这四个字符形成的整数。（本例是针对 32 位机）

实训过程

程序如下：

```
#include<stdio.h>
main()
{
    union my
    {
        unsigned int i;
        char d[4];
    }mya;
    scanf("%c%c%c%c",&mya.d[0],&mya.d[1],&mya.d[2],&mya.d[3]);
    printf("%x,%x,%x,%x,%x\n\n",mya.d[0],mya.d[1],mya.d[2],mya.d[3],mya.i);
}
```

程序运行结果如下：

ABCD
41,42,43,44,44434241

图9.7　实训二的程序运行结果

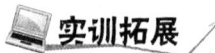

请思考：上例是针对32位机设计的程序，如果该程序要想在16位机上运行，试想该如何修改源程序？

☞知识梳理与总结

本章系统地阐述了C语言的用户定义类型，包括：结构体、共用体、枚举三种，其中结构体和共用体是构造类型，枚举是基本数据类型。现总结如下：

1. 结构体和共用体有很多相似之处。类型定义的形式相同、变量说明的方法相同、成员的引用方式相同。

2. 结构体和共用体也有很多区别。在结构体中，各成员都拥有独立的内存空间，一个结构体变量的总长度等于所有成员的长度之和；而共用体成员只能先后占用该共用体变量的存储空间，各成员值不能同时存在，因此，一个共用体变量的长度等于该成员中的最大长度。

3. 枚举类型是用户定义的一组标识符序列，其值为整型常数。因此枚举类型是基本数据类型。

4. 用户可以通过typedef给系统数据类型以及构造类型重新命名，但注意这并没有定义新的类型。

习　　题

一、选择题

1. 若定义 union uex{int i;float f;char c;}ex;则 sizeof(ex)的值是＿＿＿＿。
   A) 4　　　　　　　B) 5　　　　　　　C) 6　　　　　　　D) 7

2. 以下程序的输出结果是＿＿＿＿。

```
struct HAR
{
 int  x, y;
 struct  HAR * p;
}h[2];
main()
```

```
{
    h[0].x=1;h[0].y=2;
    h[1].x=3;h[1].y=4;
    h[0].p=&h[1];h[1].p=h;
    printf("%d %d \n",(h[0].p)->y,(h[1].p)->x);
}
```

A) 2 3   B) 1 4   C) 4 1   D) 3 2

3. 设有定义

  enum team{my,your=3,his,her=his+5};

  则枚举元素 my,your,her 的值分别是_____。

  A) 032   B) 134   C) 039   D) 035

4. 以下程序的输出结果是_____。

```
union myun
{
    struct
    {int  x, y, z; } u;
    int   k;
}a;
main()
{
    a.u.x=4;a.u.y=5;a.u.z=6;
    a.k=0;
    printf("%d\n",a.u.z);
}
```

  A) 4   B) 5   C) 6   D) 0

5. 已知赋值语句 Wang.year=2005;判断 Wang 是_____类型的变量。

  A) 字符或文件   B) 整型和枚举   C) 联合或结构   D) 实型或指针

6. 若有下面的说明和定义：

```
struct test
{
    int   a;
    char b;
    float   c;
    union u
    {char u1[5];int u2[2];} ua;
} myaa;
```

  则 sizeof(struct test)的值是_____。

A) 12 B) 19 C) 14 D) 4

7. 以下各选项企图说明一种新类型名,其中正确的是_____。

A) typedef a1 int B) typedef a2＝int C) typedef int a3 D) typedef a4；int

8. 下面说明中,正确的是_____。

A) typedef　v1 int B) typedef　v2＝int

C) typedef　int　v3 D) typedef　v4：int

9. 设有以下说明语句

typedef struct

｛ int　n;

char　ch[8];

｝ PER;

则下面叙述中正确的是_____。

A) PER 是结构体变量名 B) PER 是结构体类型名

C) typedef　struct 是结构体类型 D) struct 是结构体类型名

10. 假设有一结构体类型变量定义如下:

```
struct dat
{
int year;
int month;
int day;
};
struct student
{
char name[10];
char sex;
struct dat birday;
}st;
```

如果想对结构体变量 st 的出生年份成员进行赋值,下面正确的赋值语句为_____。

A) year＝1993 B) birday. year＝1993

C) st. birday. year＝1993 D) st. year＝1993

二、填空题

1. 以下程序的功能是在结构体数组中查找出分数最高和最低学生的姓名和成绩,请将程序补充完整。

```
#include<stdio. h>
main()
{
int max,min,i,j;
```

```
struct
{
    char name[10];
    int score;
}st[4]={"lili",89,"jack",90,"mary",78,"john",91};
max=min= _____ ;
for(i=1;i<4;i++)
    if(st[i]. score>st[max]. score) _____ ;
    else  if(st[i]. score<st[min]. score) _____ ;
printf("max:%s,%d\n", _____);
printf("min:%s,%d\n", _____);
}
```

2. 以下程序的输出结果是_____。

```
#include<stdio. h>
main()
{
union num
{
 struct
  {int a;
  int b;}in;
  int x;
  int y;
}n1;
n1. x=1;
n1. y=2;
n1. in. a=n1. x * n1. y;
n1. in. b=n1. x+n1. y;
printf("%d,   %d\n",n1. in. a,n1. in. b);
}
```

三、编程题

1. 一个班级有 30 个学生,每个学生的信息包括:学号、姓名、三门课程的成绩。学生信息从键盘输入,要求按各个学生的三门课程的平均分,从高分到低分输出这 30 名学生的所有信息(学号、姓名、平均分)。

2. 已知一长度为 2 个字节的整数,请编程实现将其高位字节与低位字节互相交换后输出。(提示:可使用共用体类型数据实现)

3. 输入 10 个学生的学号、姓名和考试成绩,请编写程序找出其中的最高分和最低分。

第10章 位运算与预处理命令

 知识导读

C语言是具备低级语言特征的高级语言,因此它除了具有像其他高级语言一样易于掌握的特点之外,还具有低级语言面向硬件的特征。也正是由于C语言的这个特点,目前几乎所有的主流单片机芯片都支持C语言程序编程。本章将要介绍的位运算和预处理命令在计算机监测和控制领域有着非常广泛的应用。因此,对于自动控制方向的从业人员来说,应当重点掌握此部分内容。本章除了介绍基本位运算符和预处理命令的使用之外,还在应用实例部分列举了一些位运算在单片机程序中的应用实例,以供广大读者查阅参考。

能力目标

- 掌握几种位运算符的基本运算规则;
- 理解位运算的功能及使用领域;
- 能综合使用多种位运算符实现程序功能;
- 理解位运算在单片机开发中的应用;
- 能综合使用移位运算符和简单位运算符实现循环右移或左移功能;
- 理解位运算在单片机流水灯程序中的应用;
- 了解预处理命令在单片机程序中的使用。

任务设置

任务1 分析下面程序的运行结果

任务2 取出任意一个整数 x 的第8～11位

任务3 将整数 a 进行循环左移3位

任务4 单片机流水灯程序

实训 位运算综合应用实例

任务 1　分析下面程序的运行结果

任务目标

● 引出位运算和逻辑运算的异同；
● 掌握几种位运算符的基本运算规则。

任务描述

【例 10.1】请根据下面给出的程序，分析该程序的运行结果。

```
#include<stdio.h>
main()
{
int a=4,b=9,c,d;
c=a&&b;
d=a&b;
printf("a=%d,b=%d\nc=%d,d=%d\n",a,b,c,d);
}
```

任务分析

该程序中：&& 为逻辑运算符，有关逻辑运算符的运算规则，我们在前面的任务中已经学会使用了。但是，& 运算符是位运算符，执行按位与运算。本任务即是引出逻辑运算与位运算的不同之处，并进一步引出其余位运算的使用方法。

相关知识

10.1　位运算符的基本运算规则

10.1.1　计算机中数值数据的表示

由于任何信息在计算机中的存储都是以一组二进制数的形式表示，而位运算指的是把操作数的二进制位进行按位运算。所以，在学习位运算之前，有必要了解计算机中数据的存储方式。

1. 计算机中的数据单位

在计算机中常用的数据单位有下面 3 种：位(bit)、字节(byte)、字(word)。

（1）位

位是计算机中最小的数据单位。1位二进制数只能表示两种状态：0或1。

（2）字节

字节是由8位二进制数组成，字节是计算机表示存储容量的基本单元。常见的单位有：B，KB，MB，GB等。图10.1是1个字节的各二进制位的编号，编号规则按"左高右低"进行，最左边为最高位（第7位），最右边为最低位（第0位）。

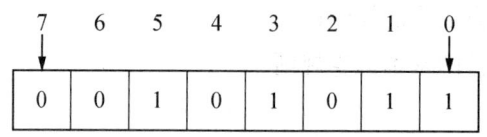

图10.1　一个字节内各二进制位的编号

（3）字

一个字由若干个字节组成。具体一个字是由几个字节组成则取决于计算机的硬件系统。按照计算机一次能处理的数据的位数，计算机可分为8位机、16位机、32位机等，对应的计算机字长为：1个、2个、4个字节。

2. 原码、反码和补码

由于在数据处理时要处理大量含有正负之分的数据，所以人们常用符号"＋"和"－"来区分正负数。但是计算机却是无法识别"＋"和"－"的。因此需要把符号数字化。通常，约定二进制数的最高位为符号位，"0"表示正号，"1"表示负号。这种计算机中表示数据的形式称为机器数。机器数通常有三种表示方法：原码、反码和补码。而现代计算机的数据存储通常采用的是补码形式。正数的3种编码表示方法是完全一致的。而负数的3种编码方法则各不相同。下面对这3种编码规则进行简单的举例说明。以下各例为简单起见，都以字长为8位的计算机为例。

（1）原码

原码表示法比较简单，最高位为符号位，为"0"表示正数，为"1"表示负数，其余数值位为该数的绝对值。

例如：＋3的原码为：00000011

　　　－3的原码为：10000011

（2）反码

反码可以由原码求得。正数的反码与原码相同；负数的反码：原码的符号位保持不变，数值位按位取反。

例如：＋3的反码为：00000011

　　　－3的反码为：11111100

（3）补码

现代计算机中数据的存储通常都采用补码形式。补码的规则是：正数的补码与原码相同;负数的补码:原码符号位保持不变,数值位按位取反后,末位加 1。

例如:+3 的补码是:00000011

$\qquad$ −3 的补码是:11111101

根据补码求原码的方法是:正数的原码与补码相同;负数的原码求法是把该数补码的符号位保持不变,数值位按位取反,再末位加 1。

例如:补码为 11111010,原码:10000110,所以该数为:−6。

10.1.2　位运算符和位运算

位运算是指操作数采用二进制位进行的运算。C 语言提供了以下 6 种基本位运算符:按位取反(～)、按位与(&)、按位或(|)、按位异或(^)、左移(<<)、右移(>>)。运算规则如表 10.1 所示。

表 10.1　位运算规则表

x	y	～x	x&y	x|y	x^y
0	0	1	0	0	0
0	1	1	0	1	1
1	0	0	0	1	1
1	1	0	1	1	0

1. 按位取反

使用格式:～x

功能:对应位翻转,原来为 1 变为 0,原来为 0 变成 1。

举例:9:00001001

$\qquad$ ～9:11110110　为 −10

应用:间接构造一个数据以实现程序的可移植性。如:若想实现一个整数 x(不管字长是 16 位还是 32 位)的最低位为 0,则可使用如下语句:x=x&～1;

2. 按位与

使用格式:z=x&y;

功能:当 x 与 y 的对应位都为 1 时,则 z 的对应位为 1,否则为 0。

举例:x=3;y=11;z=x&y;则 z=3。

$\qquad$ 3:00000011

$\underline{\&\ 11:00001011}$

$\qquad$ 00000011

应用:保留数据的某些指定位,其余位置 0。具体做法是:保留的指定位对应位 &1,置 0 位对应位 &0。如:有一个数为 01010010,想使高 4 位都为 0,低 4 位保持不变,则应 & 上 00001111。

```
    01010010
 &  00001111
    00000010
```

3. 按位或

使用格式:z＝x|y;

功能:当 x 与 y 的对应位都为 0 时,则 z 的对应位为 0,否则为 1。

举例:x＝3;y＝11;z＝x|y;则 z＝11。

```
    3:00000011
 |  11:00001011
    00001011
```

应用:保留数据的某些指定位,其余位置 1。具体做法是:保留的指定位对应位|0,置 1 位对应位|1。如:有一个数为 01010010,想使高 4 位都为 1,低 4 位保持不变,则应|上 11110000。

```
    01010010
 |  11110000
    11110010
```

4. 按位异或

使用格式:z＝x^y;

功能:当 x 与 y 的对应位相同时,则 z 的对应位为 0,否则为 1。

举例:x＝3;y＝11;z＝x^y;则 z＝8。

```
    3:00000011
 ^  11:00001011
    00001000
```

应用:保留数据的某些指定位,其余位翻转。具体做法是:保留的指定位对应位^0,翻转位对应位^1。如:有一个数为 01010010,想使高 4 位翻转,低 4 位保持不变,则应^上 11110000。

```
    01010010
 ^  11110000
    10100010
```

任务实施

1. 程序运行结果

本程序运行结果如图 10.2 所示。

```
a=4,b=9
c=1,d=0
Press any key to continue
```

图 10.2　任务 1 的程序运行结果

2. 程序说明

4&&9 为逻辑运算,因此 c=a&&b;则 c 的值为 1。而 d=a&b;为位运算,其运算过程如下,所以 d 的值为 0。

```
    4：  00000100
& 9：  00001001
       00000000
```

3. 思考

(1) 为什么 c 和 d 变量的值不同?

(2) & 运算符和 && 运算符有什么不同?

任务小结

位运算不同于逻辑运算,它是将数据的二进制位按位进行运算,所以在分析位运算的运算结果时,应先把数据的二进制数据写出,再逐位进行运算。这一点请大家在学习时务必注意区分。

任务 2　取出任意一个整数 x 的第 8~11 位

任务目标

● 理解位运算的功能及使用领域;

● 掌握左移运算和右移运算;

● 能综合使用多种位运算符实现程序功能。

任务描述

取出任意一个整数 x 的第 8~11 位。假设 x 的字长为 16 位。

任务分析

经分析,要想实现任务要求可采用如下三步:

(1) 先使 x 右移 8 位,目的是使要取出的那几位移动到最右端。可以使用下面的算法实现:x>>8

(2) 设置一个低 4 位全为 1,高 4 位全为 0 的数。可用 ~(~0<<4) 实现。

(3) 将上面的两者进行 & 运算。由 & 运算的特点可知,可以将最低的 4 位保留下来。

10.2 左移和右移运算符的使用

10.2.1 左位移

使用格式:$x<<N$ (N 为正整数)

功能:将 x 的二进制数左移 N 位,左端高位移出舍弃,右端补 0。

举例:$x=00000010$;$x=x<<2$;则移位后 $x=00001000$

应用:由上例可以看出,左移 1 位相当于原数×2,则左移 N 位,相当于原数$\times 2^N$。由于计算机执行左移运算比乘法运算要快得多,所以在设计控制程序的时候,我们可以将$\times 2^N$的运算处理为左移运算。

10.2.2 右位移

使用格式:$x>>N$ (N 为正整数)

功能:将 x 的二进制数右移 N 位,右端低位移出舍弃,左端补 0。

举例:$x=00001000$;$x=x>>2$;则移位后 $x=00000010$

应用:由上例可以看出,右移 1 位相当于原数÷2,则右移 N 位,相当于原数$\div 2^N$。

任务实施

1. 程序清单

```
#include<stdio.h>
main()
{
unsigned x,y,z,w;
scanf("%x",&x);
y=x>>8;
z=~(~0<<4);
w=y&z;
printf("%x,%d\n%x,%d\n",x,x,w,w);
}
```

2. 程序运行结果

程序运行结果如图 10.3 所示:

```
051c
51c,1308
5,5
Press any key to continue
```

图 10.3 任务 2 的程序运行结果

3. 程序说明

注意该程序中最后输出 x 和 w 的值时,分别采用了%x 和%d 格式,也即是分别以十六进制整数和十进制整数输出。从运行结果中可以看出 w 的值为 5,刚好是十六进制数(51c)的第 8～11 位。

4. 思考

如果任务要求改成:取一个整数的 4～7 位,该如何修改程序才能实现?

任务 3　将整数 a 进行循环左移 3 位

任务目标

● 理解位运算在单片机开发中的应用;

● 能综合使用移位运算符和简单位运算符实现循环右移或左移功能。

任务描述

将整数 a 进行循环左移 3 位。

任务分析

对于单片机的流水灯,实现的办法有很多种,其中一种就是可以利用移位运算来实现,当然也可以使用 C51 库自带的函数来实现,这个在后续的案例中再详细说明。由于流水灯的设计中要用到循环移位指令,但是 C 语言并没有专门的循环移位指令,所以可以通过移位指令与简单逻辑运算可以实现循环左移。本例即是采用此种方式来实现将整数 a 循环左移 3 位。

实现 a 循环左移 n 位的算法是:

(1) 将 a 的左端 n 位先放到 b 的最低 n 位中,可以用下面的语句实现:b=a>>(16−n)。

(2) 将 a 左移 n 位,用 c=a<<n 实现。

(3) 将 c 和 b 进行按位或运算,即 c=c|b。

相关知识

10.3　循环移位

下面用图 10.4 来解释循环左移的过程,图中所示为字长为 8 位的整数循环左移 1 位:

最高位
最低位
0 1 1 0 1 0 1 1
移位前
1 1 0 1 0 1 1 0
移位后

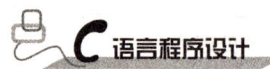

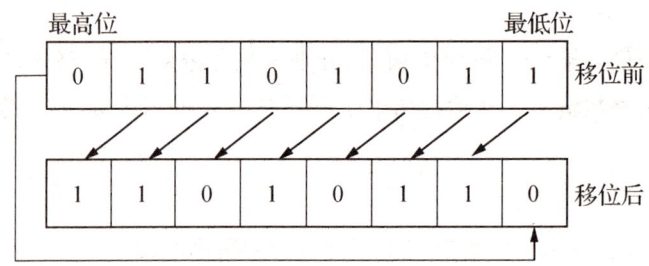

图 10.4　循环左移示意图

任务实施

1. 程序清单

```
#include<stdio.h>
#define N 3
main()
{
unsigned a,b,c;
printf("请输入 a 的值:");
scanf("%x",&a);
b=a>>(16-N);
c=a<<N;
c=b|c;
printf("a=%x,c=%x\n",a,c);
}
```

2. 程序运行结果

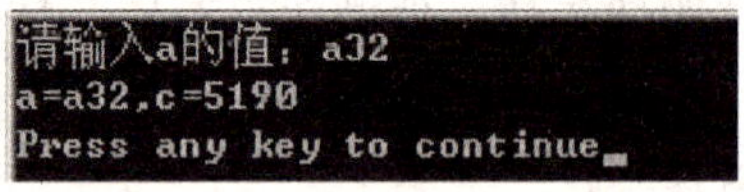

请输入a的值：a32
a=a32,c=5190
Press any key to continue

图 10.5　任务 3 的程序运行结果

3. 程序说明

a 和 x 的输出都是以十六进制整数形式，因此 a 和 c 对应的二进制数分别为：

a：0000 1010 0011 0010

c：0101 0001 1001 0000

从以上对比可以看出 a 的值循环左移 3 位后刚好是 c 的值。

4. 思考

请根据循环左移的算法，思考循环右移该如何实现？

任务 4 单片机流水灯程序

任务目标

◉ 理解位运算在单片机流水灯程序中的应用；
◉ 了解预处理命令在单片机程序中的使用。

任务描述

利用 C51 自带的库函数_crol_()（循环左移函数），以时间间隔 300ms,实现流水灯程序。

任务分析

本任务有以下几点需要说明：

(1) 任务 4 需要单片机硬件支持才能实现,对电子类专业来说,这是后续单片机课程的教学内容,在此不作赘述。对于计算机专业的学生,任务 4 可以略过不学。

(2) 在所需的硬件搭建完毕的基础上,程序调试还需要专门的单片机程序编译软件 Keil,本程序正是在 Keil6.12 的环境下完成编译的。

(3) 本任务的硬件基础是:单片机为 51 系列单片机,晶振频率为 11.0592。那么经过软件测试可知:本程序中内层 for 语句中循环次数 110 时,外层 for 循环的循环次数是多少,那么整个循环嵌套程序就延时多少毫秒。

相关知识

10.4 编译预处理

10.4.1 预处理命令

为了改进程序设计环境和提高编程效率,ANSI C 标准规定可以在 C 程序中加入一些"预处理命令"。这些预处理命令并不是 C 语言的语句,因此,不能对其直接进行编译,必须在对程序进行通常的编译之前,先对这些特殊的命令进行"预处理",然后再由编译程序对预处理后的源程序进行通常的编译处理,最后生成可执行程序代码。C 语言提供的预处理功能主要有以下三种:宏定义、文件包含和条件编译。同时,为了和一般的 C 语言语句区分,这些预处理命令通常以"♯"开头。

1. 宏定义

宏分为无参宏和带参宏两种。

（1）无参宏

无参宏是用一个指定的标识符来代替一个字符串，实际上就是一种替换。无参宏的宏名后不带参数，一般形式为：

♯define 标识符 字符串

例如：♯define PI 3.14 其作用是用字符串 PI 来代替"3.14"这个字符串，这里的 PI 即是宏名。具体案例可参考本章的任务 3。

关于无参宏定义有如下几点需要注意：

• 为了和普通变量名区分，宏名通常用大写字母表示。

• 对于程序中多次重复出现的字符串，使用宏名来代替后，可以大大调高编程效率。

• 无参宏定义只是用宏名对字符串进行简单替换，并不作正确性检查。也就是说在预编译阶段不作任何语法检查，如有错误，只能在编译已被宏展开的源程序时发现。

• 宏定义必须写在所有函数之外，其作用域是从宏定义开始直到源程序结束。如要终止其作用域可以用♯undef 命令。

• 宏定义不是声明或语句，在末尾不能加分号，否则程序编译时会报错。

• 宏定义可以嵌套，也即是：在宏定义的字符串中可以用已经定义的宏名，在宏展开时由预处理程序层层代换。

（2）带参宏

带参数的宏定义在宏展开时，不是进行简单的字符串替换，而是还要进行参数的代入。一般形式为：

♯define 宏名（参数） 字符串

例如：♯define F(x,y) x＋y

　　　　z＝F(6,5);

则在上例中，相当于做了以下运算：z＝6＋5；z 的值为 11。具体案例如例 10.1。

对于带参宏定义，有如下几点要注意：

• 宏名和（参数）之间不能有空格。

• 必要时，要在字符串的参数外加括号。

例如：♯define　MUL(a)　a＊a

那么 MUL(3＋4)的结果是 3＋4＊3＋4，为 19，而不是预期的 49。若想实现(3＋4)＊(3＋4)则应将宏定义改成：♯define　MUL(a)　(a)＊(a)，才能达到预期。

【例 10.2】阅读下面的程序，分析运行结果。

```
♯include＜stdio. h＞
♯define MUL(x)　2＊x
main()
{
```

```
int a=5,b=2,c=3;
a=a+MUL(b+c);
printf("%d\n",a);
}
```

```
12
Press any key to continue_
```

图 10.6　例 10.2 的程序运行结果

10.4.2　文件包含

文件包含是指一个源文件把另外一个源文件的全部内容包含进来,也即将另外的文件包含到本文件中。C 语言采用♯include 命令来实现文件包含。其一般格式有 2 种:

格式 1:♯include<文件名>

格式 2:♯include "文件名"

例如:♯include"math. h"

♯include<reg51. h>

文件包含操作在实际编程中很有用,可以节省程序设计人员的重复劳动。在上面的例子中,reg51. h 是定义 51 单片机特殊功能寄存器和位寄存器的头文件。而 math. h 头文件中包含有各种数学运算函数,是定义常用数学运算的,比如求绝对值、正弦和余弦等,当我们在编程时用到了这些数学函数,就可以直接把该头文件包含进来。

关于文件包含操作,有如下几点需要说明:

(1) 文件包含的两种格式是有区别的。当使用< >时,预处理程序在编译系统定义的标准目录下查找指定的头文件。如果是使用专用的单片机开发软件来进行编程的话,编译器先进入到软件安装文件夹处开始搜索头文件,如果没有找到则报错。当使用" "时,预处理程序首先在当前源程序所在目录下查找指定文件,如没有找到则再从编译系统的标准目录下查找。对于单片机程序开发软件,编译器先进入到当前工程所在文件夹处查找该文件,如没有找到则再到软件安装文件夹查找,如还未找到则报错。

(2) 一个♯include 命令只能包含一个文件。程序中需要用到几个头文件,就要是用几个♯include 命令。

(3) 文件包含可以嵌套。文件 1 包含文件 2,文件 2 又包含文件 3。

10.4.3　条件编译

在 C 语言编译系统中,如果不作特别说明,基本上源程序中所有的语句都参加编译。不过,有的时候由于程序设计需要,可能只希望源程序中的一部分程序进行编译,而另外一部分不参与编译。或者,希望当满足一定条件时一部分程序段进行编译,而条件不满足时则编译另外一部分程序段。像以上这些情况就需要指定编译的条件,统称为"条件编译"。

条件编译主要有以下 3 中形式：

1. 形式一

＃ifdef 标识符

　　程序段 1

＃else

　　程序段 2

＃endif

其功能为如果标识符已经被定义过（用＃define 定义），则编译程序段 1，否则编译程序段 2。上例中＃else 部分也可以省略。

例如：

```
＃define ARR
main()
{
…
. . …
＃ifdef ARR
printf("信息已经存在！\n")；
＃else
printf("请创建新信息！\n")；
＃endif
}
```

在本例中，将会编译 printf("信息已经存在！\n")；如果删除＃define ARR，则将会编译 printf("请创建新信息！\n")这条语句。

2. 形式二

＃ifndef 标识符

　　程序段 1

＃else

　　程序段 2

＃endif

与形式一类似，功能为如果标识符未定义，则对程序段 1 进行编译，否则对程序段 2 进行编译。

3. 形式三

＃if 表达式

　　程序段 1

＃else

程序段 2

#endif

它的功能是：当表达式的值为真时编译程序段 1，否则编译程序段 2。此功能和 if—else 语句类似，但是却有很大的不同。如果使用 if—else 语句，因为编译时要对所有的语句都编译，所以生成的目标程序较长，导致程序运行时间较长。而如果采用条件编译，则要编译的语句较少，则生成的目标程序较短，程序运行时间缩短。尤其是对于一些比较长的选择程序段，采用条件编译就很有必要了。

任务实施

1. 程序源代码

```c
#include<reg52.h>
#include<intrins.h>
#define unit unsigned int
#define uchar unsigned char
void delay(unit);
uchar a;
void main()
{
    a=0xfe;
    while(1)
    {
        P1=a;
        delay(300);
        a=_crol_(a,1);
    }
}
void delay(unit ms)
{
    unit i,j;
    for(i=ms;i>0;i——)
        for(j=110;j>0;j——);
}
```

2. 程序说明

reg52.h 是定义 51 单片机特殊功能寄存器和位寄存器的头文件。由于库函数 _crol_() 在头文件 intrins.h 中，所以在程序开头处要使用预处理命令：#include<intrins.h>。然后程序中用两个宏定义，分别用 unit 和 uchar 替换掉较复杂的标识符：unsigned int 和

unsigned char。delay(300)这条函数调用语句实现延时300ms。我们重点解释a＝_crol_(a,1);这条语句。该语句的作用是将a变量的值循环左移1位后再赋给a变量。a的值原本是0xfe,二进制数为11111110,此时P1的值为11111110,点亮第一个发光管。执行该函数后a的值为11111101,然后P1＝a,此时P1的值为11111101,点亮第二个发光管。以此类推,该程序可实现发光二极管的逐一点亮,且每个管亮的时间间隔是300ms。

实训　位运算综合应用实例

实训目的

1. 掌握位运算的基本概念,学会使用位运算;
2. 进一步掌握借助位运算实现对指定位的操作。

实训要求

1. 能够根据前面案例选择适当算法完成实训内容程序的编写;
2. 输入并编辑程序,调试运行与分析实训结果;
3. 整理实训结果,写出完整的实训报告(包括:算法与程序清单、程序运行结果记录以及程序分析与思考)。

实训内容

设计一个程序,检查一下你所用的计算机系统的C编译在执行右移时是按照逻辑位移的原则,还是按照算术右移的原则。如果是逻辑右移,请编一函数实现算术右移,如果是算术右移,请编一函数实现逻辑右移。

实训过程

参考程序如下:
```
unsigned move1(unsigned v,int n);
unsigned move2(unsigned v,int n);
#include<stdio. h>
main()
{
int a,n,flag;
a=~0;
if((a>>5)! =a)
```

```
{printf("\n 本系统是逻辑右移! \n\n");
flag=0;
}
else
{printf("\n 本系统是算术右移! \n\n");
flag=1;
}
printf("请输入一个八进制数值:");
scanf("%o",&a);
printf("请输入右移位数:");
scanf("%d",&n);
if(flag==0)
printf("算术右移的结果是:%o\n",move1(a,n));
else
printf("逻辑右移的结果是:%o\n",move2(a,n));
}
unsigned move1(unsigned v,int n)
{unsigned z;
z=~0;
z=z>>n;
z=~z;
z=z|(v>>n);
return(z);
}
unsigned move2(unsigned v,int n)
{
unsigned z;
z=(~(1>>n))&(v>>n);
return(z);
}
```

参考程序运行结果:

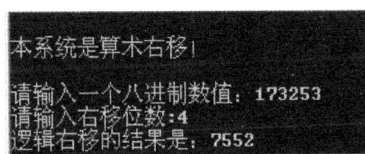

图 10.7　程序运行结果

实训总结

开始并不知道所用的 C 编译系统采用的到底是算术右移还是逻辑右移,因此应检查是哪一种方式。~0 表示成 16 位二进制数为:1111 1111 1111 1111,将它右移 5 位,如果是逻辑右移,则变成:0000 0111 1111 1111;如果是算术右移,则应为:1111 1111 1111 1111。因此,如果一个变量右移 5 位之后还等于它本身,你们就是算术右移,否则就是逻辑右移。在程序中,可设置一个变量 flag 来表示不同的状态,flag=0,表示逻辑右移,flag=1,表示算术右移。在上述程序中用两个函数 move1 和 move2 分别实现算术右移和逻辑右移。

实训拓展

试编写一个函数来实现左右循环移位。主函数调用此函数,调用形式为:movn(v,n);其中 v 为要进行移位的数据,而 n 为位移的位数。如 n<0 为左移,n>0 为右移。例如:n 为 −3,则表示数据左移 3 位。

提示:可参考本章的任务 3 中的程序算法来编程。

☞知识梳理与总结

本章介绍的位运算在系统软件开发与计算机控制领域中有重要作用,同时,位运算也是 C 语言的重要特色之一。本章的重点和难点在于:位运算符的应用。学好本章的基础是了解计算机内部数据的存储形式。本章节介绍的位运算符,如按位与 &、按位或 |、按位异或 ^、按位取反 ~、左位移 <<、右位移 >>,实质上都是针对二进制数的操作。对于计算机类专业的学生来说,学好本章对今后计算机系统的编程很有好处;而对于电子、自动化等控制类专业的学生,学好本章将对后续单片机类课程的学习大有裨益。

习　　题

一、单选题

1. 设有语句:char c1=56,c2=56;则以下表达式中值为零的是_____。

   A) c1^c2　　　　　B) c1&c2　　　　　C) ~c2　　　　　D) c1|c2

2. 整型变量 x 和 y 的值相等,且都不等于 0,那么以下选项中,运算结果为 0 的表达式是_____。

   A) x|y　　　　　B) x||y　　　　　C) x^y　　　　　D) x&y

3. 有以下程序:

```
main()
{
    int x=0.9;char y='d';
```

```
printf("%d\n",(x&1)&&(y<'y'));
}
```

则程序运行结果是_____。

A) 3　　　　　　　　　B) 2　　　　　　　　　C) 1　　　　　　　　　D) 0

4. 以下程序的输出结果是_____。

```
main()
{
unsigned char a,b;
a=7^3;b=~4&3;
printf("%d,%d\n",a,b);
}
```

A) 4,3　　　　　　　　B) 7,3　　　　　　　　C) 7,0　　　　　　　　D) 4,0

5. 若有定义:int b=2;则表达式(b>>2)|(b>>1)的值是_____。

A) 0　　　　　　　　　B) 2　　　　　　　　　C) 4　　　　　　　　　D) 8

6. 若 char 型变量 x 的值为 10100111,则表达式(2+x)^(~3)的值是_____。

A) 10101001　　　　　B) 10101000　　　　　C) 11111101　　　　　D) 01010101

7. unsigned char 类型能表示的最大的十进制数是_____。

A) 128　　　　　　　　B) 256　　　　　　　　C) 255　　　　　　　　D) 127

8. 若有定义:int c=35;则 c&c 的运算结果是_____。

A) 0　　　　　　　　　B) 70　　　　　　　　　C) 35　　　　　　　　　D) 1

9. 下面程序的输出结果是_____。

```
main()
{
int a=3,b=2,c=1;
printf("%d\n", a/b&~c);
}
```

A) 3　　　　　　　　　B) 2　　　　　　　　　C) 1　　　　　　　　　D) 0

10. 有以下语句:char x=3,y=6,z ; z=x^y<<2 ;

则 z 的二进制数值是_____。

A) 00011011　　　　　B) 00010100　　　　　C) 00011100　　　　　D) 00011000

二、阅读程序题

1.

```
main()
{
unsigned char a,b;
```

```
a=4|3;;
b=4&3;
printf("%d %d\n",a,b);
}
```

2.

```
#include<stdio.h>
main()
{
int a,b;
a=065;
b=a&2;
printf("the result is %d\n",b);
}
```

3.

```
main()
{
unsigned char a,b,c;
a=0x3;
b=a|0x8;
c=b<<1;
printf("%d%d",b,c);
}
```

4.

```
main()
{
char x=040;
printf("%d\n",x=x<<1);
}
```

5.

```
main()
{
int a=2,b=3;
a=a^b;
b=b^a;
a=a^b;
printf("a=%d,b=%d\n",a,b);
}
```

三、程序设计题

1. 编写一个程序,能够实现对一个 16 位的二进制数,取出它的奇数位(即从左边开始第 1、3、5、7、9、11、13、15 位),如:八进制数 043526 用二进制表示为:100 011 101 010 110,最高位补 0,补足 16 位为:0100 0111 0101 0110,则其奇数位为:0 0 0 1 0 0 0 1。

2. 设计一个程序,能够实现给定一个数据的原码,能得到该数据的补码。(注:输入数据时可以采用八进制形式)

第 11 章　文　　件

**知识导读**

试请大家回忆一下,对于我们以往写的程序,每次运行的结果只能看看而已,却不能保存下来。要想查看运行结果,下次还要再从头运行一遍。那么,怎么样才能保存程序运行处理的数据或者程序运行的结果呢? 这就是"文件"这个模块要解决的问题。

能力目标

- 了解 C 语言文件的概念与分类;
- 掌握文件的打开与关闭;
- 学会文件的读写操作;
- 会使用文件定位位置指针;
- 了解文件出错的检测方法。

任务设置

任务 1　把文本文件的内容在屏幕上输出
任务 2　录入多名学生信息到指定文件中并显示
实训　　学生信息存储与排序处理程序

任务 1　把文本文件的内容在屏幕上输出

任务目标

◉ 了解 C 语言文件的概念与分类;
◉ 掌握文件的打开与关闭;
◉ 学会文件的读写操作。

任务描述

从一个文本文件名为 p1. txt 的磁盘文件中顺序读取字符,并在屏幕上输出。

任务分析

本程序的功能是从文件中逐个读取字符,并在屏幕上显示出来。本程序中定义了文件指针 fp,以读文本文件方式打开文件 f:\\example\\p1.txt,并使 fp 指向该文件。如打开文件出错,给出出错提示并退出程序。程序先读出一个字符,只要读出的字符不是文件结束标志(EOF)就把该字符显示在屏幕上,再读出下个字符。每读一个字符,文件内部的位置指针向后移动一位,当所有字符读完,该指针指向 EOF。

相关知识

11.1 文件的基本操作

11.1.1 文件概述

1. 文件

所谓"文件"是指一组相关数据的有序集合,这个数据集的名称叫做"文件名"。实际上我们对文件一词并不陌生,在本书的前面各个章节都有提及,比如:文本文件、源程序文件、目标文件、头文件等。文件通常是驻留在外部存储介质上的,在使用时才调入内存。

2. 文件分类

从不同的角度可以对文件做不同的分类。从用户角度看,文件可以分为普通文件和设备文件两种。从文件编码的方式看,文件可分为 ASCII 码文件和二进制文件。下面分别对这几类文件做下简单介绍。

普通文件是指驻留在磁盘或其他外部存储介质(相对于内存而言)上的一个有序数据集合,可以是源文件、可执行程序等,也可以是一组输入/输出数据集合。对于源程序文件、目标文件等统称为程序文件,而输入/输出数据则称为数据文件。

在操作系统中,把外部设备也看作是一个文件以便和普通文件进行统一进行管理。打印机、显示器、键盘、鼠标等与主机相连的各种外部设备都统称为设备文件。这些设备文件也跟普通文件一样可以进行读写操作。通常我们把显示器定义为标准输出文件,一般情况下在屏幕上显示的有关信息就是向标准输出文件输出,如 printf()、putchar()等函数就是向显示器输出。而键盘定义为标准输入文件,在键盘上输入就意味着从标准输入文件上输入数据,scanf()、getchar()等函数就是从键盘输入数据。

ASCII 码文件也称为文本文件,这种文件在磁盘中存放时,每个字符存放的是其对应的 ASCII 码,每个字符占用一个字节的存储空间。例如:十进制数据 1002 采用 ASCII 码的存储形式为:00110001 00110000 00110000 00110010 共占用 4 个字节。ASCII 码文件可在屏幕上按字符显示,例如源程序文件就是 ASCII 码文件,用记事本打开即可显示文件内容。由于是按字符显示,因此人类能读懂文件内容。所以采用 ASCII 码存储可被操作系统直接识别,但占用存储空间较多,同时还要付出由内存的二进制形式转换为 ASCII 码的时间开销。

与 ASCII 码文件不同,二进制文件则是按二进制的编码方式来存放文件的。因此内存中的数据存储的时候不需要进行数据转换,存储介质上保存的数据采用与内存数据一致的形式存储。例如:十进制数据 1002 采用二进制的存储形式为:00000011 11101010。只占用两个字节。由此可见用二进制存储能节省存储空间和转换时间,但人类一般不能直接识别。

实际上,C 语言在处理这些文件时,并不区分类型,而是都看成是字符流,按字节进行处理,输入/输出字符流的开始和结束只由程序控制而不受物理符号的控制。因此也把这种文件称为"流文件"。

11.1.2 文件打开与关闭

对于 C 语言的程序,无论是普通磁盘文件或者是设备文件,都当成是文件统一处理。这些文件都是结构体类型数据。具体的结构体类型是由系统定义的,类型名为 FILE,该结构类型中含有文件名、文件状态和文件当前位置等信息。我们在编制源程序时通常可以不必详细了解 FILE 类型的内部结构。

1. 文件指针

在 C 语言中通常用一个指针变量指向一个文件,这个指针称为文件指针。通过文件指针就可以访问它所指向的文件并进行各种操作。

定义文件指针的形式为:FILE * fp;

其中,fp 即为一个指向 FILE 类型结构体的指针,也就是说,可以通过 fp 找到存放某个文件信息的结构体变量(FILE 类型的变量),然后根据 FILE 类型变量提供的信息找到该文件,继而对文件进行要求的操作等。

2. 文件打开

文件在进行任何操作前都要先"打开"才行。打开文件实际上是建立文件的各种有关信息,最重要的是使文件指针指向该文件,以便对其进行后续操作。在 C 语言中,文件操作都是由库函数来完成。

C 语言用 fopen()函数实现打开文件。其使用形式为:

FILE * fp;

fp=fopen("文件名","文件使用方式");

例如:fp=fopen("test. txt","rt");

上例表示要打开名为 test. txt 的文件,打开方式为:以只读方式打开一个文本文件,执行此操作后,fp 指针指向该文件。fopen()函数可以使用的文件打开方式有 12 种之多,如表 11.1 所示。

表 11.1 文件使用方式说明

文件使用方式	说明
rt	以只读方式打开一个文本文件
wt	以只写方式打开或新建一个文本文件
at	以追加方式打开一个文本文件(在文件末尾添加数据)
rb	以只读方式打开一个二进制文件
wb	以只写方式打开或新建一个二进制文件
ab	以追加方式打开一个二进制文件(在文件末尾添加数据)
rt+	以读写方式打开文本文件(允许读和写)
wt+	以读写方式打开或新建文本文件(允许读和写)
at+	以追加读写方式打开文本文件(允许读,或在文件末尾添加数据)
rb+	以读写方式打开二进制文件(允许读和写)
wb+	以读写方式打开或新建二进制文件(允许读和写)
ab+	以追加读写方式打开二进制文件(允许读,或在文件末尾添加数据)

【说明】

• 对于 fp＝fopen("test. txt","rt");其意义是在当前目录下打开文件 test. txt。如果想打开指定位置文件,应给出完整的文件存储路径。如:

fp＝fopen("f:\\example\\p1. txt","rt")

表示以只读方式打开 F:\example\p1. txt。

• 用"r"方式打开一个文件时,该文件必须已经存在,且只能从该文件中读。

• 用"w"方式打开的文件只能向该文件中写入。如果该文件不存在,则以指定的文件名新建该文件;如果该文件已经存在,则会删除原文件,新建一个同名文件。这点在使用时务必注意。

• 如果要向一个已经存在的文件追加新的信息,只能使用"a"方式。但此时该文件必须是已经存在的文件,否则出错。

• 在打开一个文件时,如果出错,fopen()将返回一个空指针值 NULL。在程序中可以用这一信息来判别是否成功打开文件。因此常用如下程序段来打开文件,如:

```
if((fp＝fopen("f:\\example\\p1. txt","rt"))＝＝NULL)
{
printf("\nfile can't open!  error! \n");
getchar();
exit(1) ;
}
```

这段程序的意义在于,如果返回的指针为空,表示不能打开指定文件,则屏幕给出出错信息提示,而 getchar() 的功能是从键盘输入一个字符但不在屏幕显示,实质是等待用户敲击任意键程序才继续执行。而后执行 exit(1) 退出程序。

3. 文件关闭

文件使用完毕一定要"关闭",关闭文件即是断开指针与文件之间的联系,也就禁止再对文件进行操作。通常我们使用专门的文件关闭函数来关闭文件,以避免文件的数据丢失等。文件关闭通常使用 fclose() 来完成,其使用的一般形式为:

fclose(文件指针);

例如:fclose(fp);

文件如果能正常关闭,则 fclose() 函数返回值为 0,否则表示关闭文件出错。

11.1.3 文件读/写

对文件的读和写是最常用的文件操作。在 C 语言中提供了多种文件读/写的函数,常用的有:字符读/写函数 fgetc() 和 fputc()、字符串读/写函数 fgets() 和 fputs()、数据块读/写函数 fread() 和 fwrite()、格式化读/写函数 fscanf() 和 fprintf()。下面分别介绍这些函数的使用方法。

1. 字符读/写函数

字符读/写函数是以字符为单位的读/写函数。每次可以从文件中读出或者向文件中写入一个字符。

（1）字符输入函数 fgetc()

【功能】从指定文件读入一个字符,该文件必须是以只读、读/写方式打开的。

【调用形式】ch＝fgetc(fp);

【说明】上例中实现从 fp 所指向的文件中读取一个字符并送入变量 ch 中。需要注意的是:在文件内部还有一个位置指针,用来指向文件的当前读写位置。初始时该指针指向第一个字符,每使用一次 fgetc() 函数,该位置指针向后移动一个字符。但是必须注意,文件指针和文件位置指针是两个指向完全不同的指针。文件指针一直指向该文件,只要不重新赋值,则其值保持不变。而文件内部指针则随着当前读写位置的变化而变化,它无需在程序中定义,是由系统自动设置的。具体文件的打开、关闭及 fget() 的使用实例参见例 11.1。

（2）字符输出函数 fput()

【功能】把一个字符输出到指定的磁盘文件上。

【调用形式】fputs(ch,fp);

【说明】在上例中 ch 是要输出的字符,它可以是一个字符常量也可以是字符变量。该语句的含义是:将字符 ch 输出到 fp 所指向的文件上。

【注意】被写入的文件应该用写、读/写、追加方式打开。如用写或读/写方式打开一个已经存在的文件,则写入字符时将从文件首部开始,并清除文件原有内容。要想保留原内容,必须以追加方式打开文件,写入的字符从文件末尾开始存放。

2. 字符串读/写函数

(1) 读字符串函数 fgets()

【功能】该函数功能是从指定的文件中读取一个字符串到字符数组中。

【调用形式】fgets(str,n,fp);

【说明】上例中 str 为字符数组名或指向字符串的指针,n 为读取的最多的字符的个数,fp 为指向读取文件的指针。上述语句表示从 fp 所指向的文件中读 n-1 个字符送入字符数组 str 中。

【注意】在读出 n-1 个字符之前,如果遇到了换行符或者 EOF,则读操作结束。fgets()函数也有返回值,其返回值是字符数组的首地址。

【例 11.1】从 test. txt 文件中读出一个含有 20 个字符的字符串。

```
#include<stdio. h>
main()
{
FILE ∗fp;
char str[21];
if((fp=fopen("f:\\example\\test. txt","rt"))==NULL)
  {
    printf("\nfile can't open! error! \n");
    getchar();
    exit(1);
  }
fgets(str,21,fp);
printf("\n%s\n",str);
fclose(fp);
}
```

例 11.1 中定义字符数组 str 的长度为 21,这是因为 fgets()函数会在从 test 文件中读出 20 个字符送入 str 数组后,再在数组末尾追加一个字符串结束标志'\0'。图 11.1 为例 11.1 的程序运行结果。

When you think of a
Press any key to continue_

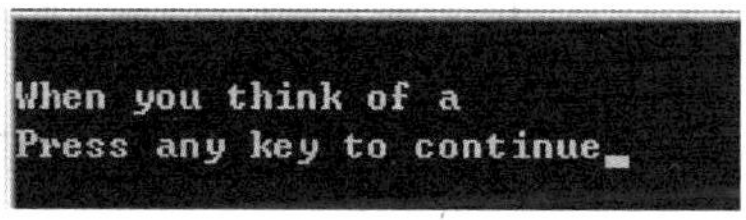

图 11.1 例 11.1 的程序运行结果

(2) 字符串输出函数 fputs()

【功能】fputs()函数把一个字符串输出到指定的磁盘文件上。

【调用形式】fputs(str,fp);

【说明】上例中的 str 可以是字符数组名或者是指向字符串的指针,也可以是字符串常量;fp 为指向要写入文件的指针。该语句功能是:将 str(字符数组)中的字符串写入到 fp 所指向的文件中。

【注意】

· fputs()函数在将字符串写入文件时,其字符串末尾的'\0'字符自动舍弃。

· 正常操作时,fputs()函数的返回值为写入的字符个数;出错时,返回值为 EOF(-1)。

3. 数据块读/写函数

C 语言还提供用于读写整块数据的函数,用来读写一组数据,这组数据可以是数组或者结构型变量的值等。

(1) 文件数据块读函数 fread()

【功能】用来从指定文件中读取一个指定字节的数据块。

【调用形式】fread(buffer,size,count,fp);

【说明】buffer 为读入数据在内存中存放的起始地址;size 为每次要读取的字节数;count 为读取次数;fp 为文件指针。例如:fread(bf,4,5,fp);表示从 fp 所指的文件中每次读 4 个字节,连续读 5 次,共 20 个字节送入 fp 所指向的存储区域中。

(2) 文件数据块写函数 fwrite()

【功能】将数据输出到磁盘文件上。

【调用形式】fwrite(buffer,size,count,fp);

【说明】buffer 为输出数据在内存中存放的首地址;size 为每次要输出到文件中的字节数;count 为输出次数;fp 为文件指针。

4. 格式化读/写函数

格式化读/写函数 fscanf()和 fprintf()与前面使用的 scanf()和 printf()函数的功能相似,都是格式化读写函数。两者的区别在于 fscanf()和 fprintf()的读写对象不是键盘和显示器,而是磁盘文件。

(1) 格式化输入函数 fscanf()

【调用形式】fscanf(fp,格式控制字符串,输入列表);

【说明】fp 是指向要读取文件的指针,格式控制字符串,输入列表的使用方法同 scanf()函数。

【功能】从 fp 指向的文件中,按格式控制字符串中的规定格式读取相应数据赋给输入列表中对应的变量。

例如:

fscanf(fp,"%d,%f",&a,&b);

该语句功能是:从 fp 指定的磁盘文件中读取字符并按"%d"和"%f"格式赋给变量 a

和 b。

（2）格式化输出函数 fprintf()

【调用形式】fprintf(fp,格式控制字符串,输出列表);

【说明】fp 是指向要写入文件的指针,格式控制字符串,输出列表的使用方法同 printf 函数。

【功能】将输出列表中的各个变量或常量,依次按格式控制字符串中的格式写入 fp 所指向的文件中。

【注意】用 fprintf()和 fscanf()函数对磁盘文件进行读写操作,使用方便也容易理解。但由于在输入和输出时要进行 ASCII 码和二进制的转换,时间开销大,因此,在内存与磁盘频繁交换数据的情况下,最好不使用这两个函数,而是使用 fwrite()和 fread()函数。

任务实施

1. 程序清单

```c
#include <stdio.h>
main()
{
    FILE * fp;
    char ch;
    if((fp=fopen("f:\\example\\p1.txt","rt"))==NULL)
    {
        printf("\nfile can't open! error! \n");
        getchar();
        exit(1);
    }
    ch=fgetc(fp);
    while(ch! =EOF)
    {
        putchar(ch);
        ch=fgetc(fp);
    }
    fclose(fp);
}
```

2. 程序运行结果

Once when I was six years old I saw a magnificent picture in a book,called Ture Stories from Nature,about the primeval forest.---The Little Prince

Press any key to continue

图 11.2　任务 1 的程序运行结果

3. 程序说明

注意：EOF 为文本文件的结束标志。所以,该程序只适合处理文本文件。对于二进制文件,C 语言提供了一个 feof() 函数来判断文件是否真的结束。feof(fp) 的值为 1,表示文件结束；为 0,表示未结束。

4. 思考

(1) 如果想顺序读取一个二进制文件的数据,上面的程序该如何修改？

(2) 能不能设计一个程序既可以顺序读取一个二进制文件,又可以读取文本文件呢？

任务 2　录入多名学生信息到指定文件中并显示

任务目标

◉ 了解 C 语言文件的概念与分类；

◉ 掌握文件的打开与关闭；

◉ 学会文件的读写操作；

◉ 会使用文件定位位置指针；

◉ 了解文件出错的检测方法。

任务描述

从键盘输入三个学生的信息,并写入一个文件,然后再把这三个学生的信息显示在电脑屏幕上。

任务分析

本任务因为牵涉到学生信息的存储,因此应先定义一个结构体类型 st 来说明学生信息,stu1 和 stu2 是两个 st 类型的结构体数组,指针变量 p 和 q 分别指向 stu1 和 stu2。在程序中首先以读写方式打开二进制文件"studinfo",输入三个学生的信息之后,把学生信息写入文件中。然后再把文件内部位置指针移到文件开头,读出三个学生信息,并在屏幕上显示出来。

相关知识

11.2 文件的定位及出错检测

11.2.1 文件定位

前面已经介绍过,文件中有一个位置指针,指向当前读/写位置。当顺序读/写文件时,每次读/写一个字符,则每读/写一个字符,该位置指针自动向后移动,指向下一个字符。但是,在实际文件操作中,有时候并不是顺序读/写,而是常常只需要读/写文件中的某一指定部分。这就是文件的随机读/写问题。为了解决这一问题,通常的做法是移动文件的位置指针到需要读/写的位置,再进行读/写,这时候就需要用到由 C 语言提供的文件定位函数来实现。

移动文件内部位置指针的函数主要有 3 个:rewind()函数、fseek()函数和 ftell()函数。

1. rewind()函数

该函数功能是使文件的位置指针移到文件的开头处。

一般的调用形式为:

rewind(fp);

其中 fp 为文件型指针,指向当前操作的文件。

说明:rewind()函数没有返回值,其作用在于,如果要对文件进行多次读写操作,可以在不关闭文件的情况下,将文件位置指针重新设置到文件开头,从而能够重新读写此文件。如果不使用 rewind()函数,那么每次重新操作文件之前,都需要将该文件关闭后再重新打开。

2. fseek()函数

需要随机读/写文件的操作时必须能控制文件位置指针的移动,而 C 语言提供的 fseek()函数就是用来改变文件位置指针的,利用它可以将文件位置指针移动到指定的位置上。

调用形式为:

fseek(fp,offset,whence);

其中:第一个参数 fp 为文件指针;第二个参数 offset 为偏移量,是 long 型数据,如果为正数表示正向偏移,如果为负数则表示负向偏移,具体从哪里开始偏移则是由第三个参数 whence 决定;第三个参数 whence 是 int 型常量,用来设定从文件的哪里开始偏移,可以取值为 0、1 或 2。具体如下:

0:文件开头

1:文件当前位置

2:文件末尾

说明:fseek()函数用来将指定文件(fp 指针指向的文件)的位置指针移动到指定位置,该位置由 offset 和 whence 参数共同决定。如果执行成功,则文件位置指针会移动到由

whence 开始偏移 offset 个字节的位置。如果该函数执行失败,则返回值为一1。

举例:

fseek(fp,50L,0);   /＊将位置指针从文件头向后移动 50 个字节＊/

fseek(fp,－10L,2);   /＊将位置指针从文件末尾往前移动 10 个字节＊/

注意:fseek()函数一般只用于二进制文件,因为文本文件要发生字符转换,计算位置时往往不准确。

3. ftell()函数

由于文件中的位置指针,常常会随着文件读写操作的进行而移动,程序员往往会弄不清楚它的确切位置。而采用 ftell()函数就可以得到位置指针的当前值,不过,是用相对于文件开头的位移量来表示的。如果 ftell()函数返回值为一1L,则表示出错。

11.2.2　出错检测

C 语言中常用的文件检测函数有以下几种:

1. ferror()函数

ferror()函数是文件读写错误检测函数。当调用各种输入/输出函数时,如 fputc()、fgetc()、fwrite()等,如果出现错误,则除了函数返回值可以反映错误外,还可以用 ferror()函数来检查。

调用形式为:ferror(fp);

如果 ferror()函数的返回值为 0,则表示未出错;如果返回值为"非 0",则表示出错。需要注意的是,对于同一个文件,每调用一次读/写操作函数,均会产生一个新的 ferror()函数值,因此应在使用一个读/写函数后立即检查 ferror()函数的值才有意义。在调用 fopen 函数时,ferror()函数的初始值自动置 0。

2. clearerr()函数

clearerr()函数是清除文件错误标志函数,作用是使文件错误标志和文件结束标志都置为 0。

调用形式为:clearerr(fp);

任务实施

1. 程序清单

```
#include<stdio. h>
struct st
{
char name[10];
int num;
int age;
```

```
char clas[15];
}stu1[3],stu2[3],* p,* q;
void main()
{
FILE * fp;
char ch;
int i;
p=stu1;
q=stu2;
if((fp=fopen("f:\\example\\studinfo","wb+"))==NULL)
{
printf("can't open!");
getchar();
exit(1);
}
printf("\n 请输入学生信息:\n");
for(i=0;i<3;i++,p++)
scanf("%s%d%d%s",p->name,&p->num,&p->age,p->clas);
p=stu1;
fwrite(p,sizeof(struct st),3,fp);
rewind(fp);
fread(q,sizeof(struct st),3,fp);
printf("\n\n 姓名\t 学号\t 年龄\t 班级\n");
for(i=0;i<3;i++,q++)
printf("%s\t%d\t%d\t%s\n",q->name,q->num,q->age,q->clas);
fclose(fp);
}
```

2. 程序运行结果

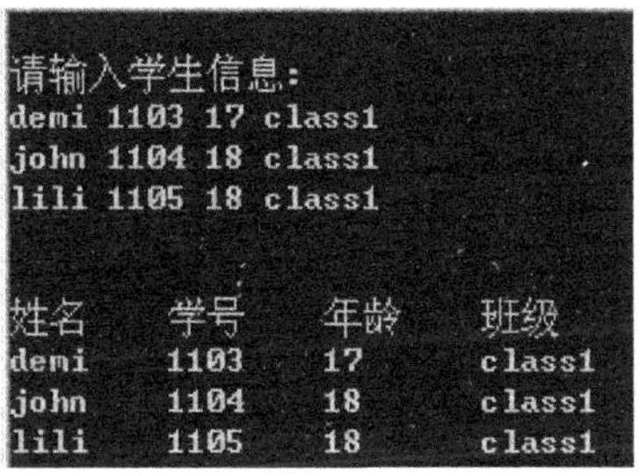

请输入学生信息:
demi 1103 17 class1
john 1104 18 class1
lili 1105 18 class1

姓名　　学号　　年龄　　班级
demi　　1103　　17　　class1
john　　1104　　18　　class1
lili　　1105　　18　　class1

图 11.3　任务 2 的程序运行结果

3. 程序说明

本程序综合使用了：fopen( )、fclose( )、fwrite( )、fread( )、rewind( )等函数，是一个比较复杂的综合性实例。在实际应用中，可在本程序的基础上扩展出学生信息数据库的读取写入显示等升级程序。

实训　学生信息存储与排序处理程序

 **实训目的**

1. 掌握文件及文件指针的概念；
2. 学会使用文件打开/关闭、读/写等文件操作函数；
3. 学会对文件进行简单的操作；
4. 能设计和调试简单的文件读写程序。

实训要求

输入并编辑事先编写好的程序，调试运行。

实训内容

编写能实现下述功能的程序并运行。

任务 1　有 4 个学生，每个学生有 3 门课程的成绩、姓名、年龄、性别等信息共同存放在磁盘文件 abc. txt 中。

任务 2　然后将文件中的学生信息按英语成绩排序处理，并将已经排好序的数据存入一个新文件 newabc. txt 中。

任务 3　在已经排好序的 newabc. txt 中插入一个学生信息，要求按成绩高低顺序插入，即插入后符合原有的排序顺序，插入后建立一个新文件 newabc1. txt。

abc. txt 中的学生信息如表 11.2 所示：

表 11.2　学生信息表

姓名	性别	年龄	英语	语文	数学
John	M	18	87	68	89
Lili	F	18	76	90	96
Alex	M	19	90	75	67
Tom	M	19	82	80	84

要插入的学生信息为：

| Demi | F | 18 | 95 | 90 | 92 |

实训过程

任务 1 的参考程序如下：

```
#include<stdio.h>
typedef struct
{
char name[8];
char sex;
int age;
int eng,chin,maths;
}
STU
main();
{
    STU st[4]={{"John",'M',18,87,68,89},{"Lili",'F',18,76,90,96},
{"Alex",'M',19,90,75,67},{"Tom",'M',19,82,80,84}};
    int i;
    FILE * fp;
    if((fp=fopen("abc.txt","wt"))==NULL)
    {
        printf("error! \n");
        getch();
        exit(1) ;
    }
    for(i=0;i<4;i++)
        fwite(&st[i],sizeof(STU),1,fp);
    fclose(fp);
}
```

任务 2 的参考程序如下：

```
#include<stdio.h>
typedef struct
{
char name[8];
char sex;
int age;
```

```
int eng,chin,maths;
}
STU;
main()
{
int i,j;
    STU st[4];
    FILE * fin,* fout;
    if((fin=fopen("abc. txt","rt"))==NULL)
    {
        printf("打开文件失败,请按任意键结束\n");
        getchar();
        exit(1) ;
    }
if((fout=fopen("newabc. txt","wt"))==NULL)
{
        printf("打开文件失败,请按任意键结束\n");
        getchar();
        exit(1) ;
    }
for(i=0;i<4;i++)
        fread(&st[i],sizeof(STU),1,fin);
for(i=0;i<3;i++)
        for(j=0;j<3-i;j++)
          if(st[j]. eng>st[j+1]. eng)
                swap(&st[j],&st[j+1]);
for(i=0;i<4;i++)
        fwrite(&st[i],sizeof(STU),1,fout);
fclose(fout);
fclose(fin);
}
swap(STU * p,STU * q)
{
STU * t;
t=(STU * )malloc(sizeof(STU));
scopy(t,p);
scopy(p,q);
```

```
    scopy(q,t);
}
scopy(STU * x,STU * y)
{
strcpy(x->name,y->name);
x->sex=y->sex;
x->eng=y->eng;
x->chin=y->chin;
x->maths=y->maths;
}
```

任务 3 的参考程序如下：

```
#include<stdio.h>
typedef struct
{
char name[8];
char sex;
int age;
int eng,chin,maths;
}
STU;
main()
{
int i,j;
    STU st[4];
STU nst={"Demi",'F',18,95,90,92};
    FILE * fin, * fout;
    if((fin=fopen("newabc.txt","rt"))==NULL)
    {
        printf("打开文件失败,请按任意键结束\n");
        getchar();
        exit(1);
    }
    if((fout=fopen("newabc1.txt","wt"))==NULL)
    {
        printf("打开文件失败,请按任意键结束\n");
        getchar();
        exit(1);
```

```
        }
    for(i=0;i<4;i++)
        fread(&st[i],sizeof(STU),1,fin);
    for(i=0;i<4;i++)
        {
            if(nst.eng<st[i].eng)
            fwite(&nst,sizeof(STU),1,fout);
            fwrite(&st[i],sizeof(STU),1,fout);
        }
    fclose(fout);
    fclose(fin);
    }
```

实训总结

本实训任务是对文件操作的综合应用实例,同时还运用到了指针和结构体的相关知识,因此项目综合性和实践性较强。学生可以在教师的指导下读懂本参考程序的算法,然后再进行编程、运行、调试等操作。本实训任务由三个任务组合而成,同时三个任务具有很强的内在联系,因此,务必按先后顺序来完成。

☞ 知识梳理与总结

本章的内容是比较重要的,许多可供实际使用 C 语言程序都包含文件处理。但是由于篇幅限制,本书并没有深入探讨下去,读者可以根据本章中所列举的几个基本实例,在实践中逐步掌握文件的操作。

本章的主要内容包括:

• 文件的基本概念

• 常用的文件操作函数,如:文件打开与关闭函数 fopen() 和 fclose(),文件读/写函数 fgetc()、fputc()、fgets()、fputs()、fread()、fwrite()、fprintf()、fscanf(),文件定位函数 rewind()、fseek()、ftell()等。

• 文件的顺序读写和随机读写。

学习本章的内容首先要学会文件的打开和关闭操作,而后逐步学习如何读/写文件的内容,最后能根据实际要求对文件进行各种操作。在程序的实际编写中,要特别注意文件位置指针的使用,只有合理利用定位函数操作位置指针,才能进行正确的读/写。

习　　题

一、单选题

1. C 语言中标准输出文件是指_____。

　　A) 显示器　　　　　　B) 键盘　　　　　　C) 硬盘　　　　　　D) U 盘

2. 下面关于 C 语言的处理文件的描述正确的是_____。

　　A) C 语言只能读/写文本文件

　　B) C 语言只能读/写二进制文件

　　C) C 语言能读/写二进制文件,也能读/写文本文件

　　D) 以上说法都不对

3. 下列关于 C 语言数据文件的叙述正确的是_____。

　　A. 文件由 ASCII 码字符序列组成

　　B) 文件由二进制数据序列组成

　　C) 文件由数据流形式组成

　　D) 以上说法都不对

4. 已知 fp 是指向某文件的指针,当已经读到文件末尾,则函数 feof(fp)的返回值是
_____。

　　A) NULL　　　　　　B) 1　　　　　　　C) −1　　　　　　D) EOF

5. 当顺利执行了文件关闭操作后,fclose()函数的返回值是_____。

　　A) −1　　　　　　　B) 1　　　　　　　C) ture　　　　　　D) 0

6. 如果用 fopen()函数打开一个新的二进制文件,要求该文件可以读也可以写,则文件的打
开模块式是_____。

　　A) "r+"　　　　　B) "wb+"　　　　　C) "a+"　　　　　D) "ab"

7. 如果要打开一个名为 test. txt 的文本文件进行修改,下面正确语句是_____。

　　A) fopen("test. txt","r")　　　　　　B) fopen("test. txt","ab+")

　　C) fopen("test. txt","w+")　　　　　D) fopen("test. txt","r+")

8. 如果以读写方式打开一个已有的二进制文件 abc1,下面有关 fopen()函数正确的调用方
式是_____。

　　A) fopen("abc1","r")　　　　　　　B) fopen("abc1","r+")

　　C) fopen("abc1","rb")　　　　　　　D) fopen("abc1","rb+")

9. fread()和 fwrite()函数通常用来一次输入和输出_____。

　　A) 一个整数　　　B) 一个字符　　　C) 一个字节　　　D) 一组数据

10. rewind()函数的功能是_____。

    A) 将读写位置指针返回到文件开头   B) 将读写位置指针移到文件尾部

    C) 将读写位置指针移到指定位置   D) 以上说法都不对

二、填空题

1. C 语言中,根据数据的组织形式,文件可分为_____和_____两种。

2. fseek()函数的功能是_____。

3. rewind()函数的功能是_____。

4. 以下程序实现将数组 str1 的 6 个元素和数组 str2 的 10 个元素写到名为 shen. dat 的二进制文件中,请把程序补充完整。

```
#include<stdiio. h>
{
FILE * fp;
char str1[6]="abcde",b[10]="123456789";
if((fp=fopen("_____","wb"))= =NULL)exit(0);
fwrite(str1,sizeof(char),6,fp);
fwrite(str2,_____,1,fp);
fclose(fp);
}
```

5. 下面的程序实现从键盘输入文本(用#结束文本输入)写到一个名为 tt. bat 的新文件中,请把下面程序补充完整。

```
#include<stdiio. h>
{
FILE * fp;
char ch;
if((fp=fopen(_____))= =NULL)exit(0);
while((ch=getchar())! ='#')fputc(ch,fp);
fclose(fp);
}
```

三、编程题

1. 从键盘输入一个字符串,把其中的大写字母全都转换成对应的小写字母,然后输出到一个磁盘文件中保存。

2. 编程实现将两个文件中的信息合并(按字母顺序排列),并输出到一个新文件中。(前提:两个磁盘文件中分别存放有一行字母)

参考文献

［1］谭浩强，张基温．C 语言程序设计教程．第 3 版．北京：高等教育出版社,2006.

［2］丁亚涛．C 语言程序设计．第 2 版．北京：高等教育出版社,2006.

［3］孙家启．C 语言程序设计．合肥：合肥工业大学出版社.2011.

［4］杨远.C 语言程序设计．北京：北京理工大学出版社,2009.

［5］郭天祥．新概念 51 单片机 C 语言教程：入门、提高、开发、拓展全攻略．北京：电子工业出版社,2009.

［6］陈翠红，黄玲.C 语言程序设计项目教程．北京：国防工业出版社,2012.

［7］李泽中，孙红艳.C 语言程序设计．第 2 版．北京：清华大学出版社.2012.

［8］Bruce Eckel，Chuck Allison ．C＋＋编程思想．北京：机械工业出版社.2011.

［9］王明福.C 语言程序设计教程．北京：高等教育出版社,2004.

［10］谭浩强．C 程序设计．第 3 版 ．北京：清华大学出版社,2005.

［11］杨正校．新概念 C 语言程序设计．南京：河海大学出版社,2008.

［12］谭浩强.C 语言程序设计．第 2 版．北京：清华大学出版社,1999.